JIANGLU SHIPIN
SHENGCHAN GONGYI HE PEIFANG

酱卤食品生产工艺和配方

曾洁 刘骞 主编
周凤超 高欣 副主编

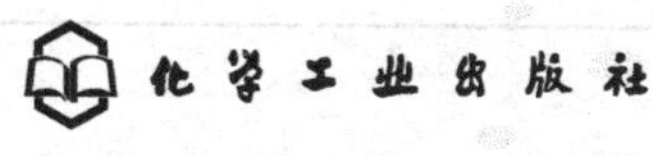

·北京·

图书在版编目（CIP）数据

酱卤食品生产工艺和配方/曾洁，刘骞主编．—北京：化学工业出版社，2014.4（2025.3重印）
ISBN 978-7-122-19736-8

Ⅰ.①酱…　Ⅱ.①曾…②刘…　Ⅲ.①酱肉制品-食品加工　Ⅳ.①TS251.6

中国版本图书馆CIP数据核字（2014）第023386号

责任编辑：彭爱铭　　　　　　　　　　　文字编辑：徐雪华
责任校对：宋　玮　王　静　　　　　　　装帧设计：史利平

出版发行：化学工业出版社
（北京市东城区青年湖南街13号　邮政编码100011）
印　　装：北京科印技术咨询服务有限公司数码印刷分部
850mm×1168mm　1/32　印张10　字数270千字
2025年3月北京第1版第14次印刷

购书咨询：010-64518888
售后服务：010-64518899
网　　址：http://www.cip.com.cn
凡购买本书，如有缺损质量问题，本社销售中心负责调换。

定　　价：35.00元　

随着人民生活水平的提高，人们的饮食观念开始转变，期望“吃得安全、吃得方便、吃得营养、吃得科学”，期盼社会提供方便化、营养化、多样化、成品化和安全科学化的食品，快捷消费酱卤肉制品行业有着巨大发展潜力。酱卤制品是将原料肉加入调味料和香辛料，以水为加热介质煮制而成的熟肉类制品，是中国典型的传统熟肉制品。酱卤制品都是熟肉制品，产品酥软，风味浓郁，不适宜储藏。根据不同地区及风土人情的特点，形成了独特的地方特色传统酱卤制品。由于酱卤制品的独特风味，现做即食，深受消费者欢迎，也具有很好的发展前景。

在编写过程中结合了科研实践，将传统工艺与现代加工技术相结合，内容全面具体，条理清楚，通俗易懂，是一本可操作性强的酱卤肉食品生产科技书。可供从事肉食品开发的科研技术人员、企业管理人员和生产人员学习参考使用，也可作为大中专院校食品科学相关专业的实践教学参考用书。

本书由河南科技学院食品学院硕士生导师曾洁副教授和东北农业大学食品学院刘骞副教授担任主编，由绥化学院食品与制药工程学院周凤超老师、吉林农业科技学院食品工程学院高欣老师担任副主编。其中曾洁负责第一、第二、第十章编写工作，并负责全书内容设计及统稿工作；刘骞负责第三、第五、第七章编写工作，并参与第十章编写工作；周凤超负责第六、第八章编写工作，并参与第二、第三章编写工作；高欣负责第

四、第九章编写工作，并参与第一章编写工作。同时，渤海大学贾娜、北京工商大学刘国荣和赵磊、吉林农业科技学院郑华艳参与了部分资料查阅、文字整理和编写工作。

在编写过程中吸纳了相关书籍之所长，并参考了大量文献，在此对原作者表示感谢。

由于水平有限，不当之处在所难免，希望读者批评指正。

编　者

2013 年 11 月

目录

第一章 酱卤基础知识

酱卤肉制品是快捷消费肉制品的一种，同时也是我国传统中式风味肉制品的重要子品类，其产品多是以水为热媒通过酱卤技法煮制而成，是深受我国广大消费者喜爱的一种传统食品。近年来，随着我国居民生活水平的提高以及饮食习惯的改变，我国酱卤肉制品业也迎来了发展机遇。

第一节 酱卤制品概述

一、酱卤肉制品的定义和分类

（一）酱卤肉制品的定义

我们将酱卤肉制品简称为酱卤制品，一般是将原料肉加入调味料和香辛料（也有基本不加调味料和香辛料的，如白煮肉制品），以水为加热介质煮制而成的熟肉类制品，是我国典型的传统熟肉制品。

近几年来，随着对酱卤制品的传统加工技术的研究以及先进工艺设备的应用，一些酱卤制品的传统工艺得以改进，如用新工艺加工的酱牛肉、烧鸡等产品深受消费者欢迎。特别是随着包装与加工技术的发展，酱卤制品小包装方便食品应运而生，目前已基本上解决了酱卤制品防腐保鲜的问题，酱卤制品系统方便肉制品进入商品市场，走向千家万户。

（二）酱卤制品的分类

1. 白煮肉类

白煮也叫白烧、白切。是原料肉经（或未经）腌制后，在水（或盐水）中煮制而成的熟肉类制品。白煮肉类的主要特点是最大限度地保持了原料肉固有的色泽和风味，一般在食用时才调味。其特点是制作简单，仅用少量食盐，基本不加其他配料；基本保持原形原色及原料本身的鲜美味道；外表洁白，皮肉酥润，肥而不腻。白煮肉类以冷食为主，吃时切成薄片，蘸以少量酱油、芝麻油、葱花、姜丝、香醋等。其代表品种有白斩鸡、盐水鸭、白切猪肚、白切肉等。

2. 酱卤肉类

酱卤肉类是肉在水中加食盐或酱油等调味料和香辛料一起煮制而成的一类熟肉类制品，是酱卤肉制品中品种最多的一类，其风味各异，但主要制作工艺大同小异，只是在具体操作方法和配料的数量上有所不同。有的酱卤肉类的原料肉在加工时，先用清水预煮，一般预煮 20min 左右，然后再用酱汁或卤汁煮制成熟，某些产品在酱制或卤制后，需再烟熏等工序。酱卤肉类的主要特点是色泽鲜艳、味美、肉嫩，具有独特的风味。产品的色泽和风味主要取决于调味料和香辛料。酱卤肉类主要有酱汁肉、卤肉、烧鸡、糖醋排骨、蜜汁蹄膀等。根据这些特点，酱卤肉类可分为以下 5 种。

(1) 酱制品　亦称红烧或五香制品，是酱卤肉类中的主要品种，也是酱卤肉类的典型产品。这类制品在制作中因使用了较多的酱油，以至于制品色深、味浓，故称酱制。又因煮汁的颜色和经过烧煮后制品的颜色都呈深红色，所以又称红烧制品。另外，由于酱制品在制作时加入了八角、桂皮、丁香、花椒、小茴香等香辛料，故有些地区也称这类制品为五香制品。

(2) 酱汁制品　以酱制为基础，加入红曲米为着色剂，使用的糖量较酱制品多，在锅内汤汁将干、肉开始酥烂准备出锅时，将糖熬成汁直接刷在肉上，或将糖散在肉上，使制品具有鲜艳的樱桃红色。酱汁制品色泽鲜艳，口味咸中有甜且酥润。

（3）卤制品　是先调制好卤制汁或加入陈卤，然后将原料放入卤汁中。开始用大火，待卤汁煮沸后改用小火慢慢卤制，使卤汁逐渐浸入原料，直至酥烂即成。卤制品一般多使用老卤。每次卤制后，都需对卤汁进行清卤（撇油、过滤、加热、晾凉），然后保存。陈卤使用时间越长，香味和鲜味越浓，产品特点是酥烂，香味浓郁。

（4）蜜汁制品　蜜汁制品的烧煮时间短，往往需油炸，其特点是块小，以带骨制品为多。蜜汁制品的制作中加入多量的糖分和红曲米水，方法有两种：一是待锅内的肉块基本煮烂，汤汁煮至发稠，再将白糖和红曲米水加入锅内，待糖和红曲米水熬至起泡发稠，与肉块混匀，起锅即成。二是先将白糖与红曲米水熬成浓汁，浇在经过油炸的制品上即成（油炸制品多带骨，如大排、小排、肋排等）。蜜汁制品表面发亮，多为红色或红褐色，蜜汁甜蜜浓稠。制品色浓味甜，鲜香可口。

（5）糖醋制品　方法基本同酱制，在辅料中须加入糖和醋，使制品具有甜酸的滋味。酱卤肉类制作简单，操作方便，成品表面光亮，颜色鲜艳；因重香辛料、重酱卤，煮制时间长，制品外部都粘有较浓的酱汁或糖汁。因此，制品具有肉烂皮酥、浓郁的酱香味或甜香味等特色。

3. 糟肉类

糟肉是用酒糟或陈年香糟代替酱汁或卤汁制作的一类产品，具有独特的糟香。它是原料肉经白煮后，再用“香糟”糟制的冷食熟肉类制品。其主要特点是制品胶冻白净，清凉鲜嫩，保持原料固有的色泽和曲酒香气，风味独特。糟制品需要冷藏保存，食用时需添加冻汁，携带不便，因而受到一定的限制。糟肉类有糟肉、糟鸡、糟鹅等产品。

传统的糟制肉制品用猪腿肉作原料，现在也使用鹅、鸡、猪蹄、猪脚、猪舌、猪肚、猪直肠（俗称圈子）等。糟制肉制品为清水煮制，煮熟后在糟卤中迅速冷却，使糟卤凝结成冻，食用时与糟卤凝冻同时冷食，为盛夏时节的美味佳肴。

二、酱卤肉制品发展趋势

1. 酱卤肉制品生产工艺现代化

传统酱卤肉制品采用的主要生产设备为煮制锅，经过老汤的调味，长时间的煮制而成。原有加工工艺，生产效率低下，煮制时间长。所以必须对传统酱卤肉制品的加工工艺进行改造，使生产工艺科学化，生产设备现代化，生产管理规范化，以便于进行批量生产。

2. 开发新型营养酱卤肉制品

随着人们生活水平和健康意识的提高，对肉制品的数量需要逐渐转向对质量的追求，肉制品的质量和保健功能将上升为首要地位。其中能充分发挥食品对人体有效的功能因子的作用，具特殊营养生理特性，可强身健体或防病治病的功能性食品前景被看好，如低脂低能肉制品、低钠盐肉制品、低硝盐肉制品、不饱和脂肪酸强化肉制品和食物纤维强化肉制品等。

3. 发展休闲化的酱卤肉制品

随着独生子女一代的成长，受过良好教育、有广阔视野、追求时尚、喜欢休闲享乐且手头宽裕的年轻消费群体已经成型，未来的肉制品消费也必然带着他们的休闲消费痕迹。为了开发休闲化的酱卤肉制品，必须进行风味化的多样化、食用方法的多样性、产品外观设计的多样性及规格的多样性。酱卤肉制品作为传统肉制品，具有悠久的历史。我们必须通过不断的改进，使它焕发出新的活力，更好满足消费者的需求。

第二节　肉的实用品质及特性

肉的主要物理性状包括颜色、风味、保水性、嫩度、密度、比热容、热导率等。这些性状都与肉的形态结构，以及动物的种类、年龄、性别、肥度、宰前状态等有关。

一、肉的颜色

肉之所以是红色，是因为肉中含有显红色的色素肌红蛋白和血红蛋白。血液中血红蛋白含量的多少，与肉的颜色有直接关系。但肉的固有红色是由肌红蛋白的色泽所决定的，肉的色泽越暗，肌红蛋白越多。

肌红蛋白在肌肉中的数量随动物生前组织活动的状况、动物的种类、年龄不同而异。凡是生前活动频繁的部位，肌肉中含肌红蛋白的数量就多，肉色红暗。

不同种动物的肌红蛋白含量不同，使得肌肉的颜色不同；同一种动物年龄不同，肌肉的色泽相差也很明显。

牧放的动物比圈养的动物体内的肌红蛋白含量高，故色泽发暗。高营养状态和含铁质少的饲料所饲养的动物，肌肉中肌红蛋白少，肌肉色泽较淡。

肉在空气中放置一定时间，会发生由暗红色→鲜红色→褐色的变化。这是由于肌红蛋白受空气中不同程度氧的作用而导致的颜色变化。

鲜艳的红色：肌红蛋白＋氧⟶氧合肌红蛋白。

褐色：肌红蛋白被强烈氧化→氧化肌红蛋白（当氧化肌红蛋白超过50%时，肉色呈褐色） 除此之外，在个别情况下肉有变绿、变黄、发荧光等情况，这是由于细菌、霉菌的繁殖，使蛋白质发生分解而导致的。

未经腌制的肉在加热时，因肌红蛋白受热变性，不具备防止血红素氧化的作用，使血红素很快被氧化成灰褐色。加热的温度不同，肉的颜色变化也不同。牛肉于60～70℃加热为粉红色，80%加热成灰褐色；猪肉于60～70℃加热为淡红色，72℃以上加热便成灰红色。

鲜肉加硝酸盐或亚硝酸盐腌制一段时间后，肌红蛋白与亚硝酸根经过复杂的化学反应，生成亚硝基（NO）肌红蛋白，具有鲜亮的棕红色色泽。在加热时，尽管肌红蛋白发生变性，但亚硝基（NO）肌红蛋白结构非常牢固，难以解离，故仍维持棕红色。

二、肉的风味

肉的味质又称肉的风味，指的是生鲜肉的气味和加热后熟肉制品的香气和滋味。它是肉中固有成分经过复杂的生物化学变化，产生各种有机化合物所致。其特点是成分复杂多样，含量甚微，用一般的方法很难测定，除少数成分外，多数无营养价值、不稳定、加热易破坏和挥发。呈味性能与其分子结构有关，呈味物质均具有各种发香基团。如羟基（—OH），羧基（—COOH），醛基（—CHO），羰基（—CO），巯基（—SH），酯基（—COOR），氨基（$—NH_2$），酰胺基（—CONH），亚硝基（$—NO_2$），苯基（$—C_6H_5$）等。这些肉的味质是通过人的高度灵敏的嗅觉和味觉器官而感受到的。

1. 气味

气味是肉中具有挥发性的物质，随气流进入鼻腔，刺激嗅觉细胞通过神经传导反应到大脑嗅区而产生的一种刺激感。愉快感为香味，厌恶感为异味、臭味。气味的成分十分复杂，约有1000多种，主要为醇、醛、酮、酸、酯、醚、呋喃、吡咯、内酯、糖类及含氮化合物等。肉香味化合物的产生主要有以下三个途径。

(1) 氨基酸与还原糖间的美拉德反应。

(2) 蛋白质、游离氨基酸、糖类、核苷酸等生物物质的热降解。

(3) 脂肪的氧化作用。

动物的种类、性别、饲料等对肉的气味有很大影响。生鲜肉散发一种肉腥味，羊肉有膻味，狗肉有腥味，特别是晚去势或未去势的公猪、公牛及母羊的肉有特殊的性气味，在发情期宰杀的动物肉散发出令人厌恶的气味。

某些特殊气味，如羊肉的膻味，来源于挥发性低级脂肪酸，如4-甲基辛酸、癸酸等，存在于脂肪中。

动物食用鱼粉、豆粕、蚕饼等食物会影响肉的气味，饲料中的硫丙烯、二硫丙烯、丙烯-丙基二硫化物等会转入肉内，发出特殊的气味。

肉在冷藏时，微生物繁殖于肉表面形成菌落，使肉发黏，而后产生明显的不良气味。长时间冷藏，脂肪自动氧化，解冻肉汁液流失，肉质变软，使肉的风味降低。

2. 滋味

滋味是由溶于水的可溶呈味物质刺激人的舌面味觉细胞味蕾，通过神经传导到大脑而反映出的味感。舌面分布的味蕾，可感觉出不同的味道，而肉香味是靠舌的全面感觉。

肉的鲜味成分，来源于核苷酸、氨基酸、酰胺、有机酸、糖类、脂肪等前体物质。成熟肉风味的增加，主要是核苷类物质及氨基酸变化显著。牛肉的风味来自半胱氨酸成分较多，猪肉的风味可从核糖、胱氨酸获得。牛、猪、绵羊的瘦肉所含挥发性的香味成分，主要存在于肌间脂肪中。如大理石样肉，脂肪杂交状态越密风味越好。

3. 芳香物质

生肉不具备芳香性，烹调加热后一些芳香前体物质经脂肪氧化、美拉德反应以及硫胺素降解产生挥发性物质，赋予熟肉芳香性。据测定，芳香物质的90%来自于脂质反应，其次是美拉德反应，硫胺素降解产生的风味物质比例最小。虽然后两者反应所产生的风味物质在数量上不到10%，但并不能低估它们对肉风味的影响，因为肉风味主要取决于最后阶段的风味物质。

4. 呈味物质的产生途径

(1) 美拉德反应　人们较早就知道将生肉汁加热就可以产生肉香味，通过测定成分的变化发现在加热过程中随着大量的氨基酸和绝大多数还原糖的消失，一些风味物质随之产生，这就是所谓的美拉德反应：氨基酸和还原糖反应生成香味物质。

(2) 脂质氧化　脂质氧化是产生风味物质的主要途径，不同种类风味的差异也主要是由于脂质氧化产物不同所致。肉在烹调时的脂肪氧化（加热氧化）原理与常温脂肪氧化相似，但加熟氧化由于热和能的存在使其产物与常温氧化大不相同。总的来说，常温氧化产生酸败味，而加热氧化产生风味物质。

一些脂肪分解产物还参与美拉德反应生成更多的芳香物质。因为此反应只需要羰基和胺，所以脂肪加热氧化所产生各种醛类为美拉德反应提供了大量底物。一些长侧链杂环芳香物质就是来自于氨基酸和来自于脂肪的羰基经美拉德反应生成，如由2，4-癸二烯醛和胱氨酸反应生成的芳香物质就不少于20种。

(3) 硫氨素降解　肉在烹调过程中有大量的物质发生降解，其中硫氨素（维生素 B_1）降解所产生的硫化氢对肉的风味，尤其是牛肉味的生成至关重要。H_2S 本身是一种呈味物质，更重要的是它可以与呋喃酮等杂环化合物反应生成含硫杂环化合物，赋予肉强烈的香味，其中2-甲基-3-呋喃硫醇被认为是肉中最重要的芳香物质。

(4) 腌肉风味　亚硝酸盐是腌肉的主要特色成分，它除了具有发色作用外，对腌肉的风味也有重要影响。大量研究发现腌肉的芳香物质色谱比其他肉要简单得多，其中腌肉中少去的大都是脂肪氧化产物，因此推断亚硝酸盐抑制了脂肪的氧化，所以腌肉体现了肉的基本滋味和香味，减少了脂肪氧化所产生的具有种类特色的风味以及过热味，后者也是脂肪氧化产物所致。

三、肉的保水性

肉的保水性是指肉在加工过程中，肉本身的水分及添加到肉中水分的保持能力。保水性的实质是肉的蛋白质形成网状结构，单位空间以物理状态所捕获的水分量的反映，捕获水量越多，保水性越大。因此，蛋白质的结构不同，必然影响肉的保水性变化。

肉的保水性，按猪肉、牛肉、羊肉、禽肉次序降低。刚屠宰1～2h的肉保水能力最高，在尸僵阶段的肉，保水能力最低，至成熟阶段保水性又有所提高。

提高肉的保水性能，在肉制品生产中具有重要意义，通常采用以下四种方法。

(1) 加盐先行腌渍　未经腌制的肌肉中蛋白质处于非溶解状态，吸水力弱。经腌制后，由于受盐离子的作用，从非溶解状态变成溶解状态，从而大大提高保水能力。

(2) 提高肉的pH值至接近中性　一般采用添加低聚度的碱性复合磷酸盐（焦磷酸钠、六偏磷酸钠、三聚磷酸三钠及其混合理化物）来提高肉的pH值。其具有以下几个功能。

① 提高pH值，增加蛋白质的带电量，提高其亲水性。

② 与肉中的钙、镁离子发生螯合，使蛋白质结构松弛，增加吸水性。

③ 有利于肌动球蛋白解离成肌动蛋白和肌球蛋白，后者的亲水性比结合状态的亲水性高得多。

④ 六偏磷酸钠在煮制加热时能加速蛋白质的凝固，表面蛋白一经凝固，制品内部的水分就不易渗出，从而保持较多的水分。

（3）用机械方法提取可溶性蛋白质　肉块经适当腌制后，再经过机械的作用，如绞碎、斩剁、搅拌或滚揉等机械方法，即可把肉中盐溶蛋白提取出来。盐溶蛋白是一种很好的乳化剂，它不仅能提高保水性，而且能改善制品的嫩度，增加黏结度及弹性。

（4）添加大豆蛋白　大豆蛋白遇水膨胀，结构松弛，本身即能吸收3～5倍的水；大豆蛋白与其他添加物和提取的盐溶蛋白组成乳浊液，遇热凝固起到吸油、保水的作用。

制馅过程中要添加凉水或冰屑，一般添加量为瘦肉量的15%～20%，可不致影响肉制品的黏结性及弹性。如需添加更多的水，则需借助大豆蛋白、淀粉、明胶、卡拉胶等吸水辅料。

四、肉的嫩度

肉的嫩度是消费者最重视的食品品质之一，是反映肉质地的指标。

1. 肉嫩度的含义

（1）肉对舌或颊的柔软性　即当舌头与颊接触肉时产生的触觉反应。肉的柔软性变动很大，从软乎乎的感觉到木质化的结实程度。

（2）肉对牙齿压力的抵抗性　即牙齿插入肉中所需的力。有些肉硬的难以咬动，而有的柔软得几乎对牙齿无抵抗性。

（3）咬断肌纤维的难易程度　指的是牙齿切断肌纤维的能力，首先要咬破肌外膜和肌束，因此这与结缔组织的含量和性质密切相关。

（4）咬碎程度　用咀嚼后肉渣剩余的多少以及咀嚼后到下咽时所需的时间来衡量。

2. 影响肌肉嫩度的因素

影响肌肉嫩度的实质主要是结缔组织的含量和性质及肌原纤维蛋白的化学结构状态。它们受一系列的因素影响而变化，从而导致肉嫩度的变化。

（1）宰前因素对肌肉嫩度的影响

① 畜龄 一般来说，幼龄家畜的肉比老龄家畜的肉嫩，但前者的结缔组织含量反而高于后者。其原因在于幼龄家畜肌肉中胶原蛋白的交联程度低，易受加热作用而裂解。而成年动物的胶原蛋白交联程度高，不易受热和酸、碱等的影响。如肌肉加热时胶原蛋白的溶解度，犊牛为19%～24%，2岁阉公牛为7%～8%，而老龄牛仅为2%～3%，并且对酸解的敏感度也降低。

② 肌肉的解剖学位置 牛的腰大肌最嫩，胸头肌最老。经常使用的肌肉，如半膜肌和股二头肌，比不经常使用的肌肉的弹性蛋白含量多。同一肌肉的不同部位嫩度也不同，猪背最长肌的外侧比内侧部分要嫩。牛的半膜肌从近端到远端嫩度逐渐降低。

③ 营养状况 凡营养良好的家畜，肌肉脂肪含量高，大理石纹丰富，肉的嫩度好。肌肉脂肪有冲淡结缔组织的作用，而消瘦动物的肌肉脂肪含量低，肉质老。

（2）宰后因素对肌肉嫩度的影响

① 尸僵和成熟 宰后尸僵发生时，肉的硬度会大大增加。肌肉发生异常尸僵时，如冷收缩和解冻僵直，肌肉会发生强烈收缩，从而使硬度达到最大。一般肌肉收缩，短缩度达到40%时，肉的硬度最大，而超过40%反而变为柔软，这是由于肌动蛋白的细丝过度插入而引起Z线断裂所致，这种现象称为“超收缩”。尸僵解除后，随着成熟的进行，硬度降低，嫩度随之提高，这是由于成熟期间尸僵硬度逐渐消失，Z线易于断裂的缘故。

② 加热处理 加热对肌肉嫩度有双重效应，它既可以使肉变嫩，又可使其变硬，这取决于加热的温度和时间。加热可引起肌肉蛋白的变性，从而发生凝固、凝集和短缩现象。当温度在65～75℃时，肌肉纤维的长度会缩短25%～30%，从而使肉的嫩度降低，但另一方面，肌肉中的结缔组织在60～65℃会发生短缩，而

超过这一温度会逐渐转变为明胶，使肉的嫩度得到改善。结缔组织中的弹性蛋白对热不敏感，所以有些肉虽然经过长时间的煮制仍很老（硬），这与肌肉中弹性蛋白的高含量有关。

为了兼顾肉的嫩度和滋味，对各种肉的煮制中心温度建议为：猪肉为77℃，鸡肉为77～82℃，牛肉按消费者的嗜好分为四级：半熟为58～60℃，中等半熟为66～68℃，中等熟为73～75℃，熟为80～82℃。

（3）电刺激　电刺激提高肉嫩度的机制尚未充分明了，主要是加速肌肉的代谢，从而缩短尸僵的持续期并降低尸僵的程度，此外，电刺激可以避免羊胴体和牛胴体产生冷收缩。

（4）酶　利用蛋白酶可以嫩化肉，常用的酶为植物蛋白酶，主要有木瓜蛋白酶、菠萝蛋白酶和无花果蛋白酶。酶对肉的嫩化作用主要是蛋白质的裂解所致，所以使用时应控制酶的浓度和作用时间，如酶解过度，则食肉会失去应有的质地并产生不良的味道。

（5）机械方法处理　改变肉的纤维结构。

五、肉的结构

通过肉眼所观察到的肉的组织结构，其好坏主要通过肉的纹理的粗细、肉断面的光滑程度、脂肪存在量和分解程度来判断。一般认为，纹理细腻、断面光滑、脂肪细腻且分布均匀，即呈大理石纹状的肉为好。

肉的结构好坏主要是按硬度、黏着度、黏性、弹性、附着性、脆度、咀嚼性、黏胶性等八个特性进行综合评价的。

第三节　肉的贮藏与保鲜

一、冷却保鲜

冷却保鲜是常用的肉和肉制品保存方法之一。这种方法将肉品冷却到0℃左右，并在此温度下进行短期贮藏。由于冷却保存耗能少，投资较低，适宜于保存在短期内加工的肉类和不宜冻藏的肉制品。

1. 冷却目的

刚屠宰完的胴体，其温度一般在 37～39℃，这个温度范围正适合微生物生长繁殖和肉中酶的活性，对肉的保存很不利。肉的冷却目的就是在一定温度范围内使肉的温度迅速下降，使微生物在肉表面的生长繁殖减弱到最低程度，并在肉的表面形成一层皮膜；减弱酶的活性，延缓肉的成熟时间；减少肉内水分蒸发，延长肉的保存时间。肉的冷却是肉的冻结过程的准备阶段。在此阶段，胴体逐渐成熟。

2. 冷却条件和方法

目前，畜肉的冷却主要采用空气冷却，即通过各种类型的冷却设备，使室内温度保持在 0～4℃左右。冷却时间决定于冷却室温度、湿度和空气流速，以及胴体大小、胴体初温和终温等。鹅肉可采用液体冷却法，即以冷水和冷盐水为介质进行冷却，亦可采用浸泡或喷洒的方法进行冷却，此法冷却速度快，但必须进行包装，否则肉中的可溶性物质会损失。冷却终温一般在 0～4℃，然后移到 0～1℃冷藏室内，使肉温逐渐下降。加工分割胴体，先冷却到12～15℃，再进行分割，然后冷却到 0～4℃左右。

(1) 冷却条件的选择

① 冷却间温度　为尽快抑制微生物生长繁殖和酶的活性，保证肉的质量，延长保存期，要尽快把肉温降低到一定范围。肉的冰点在－1℃左右，冷却终温以 0℃左右为好。因而冷却间在进肉之前，应使空气温度保持在－4℃左右。在进肉结束之后，即使初始放热快，冷却间温度也不会很快升高，使冷却过程保持在 0℃左右。

② 冷却间相对湿度（RH）　冷却间的 RH 对微生物的生长繁殖和肉的干耗（一般为胴体重的 3%）起着十分重要的作用。湿度大，有利于降低肉的干耗，但微生物生长繁殖加快，且肉表面不易形成皮膜；湿度小，微生物活动减弱，有利于肉表面皮膜的形成，但肉的干耗大。在整个冷却过程中，水分不断蒸发，总水分蒸发量的 50%以上是在冷却初期（最初 1/4 冷却时间内）完成的。因此

在冷却初期，空气与胴体之间温差大，冷却速度快，RH 宜在95%以上，之后，宜维持在 90%～95%之间，冷却后期 RH 以维持在 90%左右为宜。这种阶段性地选择相对湿度，不仅可缩短冷却时间，减少水分蒸发，抑制微生物大量繁殖，而且可使肉表面形成良好的皮膜，不致产生严重干耗，达到冷却目的。对于刚屠宰的鹅胴体，由于肉温高，要先经冷晾，再进行冷却。

③ 空气流速　空气流动速度对干耗和冷却时间也极为重要。相对湿度高，空气流速低，虽然能使干耗降到最低程度，但容易使胴体长霉和发黏。为及时把由胴体表面转移到空气中的热量带走，并保持冷却间温度和相对湿度均匀分布，要保持一定速度的空气循环。冷却过程中，空气流速一般应控制在 0.5～1m/s，最高不超过 2m/s，否则会显著提高肉的干耗。

(2) 冷却方法　冷却方法有空气冷却、水冷却、冰冷却和真空冷却等。我国主要采用空气冷却法。进肉之前，冷却间温度降至 -4℃左右。进行冷却时，把经过冷晾的胴体沿吊轨推入冷却间，胴体间距保持 3～5cm，以利于空气循环和较快散热，当胴体最厚部位中心温度达到 0～4℃时，冷却过程即可完成。冷却操作时要注意以下几点：

① 胴体要经过修整、检验和分级。

② 冷却间要符合卫生要求。

③ 吊轨间的胴体按“品”字形排列。

④ 不同等级的肉，要根据其肥度和重量的不同，分别吊挂在不同位置。肥重的胴体应挂在靠近冷源和风口处。薄而轻的胴体挂在距离排风口的远处。

⑤ 进肉速度快，并应一次完成进肉。

⑥ 冷却过程中尽量减少人员进出冷却间，保持冷却条件稳定，减少微生物污染。

⑦ 在冷却间按每立方米平均 1W 的功率安装紫外线灯，每昼夜连续或间隔照射 5h。

⑧ 冷却终温的检查：胴体最厚部位中心温度达到 0～4℃，即达到冷却终点。

二、冷冻保藏

冻藏的主要目的是阻止冻肉的各种变化，以达到长期贮藏的目的。冻肉品质的变化不仅与肉的状态、冻结工艺有关，与冻藏条件也有密切的关系。温度、相对湿度和空气流速是决定贮藏期和冻肉质量的重要因素。

1. 冻结方法

肉类的冻结方法多采用空气冻结法、板式冻结法和浸渍冻结法。其中空气冻结法最为常用。根据空气所处的状态和流速的不同，又分为静止空气冻结法和鼓风冻结法。

(1) 空气冻结法

① 静止空气冻结法　这种冻结方法是把食品放入－10～－30℃的冻结室内，利用静止冷空气进行冻结。由于冻结室内自然对流的空气流速很低（0.03～0.12m/s）和空气的导热系数小，肉类食品冻结时间一般在1～3d。因而这种方法属于缓慢冻结。当然冻结时间与食品的类型、包装大小、堆放方式等因素有关。

② 鼓风冻结法　工业生产上普遍使用的方法是在冻结室或隧道内安装鼓风设备，强制空气流动，加快冻结速度。鼓风冻结法常用的工艺条件是：空气流速一般为2～10m/s，冷空气温度为－25～－40℃，空气相对湿度为90%左右。这是一种速冻方法，主要是利用低温和冷空气的高速流动，产品与冷空气密切接触，促使其快速散热。这种方法冻结速度快，冻结的肉类质量高。

(2) 板式冻结法　这种方法是把薄片状食品（如肉排、肉饼）装盘或直接与冻结室中的金属板架接触，冻结室温度一般为－10～－30℃。由于金属板直接作为蒸发器，传递热量，冻结速度比静止空气冻结法快、传热效率高、食品干耗少。

(3) 浸渍冻结法　这种方法是商业上常用来冻结禽肉所常用的方法。此法热量转移速度慢于鼓风冻结法。热传导介质必须无毒，成本低，黏性低，冻结点低，热传导性能好。一般常用液氮、食盐水、甘油、甘油醇和丙烯醇等，但值得注意的是，食盐水常引起金属槽和设备腐蚀。

2. 冻藏条件及冻藏期

冻藏间的温度一般保持在－18～－21℃，温度波动不超过±1℃，冻结肉的中心温度保持在－15℃以下。为减少干耗，冻结间空气相对湿度保持在95%～98%。空气流速采用自然循环即可。

冻肉在冻藏室内的堆放方式也很重要。对于胴体肉，可堆叠成约3m高的肉垛，其周围空气流畅，避免胴体直接与墙壁和地面接触。对于箱装的塑料袋小包装分割肉，堆放时也要保持周围有流动的空气。

3. 肉在冻结和冻藏期间的变化

各种肉类经过冻结和冻藏后，都会发生一些物理变化和化学变化，肉的品质受到影响。冻结肉的功能特性不如鲜肉，长期冻藏可使肉的功能特性显著降低。

（1）容积　水变成冰所引起的容积增加大约是9%，而冻肉由于冰的形成所造成的体积增加约为6%。肉的含水量越高，冻结率越大，则体积增加越多。在选择包装方法和包装材料时，要考虑到冻肉体积的增加。

（2）干耗　肉在冻结、冻藏和解冻期间都会发生脱水现象。对于未包装的肉类，在冻结过程中，肉中水分大约减少0.5%～2%，快速冻结可减少水分蒸发。在冻藏期间重量也会减少。冻藏期间空气流速小，温度尽量保持不变，有利于减少水分蒸发。

（3）冻结烧　在冻藏期间由于肉表层冰晶的升华，形成了较多的微细孔洞，增加了脂肪与空气中氧的接触机会，最终导致冻肉产生酸败味，肉表面发生黄褐色变化，表层组织结构粗糙，这就是所谓的冻结烧。冻结烧与肉的种类和冻藏温度的高低有密切关系。禽肉和鱼肉脂肪稳定性差，易发生冻结烧。猪肉脂肪在－8℃下贮藏6个月，表面有明显酸败味，且呈黄色。而在－18℃下贮藏12个月也无冻结烧发生。采用聚乙烯塑料薄膜密封包装，隔绝氧气，可有效地防止冻结烧。

（4）重结晶　冻藏期间冻肉中冰晶的大小和形状会发生变化。特别是冻藏室内的温度高于－18℃，且温度波动的情况下，微细的冰晶不断减少或消失，形成大冰晶。实际上，冰晶的生长是不可避免的。经过几个月的冻藏，由于冰晶生长的原因，肌纤维受到机械损伤，组织结构受到破坏，解冻时引起大量肉汁损失，肉的质量下降。

采用快速冻结，并在-18℃下贮藏，尽量减少波动次数和减小波动幅度，可使冰晶生长减慢。速冻所引起的化学变化不大。而肉在冻藏期间会发生一些化学变化，从而引起肉的组织结构、外观、气味和营养价值的变化。能引起蛋白质变性；肌肉颜色逐渐变暗，这与包装材料的透氧性有关；风味和营养成分变化，大多数食品在冻藏期间会发生风味和味道的变化，尤其是脂肪含量高的食品。多不饱和脂肪酸经过一系列化学反应发生氧化而酸败，产生许多有机化合物，如醛类、酮类和醇类。醛类是使风味和味道异常的主要原因。

三、辐射保鲜

肉类辐射保鲜技术的研究已有40多年的历史。辐射技术是利用原子能射线的辐射能来进行杀菌的。目前认为，用辐射的方法照射食品的安全性已经得到认可。食品辐射联合委员会（EDFI）建议：小剂量辐射食品不会引起毒理学危害。1988年中国科技大学和合肥市第二商业局共同研究的“鲜猪肉辐射保存技术”，其结果令人满意，其色、香、味与鲜肉相似。

辐射保鲜是利用原子能射线的辐射能量对食品进行杀菌处理的保存食品的一种物理方法，是一种安全卫生、经济有效的食品保存技术。1980年由联合国粮农组织（FAO）、国际原子能机构、世界卫生组织（WHO）组成的“辐照食品卫生安全性联合专家委员会”就辐照食品的安全性得出结论：食品经不超过10kGy的辐照，没有任何毒理学危害，也没有任何特殊的营养或微生物学问题。

1. 辐射杀菌原理

α、β、γ射线的特性及形成：

(1) α射线　是从原子核中射出的带正电的高速离子流。电离能力最强。

(2) β射线　是带负电的高速粒子流。

（3）γ射线　是一种光子流，是原子从高能态跃迁到低能态时放出的。能量最大，穿透能力最强。

食品的辐射杀菌，通常是用α射线、γ射线，这些高能带电或不带电的射线引起食品中微生物、昆虫发生一系列生物物理和生物化学反应，使它们的新陈代谢、生长发育受到抑制或破坏，甚至使细胞组织死亡等。而对食品来说，发生变化的原子、分子只是极少数，加之已无新陈代谢，或只进行缓慢的新陈代谢，故发生变化的原子、分子几乎不影响或只轻微地影响食品的新陈代谢。

2. 肉的辐射保藏工艺

辐射的工艺流程如图1-1所示。

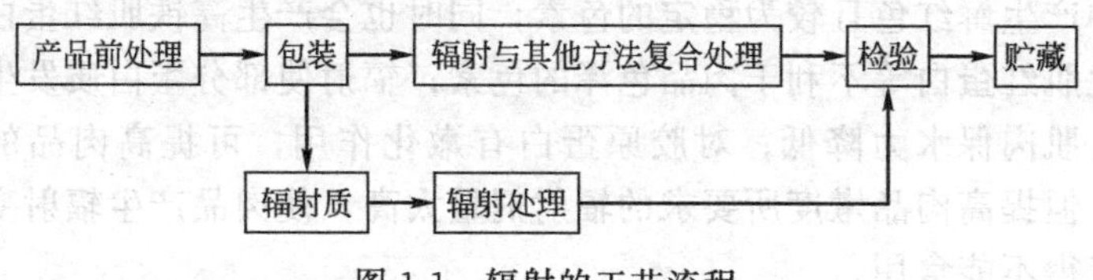

图1-1　辐射的工艺流程

（1）前处理　辐射前对肉品进行挑选和品质检查。要求：质量合格，初始菌量低。为减少辐射过程中某些成分的微量损失，有时增加微量添加剂，如添加抗氧化剂，可减少维生素C的损失。

（2）包装　包装是肉品辐射保鲜的重要环节。辐射灭菌是一次性的，因而要求包装能够防止辐射食品的二次污染。同时还要求隔绝外界空气与肉品接触，以防止贮运、销售过程中脂肪氧化酸败、肌红蛋白氧化变色等缺点。包装材料一般选用高分子塑料，在实践中常选用复合塑料膜，如聚乙烯、尼龙复合薄膜。包装方法常采用真空包装、真空充气包装、真空去氧包装等。

（3）辐射　常用辐射源有^{60}Co，^{137}Cs和电子加速器三种。^{60}Co辐射源释放的γ射线穿透力强，设备较简单，因而多用于肉食品辐射。辐射条件根据辐射肉食品的要求决定。

（4）辐射质量控制　这是确保辐射工艺完成不可缺少的措施。

① 根据肉食品保鲜目的、D_{10}剂量、初始菌量等确定最佳灭菌保鲜的剂量。

② 选用准确性高的剂量仪，测定辐射箱各点的剂量，从而计算其辐射均匀度（$U=D_{max}/D_{min}$），要求均匀度U愈小愈好，但也要保证有一定的辐射产品数量。

③ 为了提高辐射效率，而又不增大U，在设计辐射箱传动装置时考虑180度转向、上下换位以及辐射箱在辐射场传动过程中尽可能地靠近辐射源。

④ 制定严格的辐射操作程序，以确保每一肉食品包装都能受到一定剂量的辐照。

（5）辐射对肉品质的影响　辐射对肉品质有不利影响。如产生的硫化氢、碳酰化物和醛类物质，使肉品产生辐射味；辐射能在肉品中产生鲜红色且较为稳定的色素，同时也会产生高铁肌红蛋白和硫化肌红蛋白等不利于肉品色泽的色素；辐射使部分蛋白质发生变性，肌肉保水力降低；对胶原蛋白有嫩化作用，可提高肉品的嫩度，但提高肉品嫩度所要求的辐射剂量太高，使肉品产生辐射变性而变得不能食用。

（6）辐射肉品的卫生安全性　放射线处理后食品的安全性，根据联合国粮农组织（FAO）、国际原子能机构、世界卫生组织（WHO）组成的"辐照食品卫生安全性联合专家委员会"就辐照食品的安全性得出结论，食品经不超过10kGy的辐照时，辐射在保藏食品方面是一种安全、卫生、经济有效的新手段。其安全性体现在以下几方面。

① 辐射食品无残留放射性和诱导放射性。

② 辐射不产生毒性物质和致突变物。

③ 辐射会使食品发生理化性质的变化，导致感官品质及营养成分的改变。变化程度取决于辐射食品的种类和辐射剂量。

总而言之，肉类的保鲜需要综合应用以上各种防腐保鲜措施，发挥各自的优势，达到最佳保鲜效果。未来肉类防腐保鲜的趋势将是天然防腐保鲜剂的应用、新型包装技术的应用和辐照技术的广泛使用。

四、化学保藏法

所谓肉的化学保藏是指在肉品生产和贮运过程中使用化学添加

剂来提高肉的贮藏性和尽可能保持它原有品质的一种方法。与保鲜有关的添加剂主要是防腐剂和抗氧化剂。防腐剂又分为化学防腐剂和天然防腐剂。防腐保鲜剂经常与其他保鲜技术结合使用。

1. 化学防腐剂

化学防腐剂主要包括各种有机酸及其盐类。肉类保鲜中使用的有机酸包括乙酸、甲酸、柠檬酸、乳酸及其钠盐、抗坏血酸、山梨酸及其钾盐、磷酸盐等。这些酸单独或配合使用，对延长肉的保存期均有一定效果，其中使用最多的是乙酸、山梨酸及其钾盐、乳酸及其钠盐。

2. 天然防腐剂

天然防腐剂的使用一方面安全性很高，另一方面能更好地符合消费者的需要。目前，国内外在这方面的研究十分活跃，天然防腐剂是今后防腐剂发展的趋势。

(1) 茶多酚　茶多酚对肉品防腐保鲜以三条途径发挥作用：抗脂质氧化、抑菌、除臭味物质。

(2) 香辛料提取物　许多香辛料中含有杀菌、抑菌成分，提取后作为防腐剂，既安全又有效。如大蒜中的蒜辣素和蒜氨酸，肉豆蔻所含的肉豆蔻挥发油，桂皮中的挥发油以及丁香中的丁香油等，均具有良好的杀菌、抗菌作用。

(3) 乳链菌肽　应用乳链菌肽（Nisin）对肉类保鲜是一种新型的技术，Nisin是由某些乳酸链球菌合成的一种多肽抗生素。它只能杀死革兰阳性菌，对酵母菌、霉菌和革兰阴性菌无作用，为窄谱抗生素。目前，利用Nisin的形式有两种，一种是将乳酸菌活体接种到食品中；另一种是将其代谢产物加以分离利用。

五、气调包装技术

气调包装技术也称换气包装，是在密封袋中放入食品，抽掉空气，用选择好的气体代替包装内的气体环境，以抑制微生物的生长，从而延长食品货架期。气调包装常用的气体有三种：CO_2、O_2和N_2。CO_2能抑制细菌和真菌的生长（尤其是细菌繁殖的早期），也能抑制酶的活性，在低温和体积分数为25%时抑菌效果更佳，并具有水溶性；O_2 的作用是维持氧合肌红蛋白，使肉色鲜艳，并能抑制厌氧细菌，但也为许多有害菌创造了良好的环境；N_2 是一种惰性填充气体，氮气不影响肉的色泽，能防止氧化酸败、霉菌的生长和寄生虫害。

在肉类保鲜中，CO_2 和 N_2 是两种主要的气体，一定量的 O_2 存在有利于延长肉类保质期，因此，必须选择适当的比例进行混合。在欧洲鲜肉气调保鲜的气体比例为 O_2：CO_2：N_2＝70：20：10 或 O_2：CO_2＝75：25。目前国际上认为最有效的鲜肉保鲜技术是用高 CO_2 充气包装的气调包装（CAP）系统。

六、其他保藏方法

1. 低水分活性保鲜

水分是指微生物可以利用的水分，最常见的低水分活性保鲜方法有干燥处理及添加食盐和糖。其他添加剂如磷酸盐、淀粉等都可降低肉品的水分活性。

2. 加热处理

① 用来杀死肉品中存在的腐败菌和致病菌，抑制能引起腐败的酶活性；

② 加热不能防止油脂和肌红蛋白的氧化，反而有促进作用；

③ 热处理肉制品必须配合其他保藏方法使用。

3. 发酵处理

发酵处理肉制品有较好的保存特性，它是利用人工环境控制，使用肉制品中乳酸菌的生长占优势，将肉制品中碳水化合物转化成乳酸，降低产品的 pH 值，而抑制其他微生物的生长，发酵处理肉制品也需同其他保藏技术结合使用。

第四节　酱卤加工原理

酱卤肉制品中，酱与卤两种制品所用原料及原料处理过程相同，但在煮制方法和调味材料上有所不同，所以产品的特点、色泽、风味也不相同。在煮制方法上，卤制品通常将各种辅料煮成清汤后将肉块下锅以旺火煮制；酱制品则和各辅料一起下锅，大火烧开，文火收汤，最终使汤形成浓汁。在调料使用上，卤制品主要使用盐水，所用香辛料和调味料数量不多，故产品色泽较淡，突出原料的原有色、香、味；而酱制品所用香辛料和调味料的数量较多，故酱香味浓。酱卤肉制品的加工方法主要是两个过程，一是调味，二是煮制（酱制）。

一、调味及其种类

1. 调味概念

调味就是根据不同品种、不同口味加入不同种类或数量的调味料，加工成具有特定风味的产品。如南方人喜爱甜则在制品中多加些糖，北方人吃得咸则多加点盐，广州人注重醇香味则多放点酒。

2. 调味种类

调味因地区、口味和产品品种而不同，不能强求一律。调味的方法根据加入调料的作用和时间，大致可分为基本调味、定性调味和辅助调味三种。

(1) 基本调味　在原料整理后未加热前，用盐、酱油或其他辅料进行腌制，奠定产品的咸味叫基本调味。

(2) 定性调味　原料下锅加热时，随同加入的辅料如酱油、酒、香辛料等，决定产品的风味叫定性调味。

(3) 辅助调味　在产品即将出锅时加入糖、味精等，以增加产品的色泽和鲜味，叫辅助调味。加热煮熟后的辅助调味是制作酱卤肉制品的关键步骤。必须严格掌握调料的种类、数量以及投放的时间。

二、煮制变化

煮制是酱卤肉制品加工中主要的工艺环节。其目的是改善感官性质，使肉黏着、凝固，产生与生肉不同的硬度、齿感、弹力等物理变化；固定制品的形态，使制品具有切片性，并产生特有的香味、风味。煮制能杀死微生物和寄生虫，提高制品的安全性和耐保存性，稳定肉的色泽。加热的介质有水、蒸汽等，在加热过程中，原料肉及其辅料都要发生一系列的变化。

（一）煮制方法

在酱卤肉制品加工中煮制方法包括清煮（也称白烧）和红烧。

清煮又称预煮、白煮、白锅等，其方法是将整理后的原料肉投入沸水中，汤中不加任何调味料，用较多的清水进行煮制。清煮的目的主要是去掉肉中的血水和肉本身的腥味或气味，在红烧前进行，清煮的时间因原料肉的形态和性质不同有异，一般为15～40min。清煮后的肉汤称白汤，清煮猪肉的白汤可作为红烧时的汤汁基础再使用，但清煮牛肉及内脏的白汤。

红烧又称红锅。其方法是将清煮后的肉放入加有各种调味料、香辛料的汤汁中进行烧煮，是酱卤肉制品加工的关键性工序。红烧不仅可使制品加热至熟，更重要的是使产品的色、香、味及产品的化学成分有较大的改变。红烧的时间，随产品和肉质不同而异，一般为1～4h。红烧后剩余之汤汁叫老汤或红汤，要妥善保存，待以后继续使用。加入老汤进行红烧，使肉制品风味更佳。无论是清煮或红烧，对形成产品的色、香、味、形以及成品的化学成分的变化都有决定性的影响。

另外，油炸也是某些酱卤肉制品的制作工序之一，如烧鸡等。油炸的目的是使制品色泽金黄，肉质酥软油润，还可使原料肉蛋白质凝固，排除多余的水分，肉质紧密，使制品造型定型，在酱制时不易变形。油炸的时间一般为5～15min，多数在红烧之前进行。但有的制品则经过清煮、红烧后再进行油炸，如北京月盛斋烧羊肉等。

（二）煮制火力

在煮制过程中，根据火焰的大小、强弱和锅内汤汁情况，可分为大火、中火、小火三种。

（1）大火又称旺火、急火等。大火的火焰高强而稳定，锅内汤汁剧烈沸腾。

（2）中火又称温火、文火等。火焰较低弱而摇晃，锅内汤汁沸腾，但不强烈。

(3) 小火又称微火。火焰很弱而摇晃不定，锅内汤汁微沸或缓缓冒气。

火力的运用，对酱卤肉制品的风味及质量有一定的影响，除个别品种外，一般煮制初期用大火，中后期用中火和小火。大火烧煮的时间通常较短，其主要作用是尽快将汤汁烧沸，使原料初步煮熟。中火和小火烧煮的时间一般比较长，其作用是使肉品变得酥润可口，同时使配料渗入肉的深部，达到内外品味一致的目的。加热时火候和时间的掌握对肉制品质量有很大影响，需特别注意。

(三) 煮制过程发生的变化

在煮制过程中，原料、辅料都会发生一系列的变化。肌肉温度达到50℃时蛋白质开始凝固；60℃时肉汁开始流出；70℃时肉凝结收缩，肉中色素变性，肌肉由红色变灰白色；80℃呈酸性反应时，结缔组织开始水解，胶原转变为可溶于水的明胶，各肌束间的联结减弱，肉变软；90℃稍长时间煮制蛋白质凝固硬化，盐类及浸出物由肉中析出，肌纤维强烈收缩，肉反而变硬；继续煮沸(100℃)蛋白质、碳水化合物部分水解，肌纤维断裂，肉被煮熟(烂)。在煮制时少量可溶性蛋白质进入肉汤中，受热凝固，成乌灰色泡沫，浮于肉汤表面，虽然它具有很好的营养价值，但因影响热的传递，在传统煮制加工中，往往把它撇掉。肉汤中的全部干物质(从肉中溶出的，不包括添加的)达肉重的2.5%～3.5%，主要是含氮浸出物和盐类，再加上调味料，将对酱卤肉制品呈味起主要作用。肉在煮制过程中将发生如下变化。

1. 重量减轻

煮制可使肉质收缩、凝固、变硬或软化。通过加热，一方面使蛋白质凝固，提高肉的硬度，肉质收缩，重量减轻；另一方面可使结缔组织蛋白软化，产生香味，稳定肉的颜色。这些变化都是由于一定的加热温度及时间，使肉产生一系列的物理化学变化导致的。肉类在煮制过程中最明显的变化是失去水分、重量减轻。以中等肥度的猪肉、牛肉、羊肉为原料，在100℃的水中煮沸30min重量减少的情况见表1-1。

表1-1 肉类水煮时重量减少的情况 单位：%

名 称	水分	蛋白质	脂肪	其他	总量
猪肉	21.3	0.9	2.1	0.3	24.6
牛肉	32.2	1.8	0.6	0.5	35.1
羊肉	26.9	1.5	6.3	0.4	35.1

为了减少煮制造成的肉类营养物质损失，提高产品出品率，需将原料肉放入沸水中经短时间预煮，可使产品表面的蛋白质立即凝固，形成保护层。用150℃以上的高温油炸，亦可减少营养成分的流失。

2. 肌肉蛋白质的热变性

肉在加热煮制过程中，肌肉蛋白质发生热变性凝固，引起肉汁分离，体积缩小变硬，同时肉的保水性、pH值、酸碱性基团及可溶性蛋白质发生相应的变化。

肌肉蛋白质的热变性表现为肉的保水性、硬度、pH值、酸碱性基团以及可溶性蛋白质含量的变化，随着温度的上升所发生的变化归纳如下。

(1) 20～30℃时，肉的保水性、硬度、可溶性都没有发生变化。

(2) 30～40℃时，随着温度上升保水性缓慢地下降。从30～35℃开始凝固，硬度增加，蛋白质的可溶性、ATP酶的活性也产生变化。

(3) 40～50℃时，保水性急剧下降，硬度也随温度的上升而急剧增加，等电点移向碱性方向，酸性基团特别是羧基减少。

(4) 50～55℃时，保水性、硬度、pH值等暂时停止变化，酸性基团停止减少。

(5) 55～80℃时，保水性又开始下降，硬度增加，pH值降低，酸性基团又开始减少，并随着温度的上升各有不同程度的加剧，但变化的程度不像在40～50℃范围内那样强烈，尤其是硬度增加和可溶性物质减少的幅度不大。到60～70℃肉的热变性基本结束；80℃以上开始生成硫化氢，影响肉的风味。显然，蛋白质受热变性时发生分子结构的变化，使蛋白质的某些性质发生根本改变，丧失了原来的可溶性，更易于受胰蛋白酶的分解作用，容易被消化吸收。

3. 结缔组织的变化

结缔组织对加工制品的形状、韧性等有重要影响。通常肌肉中结缔组织含量越多，肉质就越坚韧，但在70℃以上水中长时间煮制，结缔组织多的反而比结缔组织少的肉质柔嫩，这是由于结缔组织受热软化的程度对肉的柔嫩起着更为突出作用的缘故。

结缔组织中的蛋白质主要是胶原蛋白和弹性蛋白，一般加热条件下弹性蛋白几乎不发生变化，主要是胶原蛋白的变化。

肉在水中煮制时，由于肌肉组织中胶原纤维在动物体不同部位的分布不同，肉发生收缩变形情况也不一样。当加热到64.5℃时。其胶原纤维在长度方向可迅速收缩到原长度的60%。因此肉在煮制时收缩变形的大小是由肌肉结缔组织的分布所决定的。同样，在70℃条件下，沿着肌肉纤维纵向切下，不同部位，其收缩程度也不一样。表1-2显示了沿着肌肉纤维纵向切下的肌肉的不同部位在70℃水煮时的收缩程度。经过60min煮制以后，腰部肌肉收缩可达50%，而腿部肌肉只收缩38%，所以腰部肌肉会有明显的变形。

表1-2 70℃煮制对肌肉长度的影响

煮制时间/min	肉块长度/cm	
	腰部	大腿部
0	12	12
15	7.0	8.3
30	6.4	8.0
45	6.2	7.8
60	5.8	7.4

煮制过程中随着温度的升高，胶原蛋白吸水膨润而成为柔软状态，机械强度降低，逐渐转变为可溶性的明胶。胶原转变成明胶的

速度，虽然随着温度升高而增加，但只有在接近100℃时才能迅速转变，同时亦与沸腾的状态有关，沸腾得越激烈转变得越快。表1-3所列举的是同样大小的牛肉块随着煮制时间的不同，不同部位胶原蛋白转变成明胶的数量差异。因此，在加工酱卤肉制品时应根据肉体的不同部位和加工产品的要求合理使用。

表1-3 100℃条件下煮制不同时间胶原蛋白转变成明胶的量

单位：%

部位＼时间	20min	40min	60min
腰部肌肉	12.9	26.3	48.3
背部肌肉	10.4	23.9	43.5
后腿肌肉	9.0	15.6	29.5
前臂肌肉	5.3	16.7	22.7
半腱肌	4.3	9.9	13.8
胸肌	3.3	8.3	17.1

4. 脂肪组织的变化

脂肪组织由疏松结缔组织中充满脂肪细胞构成，其中结缔组织形成脂肪组织的框架，并包围着脂肪细胞。脂肪细胞的大小根据动物的种类、营养状态、组织部位不同而异。加热时脂肪熔化，包围脂肪滴的结缔组织由于受热收缩使脂肪细胞受到较大的压力，细胞膜破裂，脂肪熔化流出。从脂肪组织中流出脂肪的难易，由包着脂肪的结缔组织膜的厚度和脂肪的熔点决定。

脂肪中不饱和脂肪酸越多，则熔点越低，脂肪越容易受热流出。牛和羊的脂肪含不饱和脂肪酸少，熔点较高；而猪和鸡的脂肪含不饱和脂肪酸多，熔点较低，故猪和鸡的脂肪易受热流出，随着脂肪的流出，与脂肪相关联的挥发性化合物则会给肉和肉汤增补香气。

肉中的脂肪煮制时会分离出来，不同动物脂肪所需的温度不同，牛脂为42～52℃，牛骨脂为36～45℃，羊脂为44～55℃，猪脂为28～48℃，禽脂为26～40℃。

脂肪在加热过程中有一部分发生水解，生成甘油和脂肪酸，因而使酸价有所增高，同时也发生氧化作用，生成氧化物和过氧化物。加热水煮时，如肉量过多或剧烈沸腾，易形成脂肪的乳化，使肉汤呈浑浊状态。在肉汤贮存过程中，脂肪易于被氧化，生成二羧基酸类，而使肉汤带有不良气味。

5. 香气变化

香气是由挥发性物质产生的，生肉的香味很弱，但加热之后，不同种类动物肉都会产生很强烈的特有风味。通常认为，这是由于加热导致肌肉中的水溶性成分和脂肪的变化造成的。肉的香气成分与氨、硫化氢、羰基化合物、低级脂肪酸等有关。肉的风味在一定程度上因加热的方式、温度和时间不同而不同。煮制时加入香辛料、糖、谷氨酸等添加物也会改善肉的风味。但是，尽管肉的风味受复杂因素的影响，主要还是由肉的种类差别所决定。不同种类肉的风味呈味物质有许多相同的部分，主要是水溶性物质、氨基酸、小肽和低分子的碳水化合物之间进行反应的一些生成物，而不同部分是肉类的脂肪和脂溶性物质加热所形成，如羊肉的膻味是由辛酸和壬酸等低级饱和脂肪酸所致。

6. 浸出物的变化

肉在煮制时浸出物的成分是复杂的，其中主要是含氮浸出物、游离氨基酸、尿素、肽的衍生物、嘌呤碱等。其中以游离氨基酸最多，如谷氨酸等，它具有特殊的芳香气味，当浓度达到0.08%时，即会出现肉的特有鲜味。此外如丝氨酸、丙氨酸等也具有香味，成熟的肉所含的游离状态的次黄嘌呤，也是形成肉特有芳香气味的主要成分。

肉在煮制过程中可溶性物质的分离受很多因素影响。首先是由动物肉的性质所决定，如种类、性别、年龄以及动物的肥瘦等；其次是受肉的冷加工方法的影响，如冷却肉还是冷冻肉、自然冻结还是人工机械制冷冻结，此外，不同部位的浸出物也不同。

肉在煮制过程中分离出的可溶性物质不仅和肉的性质有关，而且也受加热过程中的一系列因素影响，如下水前水的温度、肉和水的比例、煮沸的状态、肉块的大小等。通常是浸在冷水中煮沸的损失多，热水中损失少；强烈沸腾的损失多，缓慢煮沸的损失少；水越多，可溶性物质损失的越多；肉块越大，损失越少。

7. 颜色的变化

肉的颜色受加热方法、时间、温度的影响而呈现不同的变化。当水温在60℃以下时，肉色几乎不发生明显变化，仍呈鲜红色，65～70℃时，肉变成桃红色，再提高温度则变为淡灰色，在75℃以上时，则完全变为褐色。这种变化是由于肌肉中的肌红蛋白受热逐渐发生变性造成的。

肌红蛋白变性之后成为不溶于水的物质。肉类在煮制时，一般都以沸水下锅好，一方面使肉表面蛋白质迅速凝固，阻止了可溶性蛋白质溶入汤中；另一方面可以减少大量的肌红蛋白溶入汤中，保持肉汤的清澈、透明。肉加热时，肉色褐变也与碳水化合物的焦化、还原糖和氨基酸之间产生美拉德反应有关，特别是猪肉更明显。

8. 维生素的变化

肌肉与脏器组织中含有丰富的B族维生素，如硫胺素、核黄素、烟酸、维生素 B_6、生物素、叶酸及维生素 B_{12}。肝脏中还含有大量的维生素A和维生素D。在加热过程中通常维生素的含量降低，损失的量取决于加热的程度和维生素的敏感性。硫胺素对热不稳定，加热时在碱性环境中被破坏，但在酸性环境中比较稳定，如炖肉可损失60%～70%的硫胺素和26%～42%的核黄素。

猪肉及牛肉在100℃水中煮沸1～2h后，吡哆醇损失量多；猪肉在120℃灭菌1h，吡哆醇损失61.5%，牛肉吡哆醇损失63%。

三、煮制技术

煮制是酱卤肉制品的主要加工环节，各种酱卤肉制品的煮制方法大同小异，一般制作方法如下。

1. 白拆、红烧

酱卤肉制品中，除少数品种外，一般的煮制过程分为两个阶段：一是白拆，亦称“出水”、“白锅”、“水锅”，也有的地区称“浸水”，这是辅助性的煮制工序，其作用是消除膻腥气味。白拆方法是将成形原料投入沸水锅中进行加热，加以翻拌、捞出浮油、血沫和杂质。二是红烧，亦称“红锅”，它是产品质量的决定工序，红烧的方法和时间，因产品而异。

2. 宽汤、紧汤

在煮制过程中，会有部分营养成分随汤汁而流失。因此，煮制过程中汤汁的多少与产品质量有一定关系。煮制时加入的汤，根据数量多少，分宽汤和紧汤两种煮制方法。宽汤煮制是将汤加至和肉的平面基本相平或淹没肉体，适用于块大、肉厚的产品，如卤肉等；紧汤煮制加入的汤应低于肉平面的1/3～1/2，紧汤煮制方法适用于色深、味浓的产品，如酥骨肉、蜜汁小肉、酱汁肉等。

3. 白汤、红汤

白拆时的肉汤，味鲜量多的称为白汤。要将其妥为保存，红烧时使用白拆所产生的鲜汤作为汤汁的基础。红烧时剩余的汤汁，待以后继续使用的称为老汤（老卤）或红汤。老汤越用越陈，应注意保管和使用。老汤应置于有盖的容器中，防止生水和新汤掺入。否则，应随时回锅加热，以防变质。如在夏天，应经常检查质量。老汤由于不断使用，其性能和成分经常变化，使用时应注意其咸淡程度，酌量减少配料数量。

4. 火候

掌握火候是加工酱卤肉制品的重要环节。火候的掌握，包括火力和加热时间的控制。

在实际工作中，对旺火的标准和掌握大多一致，对文火、微火的标准，则随操作习惯各异。除个别品种外，各种产品加热时的火力，一般都是先旺火后文火。旺火的时间比较短，其作用是将生肉煮熟，但不能使肉酥烂；文火的时间一般比较长，其作用在于使肉酥烂可口，使配料逐步渗入产品内部，达到内外咸淡均匀的目的。有的产品在加入砂糖后，往往再用旺火，其目的在于使砂糖熔化。卤制内脏时，由于口味要求和原料鲜嫩的特点，在加热过程中，自始至终采用文火烧煮法。

目前，许多酱卤肉制品生产厂家早已使用夹层釜取代普通锅进行生产，利用蒸汽加热，加热程度可通过液面沸腾的状况或由温度指示来决定，从而生产出优质的肉制品。

加热的时间和方法随品种而异。产品体积大，块头大，其加热时间一般都比较长。反之，就可以短一些，但必须以产品煮熟为前提。产品不熟或者里生外熟，非但不符合质量要求，而且也影响食用安全。

四、料袋的制法和使用

酱卤肉制品制作过程中大都采用料袋。料袋是用二层纱布制成的长形布袋，可根据锅的大小、原料多少缝制大小不同的料袋。将各种香辛料装入料袋，用粗绳将料袋口扎紧。最好在原料未入锅之前，将锅中的酱汤打捞干净，将料袋投入锅中煮沸，使料味在汤中散开以后，再投入原料酱卤。料袋中所装香料的种类和数量，可根据不同的品种和当地传统习惯进行选择。如喜欢香味浓郁的产品，则香料的种类和数量可以略多一些；反之，则可少一些。料袋所装香料可以使用2～3次，然后以新换旧，逐步淘汰。

第五节　肉制品配方设计原则

产品配方设计是肉制品生产中一个非常重要的环节。在进行肉制品配方设计之前一般要考虑以下四个基本原则：理化标准原则、感官标准（色泽、风味、组织状态或质构）原则、安全标准原则和成本原则。

一、必须以肉制品的产品质量为依据

不同质量的肉制品对原料肉的要求是不一样的，所以在进行肉制品配方设计之前，必须明确产品的质量及质量标准，如果是中低档产品，可以选用一般的原料肉，如果是生产高档的肉制品，相应地选用优质的原料肉。一般情况下，在进行产品的配方设计时，要明确产品质量标准中的理化标准，包括水分、蛋白质、脂肪等指标，以及各种非肉成分含量指标。不同种类的肉制品，其质量指标是不一样，同一种肉制品不同级别其质量指标也是有区别的，这些都是在进行肉制品配方设计之前必须明确的目标。当然，加工过程中的损失和损耗在配方设计也要必须考虑，如蒸煮损失、加工损失等。凡是设计合理的肉制品配方，无论其使用的原料有多少种，都是以产品的质量标准为依据的，这样才能生产出符合质量要求的产品。当然在进行肉制品配方时也要考虑色、香、味、形等这些定性指标。它们也是决定产品质量的重要因素。

二、掌握原辅料的化学组成和加工特性

在明确产品的质量指标后，就要开始进行原辅料的选择。原辅料中水分、蛋白质、脂肪的含量将最终决定肉制品中水分、蛋白质、脂肪的含量。所以，在进行配方之前，要通过适当的检测手段确定所有原辅料的主要化学成分含量。在没有条件的情况下的，可以查阅当地相关原辅料的化学成分表。掌握了这些指标再进行适当的配比调整就能够得到符合产品质量的同时。当然，在考虑理化指标符合产品质量的同时，还必须要考虑各种原辅料的加工特性和使用限额。因为不同原料肉的颜色、保水性、凝胶特性、乳化特性和黏着力等都是不一样的。它们将最终影响产品的色、香、味、形等感官品质指标。只有综合考虑了这些因素，设计出的肉制品配方才是科学合理的。

三、合理使用各种添加剂

在肉制品配方中，除了含肉成分，还含有大量的非肉成分，这些非肉成分在肉制品中起着重要作用，虽然它们的含量很低，但是在肉制品配方中不可缺少。常见的非肉成分有食盐、硝酸盐、亚硝酸盐、磷酸盐、大豆蛋白、卡拉胶等。这些添加剂对改善肉制品起着重要作用，但是它们的使用量受到限制和约束，必须符合我国食品添加剂使用国家标准。因为如果使用不当不仅不会改善肉制品的品质，甚至会影响产品的质量和安全。所以，在肉制品配方设计中，添加剂的使用和加工特性必须充分掌握和考虑。

四、保证产品色、香、味、形完美统一

根据不同肉制品的特点，进行必要的风味调配，最终保证产品

色、香、味、形完美统一。肉制品种类很多，主要分为中式肉制品和西式肉制品两大类。色香味形都是描述肉制品的重要感官指标，所以，在肉制品配方中，要考虑加入色素、香精香料等调味剂，来改善产品的感官品质。通常在西式肉制品中使用香精香料和色素及品质改良剂来改善产品的色、香、味、形；中式肉制品更注意色、香、味、形的完善，一般情况下，通过酱油、色素、味精、盐和香辛料来改善感官品质，所以，特别是对中式肉制品来说，调味料显得尤为重要。很多不同种类肉制品的重要区别就在于调味。调味是在进行配方设计中又一关系重要的因素。

在这里还要强调的是，以上只是在肉制品配方中需要考虑的重要原则，在此原则的指导下，才能实现达到要求的肉制品配方，要想真正得到符合要求的肉制品，还需要相应的加工技术和设备的支持，配方设计只是实现产品的第一步，同时是非常重要的一步，没有相应的生产工艺技术和设备的支持，同样得不到符合产品理化要求的，安全卫生，营养方便的肉制品。

第二章 酱卤原料辅料及添加剂

第一节 原 料 肉

一、原料肉种类

不同的原料肉及原料肉组成可用于不同类型酱卤肉制品的生产，使产品具有各自的特点，掌握原料肉中蛋白质、脂肪、水分、胶原蛋白、色素物质的含量以及原料肉的持水性、黏着性，对于合理选用加工条件以及进行配方设计具有很大的指导作用。

原料中的蛋白质与水分比及脂肪与瘦肉比是十分重要的参数，涉及产品的保水性、质构、色泽和乳化特点。有资料说明，最终产品的水分含量不应超过蛋白质含量的4倍再加上10。充足的盐溶性蛋白质含量和溶出量，尤其是肌球蛋白的含量和溶出量对香肠均相乳化凝胶体的形成具有重要作用。通常用黏着性表示肉所具有的乳化脂肪和保持水分的能力，也泛指使瘦肉粒黏合在一起的能力。黏着性高，产品的黏弹性、切片性、质构均匀性及产品得率高。骨骼肌具有良好的黏着性，随着脂肪含量的升高，黏着性不断下降。牛骨骼肌具有很好的黏着性，头肉、颊肉和猪瘦肉及其碎肉具有中等黏着性，脂肪含量高的肉、非骨骼肌肉及一般的猪肉边角料、牛肉边角料、牛胸肉、横膈膜肌等的黏着性很低。

原料肉的预处理过程对产品质量也有影响。用僵直之前的热鲜肉加工的产品与用成熟之后的肉加工的产品相比，具有较高的硬度和多汁感，但水分流失较大，产品的滋味和香味较差。利用冷冻之后的原料，尤其是用冷冻时间较长的原料加工产品，则产品的风味差、持水性差、得率低，并且产品色泽发暗。此外，原料肉的微生物学特性不仅影响产品的卫生品质，对食用品质和营养品质也具有很大影响。

（一）猪肉类

1. 猪的经济类型

猪的品种有100多种，按其经济类型可分为脂用型、肉用型、加工型（腌卤型）三种。

（1）脂用型　这类猪的胴体脂肪含量较多。但因人们对脂肪需求的下降，其销路不好，另外，在肉类加工中，肥膘越多，肉的利用率越低，成本越高，越缺乏竞争力。这类品种猪有东北猪、新金猪和哈白猪。

（2）肉用型　肉用型介于脂用型和加工型中间，肥育期不沉积过多的脂肪，瘦肉多，肥膘少，无论是消费者、销售者或肉品加工厂都乐于选用。这类品种如丹麦长白猪、改良的约克夏猪和金华猪。

（3）加工型　这类与前两者相比，肥肉更少，瘦肉更多，可利用于加工肉制品的肉更多，是肉制品加工厂首选猪种。从丹麦引进的兰德瑞斯猪，其身躯长，身体匀称，臀部丰满，肥肉少，瘦肉多，用于加工的肉比例高，且生长快，繁殖率高，是一种较理想的加工型猪。

2. 我国地方猪种的类型

我国幅员辽阔，各地区农业生产条件和耕作制作的差异，以及社会经济条件的不同，为猪种的形成提供了不同条件，经过长期的选育形成了许多优良猪种。根据猪种的起源、生产性能、外形特点，结合当地的自然环境、农业生产和饲养条件，将我国的猪种大致分为以下六个类型。

（1）华北　华北型猪分布最广，主要在淮河、秦岭以北，包含东北、华北和内蒙古自治区，以及陕西、湖北、安徽、江苏等四省的北部地区。特点是体质健壮，骨骼发达，体躯较大。一般膘不厚，但板油较多，瘦肉量大，肉味香浓，近年来，由于大型华北猪成熟慢，饲料消耗大，已逐渐趋于减少。

（2）华南型 华南型猪主要分布在云南省的西南和南部边缘、广西壮族自治区、广东省的偏南大部分地区以及福建省的东南，一般体躯较短、矮、宽、圆、肥。早期生长发育快，肥育脂化早，早期易肥。肉质细致，体重75～90kg，屠宰率平均可达70%，肥膘4～6cm。

（3）华中型 华中型猪分布于长江和珠江三角洲间的广大地区。体形基本与华南型猪相似，体质较疏松，背较宽，骨骼较细，体躯较华南型猪大，额部多有横纹，皮毛疏松，肉质细致，生长较快，成熟早，如浙江金华猪、广东大白花猪、湖南的宁乡猪和湖北的蓝利猪。

（4）江海型 江海型猪又称华北、华中过渡型猪，主要分布于汉水和长江中下游。外形特征介于华北型、华中型之间，经济成熟，小型6个月可达60kg以上，大型可达100kg，屠宰率达70%左右。如太湖流域的太湖猪、浙江虹桥猪、上海的枫泾猪等均属这一类型。

（5）西南型 西南型猪主要分布在云贵高原和四川盆地。猪种体质外形基本相同，腿较粗短，额部多旋毛或横行皱纹，毛以全黑的和“大白”的较多。

（6）高原型 高原型猪主要分布于青藏高原，体型小，紧凑，四肢发达，皮较厚，毛密长，鬃毛发达而且富有弹性。

（二）牛肉类

肉用牛的主要品种为黄牛，分布广，各省市自治区均有饲养，黄牛的主要产区是内蒙古自治区和西北各省，近年来山东、河南也大量引进国外牛种进行饲养。我国肉用牛品种主要有以下几种。

1. 蒙古牛

蒙古牛是我国分布较广、头数最多的品种，原产于内蒙古兴安岭的东南两麓，主要分布在内蒙古自治区，以及华北北部、东北西部和西北一代的牧区和半农牧区。比较知名的品种有以下两种。

（1）乌珠穆泌牛 该种牛产于内蒙古锡林郭勒盟东西乌珠穆泌

旗，特别是乌拉盖河流域的牛最好。乌珠穆沁牛的特点可概述为“五短一长”，即颈短、四肢短、身体长。牛的体形方正，体质结实，肌肉丰满，肉质肥嫩。

(2) 三河牛　三河牛产于内蒙古呼伦贝尔盟北部、海拉尔及三河一带，它是该地区牛种多元杂交改良而成。三河牛体型宽大，耐寒，耐粗饲，觅食能力强，生长快，出肉率高。

2. 华北型黄牛

华北型黄牛产于黄河流域的平原地区和东北部分地区，是肉用牛的主要品种，以肉质优良闻名中外。华北牛又可按不同产区和特点分为以下 3 种。

(1) 秦川牛　秦川牛又称关中牛，主产于秦岭以北、渭河流域的关中平原。秦川牛体躯高大结实，役用力强，肉用价值高。

(2) 南阳牛　南阳牛分布在河南省西南部山区，又有山地牛和平原牛两种；按体型大小可分高脚牛、矮脚牛、短角牛三种类型。南阳牛体型高大，结构坚实，肌肉丰满，肉质良好，易于育肥；出肉率 40%～45%；毛色多为黄、黄红、米黄、草白等；公牛体重 750kg，母牛 500kg。

(3) 鲁西牛　鲁西牛原产于山东西部济宁、菏泽地区。鲁西牛体躯高大而短，骨骼细、肌肉发达，具有肉牛的体型；皮毛以黄红色、淡黄色居多，草黄色次之，少数为黑褐色和杂色。鲁西牛耐粗饲，育肥性能好，肉质细嫩，肌纤维间脂肪沉积良好，呈美丽的大理石状。经育肥出肉率 55%，净肉率 45%。

3. 华南型黄牛

华南型黄牛产于长江流域以南各省，皮毛以黑色居多，黄色较少，身躯较蒙古牛、华北型牛小，而且越往西越小。

4. 牦牛

牦牛又称藏牛，原产于西藏、青海以及四川甘孜州、阿坝州和凉山州等，被誉为“高原之舟”。我国现有牦牛 1230 万头，占世界牦牛总数的 85%。牦牛是我国高寒牧区特有的牛种，大多属原始型，基本上无人通过育肥得到育肥的牦牛。牦牛因生长在高海拔缺氧情况下，其血红蛋白比普通黄牛高出 50%～100%，另外，蛋白质含量比一般牛肉高出2%～3%，脂肪含量也较一般牛肉低，加之牦牛在无污染的雪域（海拔3000～6000m）高原生长，无任何污染，牦牛肉也是一种很好的绿色食品。但牦牛肉肉质较粗，色泽暗红，给牦牛肉加工带来一定的困难。

（三）羊肉类

我国羊的品种有绵羊和山羊，绵羊多为皮、毛、肉兼用，经济价值较高，是我国羊的主要品种。

绵羊的产区比较集中，主要产于西北和华北地区，新疆、内蒙古、青海、甘肃、西藏、河北六省区约占全国绵羊总头数的75%。绵羊按其类型大致可分为四种：蒙古绵羊、西藏绵羊、哈萨克羊和改良种羊。其中以蒙古绵羊最多。原产于内蒙古自治区，现在分布全国各地。蒙古绵羊一般为白色，但多数在头部和四肢有黑色，所以又叫黑头羊。公羊有角，母羊无角，尾有多量脂肪，呈圆形而下垂，又叫肥尾羊。公羊体重40～60kg，母羊25～45kg。肉质良好。

山羊多为肉皮兼用，适应性强，全国各省均有饲养。山羊有蒙古山羊、四川铜羊、沙毛山羊、青山羊。山羊主要分布在新疆、山西、河北、四川等省的山区和丘陵地带，平原农业区也有少量饲养。

（四）兔肉类

兔的品种很多，目前我国饲养量较多的肉兔品种有新西兰兔、日本大耳兔、加利福尼亚兔、青紫蓝兔等。兔肉营养丰富，每100g肉中含蛋白质19.7g、脂肪2.2g左右，为高蛋白、低脂肪肉类，适合肥胖病人和心血管病人食用。另外，对高血压病患者来说，因兔肉的胆固醇含量很少，而卵磷脂却含量较多，具有较强的抑制血小板黏聚作用，可阻止血栓的形成，保护血管壁，从而起到预防动脉硬化的作用。卵磷脂是儿童和青少年大脑和其他器官发育所不可缺少的营养物质。

兔肉性凉味甘，有补中益气、止渴健脾、凉血解毒之功效，常用于羸弱、胃热呕吐、便血等。但脾胃虚寒者忌食。

(五) 鸡肉类

养鸡业在农牧业生产中十分重要，肉用鸡生长快，饲喂的饲料少，出肉率高，占躯体重的80%左右，是肉制品加工重要原料。

肉用鸡的品种有山东九斤黄、江苏狼山鸡、上海浦东鸡、广东惠阳鸡、江西泰和鸡、福建禾田鸡、辽宁庄河鸡、云南武定鸡、成都黄鸡、峨眉黑鸡、兴文乌骨鸡等。从国外引进的鸡品种有白洛克鸡、罗斯鸡、澳大利亚黑鸡、新波罗鸡、洛岛红鸡、来杭鸡、星布罗鸡等。

(六) 鸭肉类

鸭肉味美，营养丰富，是中国人最喜欢的肉食之一。鸭的优良品种有北京鸭、上海门鸭、绍兴麻鸭、高邮鸭、香鸭、樱桃谷鸭等。北京的北京烤鸭、南京的盐水鸭、成都的樟茶鸭、乐山的甜皮鸭、重庆白石驿板鸭都是人们乐意接受的鸭肉制品。

(七) 鹅肉类

养鹅是我国农村重要的副业，也是人们获得肉类的重要来源。鹅虽不如鸭肉鲜美、细嫩，但鹅肉多且瘦，用于烤制和红烧，别有风味。鹅类较有名的品种有广东狮头鹅、清远鹅，江苏太湖鹅，浙江东白鹅、灰鹅等。

二、原料肉总体要求

原料肉的选择主要从以下几方面判定。

(1) 肉的颜色　肉的颜色是重要的食品品质之一。事实上，肉的颜色本身对肉的营养价值和风味并无大的影响。颜色的重要意义在于它是肌肉的生理学、生物化学和微生物学变化的外部表现，因此它可以通过感官给消费者以好或坏的影响。

(2) 肉的风味　肉的味质又称为肉的风味，指的是生鲜肉的气味和加热后肉制品的香气和滋味。它是肉中固有成分经过复杂的生物化学变化，产生各种有机化合物所致。其特点是成分复杂多样，含量甚微，用一般方法很难测定，除少数成分外，多数无营养价值，不稳定，加热易被破坏和挥发。

（3）肉的保水性　肉的保水性也叫系水力或系水性，是指当肌肉受外力作用，如在加压、切碎、加热、冷冻、解冻、腌制等加工或储藏条件下保持其原有水分与添加水分的能力。它对肉的品质有很大的影响，是肉质评定时的重要指标之一。系水力的高低可直接影响到肉的风味、颜色、质地、嫩度、凝结性等。

（4）肉的嫩度　肉的嫩度是消费者最重视的食用品质之一，它决定了肉在食用时口感的老嫩，是反映肉质地的指标。

三、各种原料肉的基本要求

1. 常用原料肉的基本要求

（1）猪肉　猪肉作为肉制品加工中的主要原料，应该符合：肌肉淡红色，有光泽，纹理细腻、肉质柔软有弹性；脂肪呈乳白色或粉白色；外表及切面微湿润，不黏手；具有该种原料特有的正常气味，无腐败气味或其他异味；无杂质污染，无病变组织、软骨、淤血块、淋巴结及浮毛等杂质。

（2）牛肉和犊肉　要求来自非疫区的、健康无病的牛；肉质紧密，有坚实感，弹性良好；表面无脂肪；外表及切面微湿润，不黏手；具有牛肉的正常色泽，特有的正常气味，无腐败气味或其他异味；无杂质污染，无病变组织、软骨、淤血块、淋巴结及浮毛等杂质。一般牛肉色泽较深，呈鲜红色并有光泽，纹理细腻、脂肪呈白色或奶油色，比猪肉还硬些。屠宰率一般为62%。

（3）羊肉　羊肉特别是公羊肉腥味重，一般要求减轻腥味。澳大利亚研究出去除腥味的新方法，即在羊屠宰前3周，从放牧改为圈养，改变羊肉脂肪细胞的生理沉积。15%的羊肉含量往往被认为是免除腥味的最高含量，可用于火腿、香肠加工。

2. 其他部位原料肉的基本要求

除了分割的肌肉组织外，舌、心、肝、肾、肚等都可以用来灌制各种香肠和较为独特的肉制品。

(1) 舌　宰后从胴体头部取下，即清洗并冷却；根据用舌做肉制品的要求进行修整。舌根部剔下来之后，再分割成瘦肉和肥膘；舌头要与胴体同步检验；只要求修成短（净）舌头，其他边角料同步（不包括软骨）。

(2) 肝　从畜体摘下后，立即将胆囊摘除；特别注意勿将胆囊戳破，否则胆汁将污染肝。肝要清洗，但用水宜少。

(3) 心　摘取后要洗、冷却，为了检验还需切开，再选做肉制品加工原料时必须除去凝血块。

(4) 肾　摘取后要除去黏膜并将脂肪修割干净，立即送去冷却；冷却要注意产品单个分开。

(5) 肚　摘除切开，除取胃内容物，洗净；如果需要，可将胃膜摘除。

(6) 碎肉　手工剔骨后的碎肉以及再用去骨肉机分离下的碎肉，粒度细，极易氧化腐坏，故规定使用前需检查存储期。这种肉适用于需要乳化的肉制品。

四、原料肉选择

中、西式肉制品在原料、辅料的选择上是有很大区别的。例如，西式肉制品的原料可以是牛肉、猪肉、母猪肉、羊肉、禽肉、马肉等，往往用混合的而不是单一的肉类为原料。但是中式肉制品，一般用肉比较单一，母猪肉是绝对不用的。在辅料方面，中式喜用一些天然的辅料如花椒、海椒、胡椒，而西式则喜欢用一些化学剂如疏松剂、氧化剂。

究竟选用什么原料、辅料，取决于产品的品种、配方，也取决于市场的供应状况。为了使肉制品具有不同的风格，始终做到质量均一，原料的选择乃是基本的一环，要使原料肉的细菌指标、黏合能力、肥瘦比例和其他条件都有标准可依。

(1) 按肉的组织水-蛋白质比例选择原料　不同的畜体，组织水-蛋白质比例、肥瘦比例、细胞色素的相对数量都有不同，黏合能力也就随之而异。肉的黏合能力通常是指肉类成分保持脂肪并产生稳定的乳化能力。影响肉类的黏合能力的因素很复杂，加工中常常将肉分成黏合肉和充填肉两种，黏合肉又按其黏合能力高低分成高、中、低三种。

(2) 按pH值选择原料　原料肉的pH值会直接影响到产品的保水性、风味、储藏期以及产品中腌制剂的含量。例如肉的pH值高于5.8时，火腿保水性好，成品富有弹性，没有渗水现象。反之，pH值低于5.8，往往出现渗水。切片也没有那么质香浓美。

(3) 按商业等级选择原料　自然、高档的肉制品使用高档原料，反之亦然。可按前面讲到的级别选择（这里所说的都必须是健康的。来自非疫区的）。目前，国内的原料基本上是按商业等级选择的，比如，香肠瘦肉7成，肥肉3成。

第二节　调　味　品

调味品是指为了改善肉食品的风味、赋予食品特殊味感（咸、甜、酸、苦、鲜、麻、辣等）、使食品鲜美可口、增进食欲而添加到食品中的天然或人工合成的物质。其主要作用是改善制品的滋味和感官性质，提高制品的质量。

一、咸味剂

咸味是许多食品的基本味。咸味调味料是以氯化钠为主要呈味物质的一类调味料的统称，又称咸味调味品。

1. 食盐

食盐素有“百味之王”的美称，其主要成分是氯化钠。纯净的食盐，色泽洁白，呈透明或半透明状；晶粒一致，表面光滑而坚硬，晶粒间缝隙较少（按加工工艺分为原盐、复制盐2种，复制盐应洁白干燥，呈细粉末状）；具有正常的咸味，无苦味、涩味，无异嗅。

食盐具有调味、防腐保鲜、提高保水性和黏着性等重要作用。但高钠盐食品会导致高血压，新型食盐代用品有待深入研究与开发。

2. 酱油

酱油是我国传统的调味料，优质酱油咸味醇厚，香味浓郁；具有正常酿造酱油的色泽、气味和滋味，无不良气味；不得有酸、苦、涩等异味和霉味，不得浑浊，无沉淀，无异物，无霉花浮膜，是富有营养价值、独特风味和色泽的调味品。

肉制品加工中选用的酿造酱油浓度不应低于22波美度［波美度（°Bé）是表示溶液浓度的一种方法。把波美比重计浸入所测溶液中，得到的度数就叫波美度］，食盐含量不超过18%。酱油的作用如下：

（1）赋味　酱油中所含食盐能起调味与防腐作用；所含的多种氨基酸（主要是谷氨酸）能增加肉制品的鲜味。

（2）增色　添加酱油的肉制品多具有诱人的酱红色，是由酱色的着色作用和糖类与氨基酸的美拉德反应产生。

（3）增香　酱油所含的多种酯类、醇类具有特殊的酱香气味。

（4）除腥腻　酱油中少量的乙醇和乙酸等具有解除腥腻的作用。另外，在香肠等制品中酱油还有促进成熟发酵的良好作用。

3. 豆豉

豆豉是一种用黄豆或黑豆泡透蒸（煮）熟、发酵制成的食品，主要产于重庆市。豆豉，是我国传统发酵豆制品。古代称豆豉为“幽菽”，也叫“嗜”，又称香豉，是以黄豆或黑豆为原料，利用毛霉、曲霉或细菌蛋白酶分解豆类蛋白质，通过加盐、干燥等方法制成的具有特殊风味的酿造品。豆豉是我国四川、湖南等地区常用的调味料。

豆豉作为调味品，在肉制品加工中主要起提鲜味、增香味的作用。豆豉除做调味和食用外，医疗功用也很多。

二、鲜味剂

鲜味剂是指能提高肉制品鲜美味的各种调料。鲜味物质广泛存在于各种动植物原料之中，其呈鲜味的主要成分是各种酰胺、氨基酸、有机酸盐、弱酸等的混合物。

（1）味精　味精学名谷氨酸钠，为无色至白色柱状结晶或结晶性粉末，具特有的鲜味。味精易溶于水，无吸湿性，对光稳定，其水溶液加温也相当稳定，但谷氨酸钠高温易分解，酸性条件下鲜味降低。是食品烹调和肉制品加工中常用的鲜味剂。在肉品加工中，一般用量为0.02%～0.15%。除单独使用外，宜与肌苷酸钠和核糖核苷酸等核酸类鲜味剂配成复合调味料，以提高效果。

(2) 肌苷酸钠　肌苷酸钠又叫5′-肌苷酸钠、肌苷磷酸钠。肌苷酸钠是白色或无色的结晶性粉末，性质比谷氨酸钠稳定，与L-谷氨酸钠合用对鲜味有相乘效应。肌苷酸钠鲜味是谷氨酸钠的10～20倍，一起使用，效果更佳。在肉中加0.01%～0.02%的肌苷酸钠，与之对应就要加1/20左右的谷氨酸钠。使用时，由于遇酶容易分解，所以添加酶活力强的物质时，应充分考虑之后再使用。

(3) 鸟苷酸钠、胞苷酸钠和尿苷酸钠　这三种物质与肌苷酸钠一样是核酸关联物质，它们都是白色或无色的结晶或结晶性粉末。其中鸟苷酸钠是蘑菇香味的，由于它的香味很强，所以使用量为谷氨酸钠的1%～5%就足够。

(4) 鱼露　鱼露又称鱼酱油，它是以海产小鱼为原料，用盐或盐水腌渍，经长期自然发酵，取其汁液滤清后而制成的一种咸鲜味调料。鱼露颜色为橙黄和棕色，透明澄清，有香味、带有鱼腥味、无异味为上乘质量。由于鱼露是以鱼类作为生产原料，所以营养十分丰富，蛋白质含量高，其呈味成分主要是呈鲜物质肌苷酸钠、鸟苷酸钠、谷氨酸钠、琥珀酸钠等。鱼露在肉制品加工中的应用主要起增味、增香及提高风味的作用。

三、甜味剂

甜味剂是以蔗糖等糖类为呈味物质的一类调味料的统称，又称甜味调味品。甜味调料肉制品加工中应用的甜味料主要是食糖、蜂蜜、治糖、红糖、冰糖、葡萄糖以及淀粉水解糖浆等。糖在肉制品加工中赋予甜味并具有矫味、去异味、保色、缓和咸味、增鲜、增色作用。

(1) 蔗糖　蔗糖是常用的天然甜味剂，其甜度仅次于果糖。果糖、蔗糖、葡萄糖的甜度比为4∶3∶2。肉制品中添加少量蔗糖可以改善产品的滋味，并能促进胶原蛋白的膨胀和疏松，使肉质松软、色调良好。蔗糖添加量在0.5%～1.5%左右为宜。

(2) 饴糖　饴糖主要是麦芽糖（50%）、葡萄糖（20%）和糊精（30%）混合而成。饴糖味甜柔爽口，有吸湿性和黏性。肉制品加工中常用作烧烤、酱卤和油炸制品的增色剂和甜味剂。饴糖以颜色鲜明、汁稠味浓、洁净不酸为上品。宜用缸盛装，注意存放在阴凉处，防止酸化。

(3) 蜂蜜　蜂蜜是花蜜中的蔗糖在蚁酸的作用下转化为葡萄糖和果糖，葡萄糖和果糖之比基本近似于1∶1。蜂蜜是一种淡黄色或红黄色的黏性半透明糖浆，温度较低时有部分结晶而显混浊，黏稠度也加大。蜂蜜可以溶于水和酒精中，略带酸性。蜂蜜在肉制品加工中的应用主要起提高风味、增香、增色、增加光亮度及增加营养的作用。

(4) 葡萄糖　葡萄糖甜度约为蔗糖的65%～75%，其甜味有凉爽之感，适合食用。葡萄糖加热后逐渐变为褐色，温度在170℃以上，则生成焦糖。葡萄糖在肉制品加工中的使用量一般为0.3%～0.5%。葡萄糖若应用于发酵香肠制品，其用量为0.5%～1.0%，因为它提供发酵细菌转化为乳酸所需要的碳源。在腌制肉中葡萄糖还有助发色和保色作用。

四、其他调味品

(1) 醋　醋是以谷类及麸皮等经过发酵酿造而成，含醋酸3.5%以上，是肉和其他食品常用的酸味料之一。醋可以促进食欲，帮助消化，亦有一定的防腐去膻腥作用。

(2) 料酒　料酒是肉制品加工中广泛使用的调味料之一，有去腥增香、提味解腻、固色防腐等作用。

(3) 调味肉类香精　调味肉类香精包括猪、牛、鸡、鹅、羊肉、火腿等各种肉味香精，系采用纯天然的肉类为原料，经过蛋白酶适当降解成小肽和氨基酸，加还原糖在适当的温度条件下发生美拉德反应，生成风味物质，经超临界萃取和微胶囊包埋或乳化调和等技术生产的粉状、水状、油状系列调味香精。如猪肉香精、牛肉香精等。可直接添加或混合到肉类原料中，使用方便，是目前肉类工业上常用的增香剂，尤其适用于高温肉制品和风味不足的西式低温肉制品。

第三节 香 辛 料

一、天然香辛调味料

香辛料是某些植物的果实、花、皮、蕾、叶、茎、根，它们具有辛辣和芳香风味成分。其作用是赋予产品特有的风味，抑制或矫正不良气味，增进食欲，促进消化。许多香辛料有抗菌防腐作用、抗氧化作用，同时还有特殊生理药理作用。常用的香辛料如下。

(1) 大茴香　大茴香是木兰科乔木植物的果实，多数为八瓣，故又称八角，北方称大料，南方称唛头。八角果实含精油 2.5%～5%，其中以茴香脑为主（80%～85%）。有独特浓烈的香气，性温微甜。鲜果绿色，成熟果为深紫色，暗而无光，干燥果为棕红色，并具有光泽。八角是酱卤肉制品必用的香料，有压腥去膻、增加肉的香味和防腐的作用。

(2) 小茴香　小茴香别名茴香、香丝菜，为伞形科小茴香属茴香的成熟果实，含精油 3%～4%，主要成分为茴香脑和茴香醇，占 50%～60%。茴香为多年生草本，全株表面有粉霜，具有强烈香气。果为卵状，长圆形，长 4～8mm，具有 5 棱，有特异香气，全国各地普遍栽培。秋季采摘成熟果实，除去杂质，晒干。

小茴香在肉制品加工中是常用的香料，以粒大、饱满、色黄绿、鲜亮、无梗、无杂质为上品。是肉制品加工中常用的调香料，有增香调味、防腐除膻的作用。

(3) 花椒　花椒为云香科植物花椒的果实。花椒果皮含辛辣挥发油及花椒油香烃等，主要成分为柠檬烯、香茅醇、萜烯、丁香酚等，辣味主要是山椒素。在肉品加工中，整粒多供腌制肉制品及酱卤汁用；粉末多用于调味和配制五香粉。使用量一般为 0.2%～0.3%。花椒不仅能赋予制品适宜的辛辣味，而且还有杀菌、抑菌等作用。

(4) 豆蔻　豆蔻别名圆豆蔻、白豆蔻、紫蔻、十开蔻，为姜科豆蔻属植物白豆蔻的种子。豆蔻不仅有增香去腥的调味功能，亦有一定抗氧化作用。可用整粒或粉末，肉品加工中常用作卤汁、五香粉等调香料。

(5) 桂皮　桂皮系樟科植物肉桂的树皮及茎部表皮经干燥而成。桂皮含精油1%～2.5%，主要成分为桂醛，约占80%～95%，另有甲基丁香酚、桂醇等。桂皮用作肉类烹饪用调味料，亦是卤汁、五香粉的主要原料之一，能使制品具有良好的香辛味，而且还具有重要的药用价值。

(6) 砂仁　砂仁是热带和亚热带姜科植物的果实或种子，是中医常用的一味芳香性药材。目前药用砂仁的基源主要有三种：一种是主要产于我国广东省的春砂；一种是我国海南的壳砂；还有一种叫缩砂密，主产于东南亚国家。其中，春砂（果实）入药的疗效比较显著，品质也比较好，在国际药材市场上享有比较高的声誉。中医认为，砂仁主要作用于人体的胃、肾和脾，能够行气调味，和胃醒脾。砂仁常与厚朴、枳实、陈皮等配合，治疗胸脘胀满、腹胀食少等病症。

砂仁为姜科多年生草本植物的果实，一般除去黑果皮（不去果皮的叫苏砂）。砂仁含香精油3%～4%，主要成分为龙脑、右旋樟脑、乙酸龙脑酯、芳樟醇等。具有樟脑油的芳香味。砂仁在肉制品加工中去异味，增加香味，使肉味鲜美可口。含有砂仁的制品，食之清香爽口，风味别致。

(7) 草果　草果又称草果仁、草果子。味辛辣，具特异香气，微苦。在肉制品加工中具有增香、调味作用。

(8) 丁香　丁香为桃金娘科植物丁香干燥花蕾及果实，富含挥发香精油，具有特殊的浓烈香味，兼有桂皮香味。丁香是肉品加工中常用的香料，对提高制品风味具有显著的效果，但丁香对亚硝酸盐有分解作用。在使用时应加以注意。

(9) 月桂叶　又名桂叶、香桂叶、香叶、天竺桂。月桂叶系樟科常绿乔木月桂树的叶子，含精油1%～3%，主要成分为桉叶素，约占40%～50%，此外，还有丁香酚等。有近似玉树油的清香香气，略有樟脑味，与食物共煮后香味浓郁。肉制品加工中常用作矫味剂、香料，用于原汁肉类罐头、卤汁、肉类、鱼类调味等。

(10) 鼠尾草　鼠尾草又叫山艾，系唇形科多年生宿根草本鼠尾草的叶子，约含精油2.5%，其特殊香味主要成分为侧柏酮，此外有龙脑、鼠尾草素等。主要用于肉类制品，亦可作色拉调味料。

(11) 胡椒　胡椒是多年生藤本胡椒科植物的果实，有黑胡椒、白胡椒两种。胡椒的辛辣味成分主要是胡椒碱、佳味碱和少量的嘧啶。胡椒性辛温，味辣香，具有令人舒适的辛辣芳香，兼有除腥臭、防腐和抗氧化作用。在我国传统的香肠、酱卤、罐头及西式肉制品中广泛应用。

(12) 葱　葱别名大葱、葱白，为百合科葱属植物的鳞、茎及叶，常用作调味料，具有一定的辛辣味，鳞、茎长圆柱形，肉质鳞叶白色，叶圆柱形中空，含少量黏液。全国各地均有栽培，洗净去根鲜用。

在肉制品中添加葱，有增加香味，解除腥膻味，促进食欲，并有开胃消食以及杀菌发汗的功能。广泛用于酱制、红烧类产品，特别是生产酱肉制品时，更是必不可少的调料。

(13) 洋葱　洋葱又名葱头、玉葱、胡葱，为百合科2年生草本植物。叶似大葱，浓绿色，管状长形，中空，叶鞘不断肥厚，即成鳞片，最后形成肥大的球状鳞茎。鳞茎呈圆球形、扁球形或其他形状即葱头。其味辛、辣，性温，味强烈。洋葱皮色有红皮、黄皮和白皮之别。洋葱以鳞片肥厚、抱合紧密、没糖心、不抽芽、不变色、不冻者为佳。洋葱有独特的辛辣味，在肉制品中主要用来调味、增香，促进食欲等。

(14) 蒜　蒜为百合科多年生宿根草本植物大蒜的鳞茎，其主要成分是蒜素，即挥发性的二烯丙基硫化物，如丙基二硫化丙烯、二硫化二丙烯等。因其有强烈的刺激气味和特殊的蒜辣味，以及较强的杀菌能力，故有压腥去膻、增加肉制品蒜香味及刺激胃液分泌、促进食欲和杀菌的功效。

(15) 姜　姜属姜科多年生草本植物，主要利用地下膨大的根茎部。姜具有独特强烈的姜辣味和爽快风味。其辣味及芳香成分主要是姜油酮、姜烯酚和姜辣素及柠檬醛、姜醇等。具有去腥调味、促进食欲、开胃驱寒和减腻与解毒的功效。在肉品加工中常用于酱卤、红烧罐头等的调香料。

(16) 陈皮　陈皮为柑橘在10～11月份成熟时采收剥下果皮晒干所得。我国栽培的柑橘品种甚多，其果皮均可做调味香料用。陈皮在肉制品生产中用于酱卤制品，可增加复合香味。

(17) 孜然　孜然又名藏茴香、安息茴香。伞形科，一年生或多年生草本，果实有黄绿色与暗褐色之分，前者色泽新鲜，子粒饱满，具有独特的薄荷、水果状香味，还带有适口的苦味，咀嚼时有收敛作用。果实干燥后加工成粉末可用于肉制品的解腥。

(18) 百里香　百里香别名麝香草，俗称山胡椒。干草为绿褐色，有独特的叶臭和麻舌样口味，带甜味，芳香强烈。夏季枝叶茂盛时采收，洗净，剪去根部，切段，晒干。将茎直接干制或再加工成粉状，用水蒸气蒸馏可得1%～2%精炼油。全草含挥发油0.15%。挥发油中主要成分为香芹酚，有压腥去膻的作用。

(19) 檀香　檀香别名白檀、白檀木，为檀香科檀香属植物檀香的干燥心材。成品为长短不一的木层或碎块，表面黄棕色或淡黄橙色，质致密而坚重。檀香具有强烈的特异香气，且持久，味微苦。肉制品酱卤类加工中用作增加复合香味自香料。

(20) 甘草　甘草别名甜草根、红苷草、粉草。为豆科甘草属植物甘草的根状茎及根。根状茎粗壮味甜，圆柱形，外皮红棕色或暗棕色。秋季采摘，除去残茎，按粗细分别晒干，以外皮紫褐紧密细致、质坚实而重者为上品。甘草中含6%～14%草甜素（即甘草酸）及少量甘草苷，被视为矫味剂。甘草在肉制品中常用作甜味剂。

(21) 玫瑰　玫瑰为蔷薇科蔷薇属植物玫瑰的花蕾。以花朵大、瓣厚、色鲜艳、香气浓者为好。5～6月份采摘含苞未放的花蕾晒干。花含挥发油（玫瑰油），有极佳的香气。肉制品生产中常用作香料。也可磨成粉末掺入灌肠中，如玫瑰肠。

(22) 姜黄　姜黄别名黄姜、毛姜黄、黄丝郁金，为姜科黄属植物姜黄的根状茎。姜黄为多年生草本，高1m左右，根状茎粗短，圆柱形，分枝块状，丛聚呈指状或蛹状，芳香，断面鲜黄色，冬季或初春挖取根状茎洗净煮熟晒干或鲜时切片晒干。

姜黄中含有0.3%姜黄素及1%～5%的挥发油，姜黄素为一种植物色素，可做食品着色剂，挥发油含姜黄酮、二氢姜黄酮、姜烯、桉油精等。在肉制品加工中有着色和增添香味的作用。

(23) 芫荽子　芫荽子别名胡荽子、香荽子、香菜子，为伞形科芫荽属植物芫荽的果实。夏季收获，晒干。芫荽子主要用以配咖喱粉，也有用作酱卤类香料。在维也纳香肠和法兰克福香肠加工中用作调味料。

其他常用的香辛料还有白芷、山萘等。传统肉制品加工过程中常用由多种香辛料（未粉碎）组成的料包经沸水熬煮出味或同原料肉一起加热使之入味。

二、天然混合香辛料

混合香辛料是将数种香辛料混合起来，使之具有特殊的混合香气。它的代表性品种有咖喱粉、五香粉、辣椒粉。

(1) 咖喱粉　咖喱粉是一种混合香料，主要由香味为主的香味料、辣味为主的辣味料和色调为主的色香料三部分组成。一般混合比例是：香味料40%，辣味料20%，色香料30%，其他10%。当然，具体做法并不局限于此，不断变换混合比例，可以制出各种独具风格的咖喱粉。通常是以姜黄、白胡椒、芫荽子、小茴香、桂皮、姜片、辣根、八角、花椒、芹菜子等配制研磨成粉状，称为咖喱粉。颜色为黄色，味香辣。肉制品中的咖喱牛肉干、咖喱肉片、咖喱鸡等即以此做调味料。

(2) 五香粉　五香粉系由多种香辛料植物配制而成的混合香料。常用于中国菜，用茴香、花椒、肉桂、丁香、陈皮五种原料混合制成，有很好的香味。其配方因地区不同而有所不同。

配方一：花椒18%，桂皮43%，小茴香8%，陈皮6%，干姜5%，大茴香20%配成。

配方二：花椒、八角、小茴香、桂皮各等量磨成粉配成。

配方三：阳春砂仁100g，去皮草果75g，八角50g，花椒50g，肉桂50g，广陈皮150g，白豆蔻50g，除豆蔻砂仁外，均炒后磨粉混合而成。

(3) 辣椒粉　辣椒粉主要成分是辣椒，另混有茴香、大蒜等，红色颗粒状，具有特殊的辛辣味和芳香味。七味辣椒粉是一种日本风味的独特混合香辛料，由7种香辛料混合而成，能增进食欲，帮助消化，是家庭辣味调味的佳品。下面是七味辣椒粉的两个配方。

配方一：辣椒50g，麻子3g，山椒15g，芥籽3g，陈皮13g，油菜籽3g，芝麻5g。

配方二：辣椒50g，芥籽3g，山椒15g，油菜籽3g，陈皮1g，绿紫菜2g，芝麻5g，紫苏子2g，麻子4g。

现代化肉制品则多用已配制好的混合性香料粉（五香粉、麻辣粉、咖喱粉等）直接添加到制品原料中；若混合性香料粉经过辐照，则细菌及其孢子数大大降低，制品货架寿命会大大延长；对于经注射腌制的肉块制品，需使用萃取性单一或混合液体香辛料。这种预制香辛料使用方便、卫生，是今后发展趋势。

三、提取香辛料

随着人民生活水平的不断提高，香辛料的生产和加工技术得到进一步发展。现在的香辛料已经从过去的单纯用粉末，逐渐走向提取香辛料精油、油树脂，即利用化学手段对挥发性精油成分和不挥发性精油成分进行抽提后调制而成。这样可将植物组织和其他夹杂物完全除去，既卫生又方便使用。

提取香辛料根据其性状可分为液体香辛料、乳化香辛料和固体香辛料。

(1) 液体香辛料　超临界提取的大蒜精油、生姜精油、姜油树脂、花椒精油、孜然精油、辣椒精油、大茴香精油、小茴香油树脂、丁香精油、黑胡椒精油、肉桂精油、十三香精油等产品均为提取的液体香辛料。

液体香辛料的特点是：有效成分浓度高，具有天然、纯正、持久的香气，头香好，纯度高，用量少，使用方便。

(2) 乳化香辛料　乳化香辛料是把液体香辛料制成水包油型的香辛料。

(3) 固体香辛料　固体香辛料是把水包油型乳液喷雾干燥后经被膜物质包埋而成的香辛料。

第四节　添　加　剂

添加剂是指食品在生产加工和贮藏过程中加入的少量物质。添加这些物质有助于食品品种多样化，改善其色、香、味、形，保持食品的新鲜度和质量，并满足加工工艺过程的需求。肉品加工中经常使用的添加剂有以下几种。

一、发色剂

(1) 硝酸盐　硝酸盐是无色结晶或白色结晶粉末，易溶于水。将硝酸盐添加到肉制品中，硝酸盐在微生物的作用下，最终生成NO，NO与肌红蛋白生成稳定的亚硝基肌红蛋白络合物，使肉制品呈现鲜红色，因此把硝酸盐称为发色剂。

(2) 亚硝酸钠　亚硝酸钠是白色或淡黄色结晶粉末，除了防止肉品腐败、提高保存性之外，还具有改善风味、稳定肉色的特殊功效，此功效比硝酸盐还要强，所以在腌制时与硝酸钾混合使用，能缩短腌制时间。亚硝酸盐用量要严格控制。

二、发色助剂

肉发色过程中亚硝酸被还原生成NO。但是NO的生成量与肉的还原性有很大关系。为了使之达到理想的还原状态，常使用发色助剂。

(1) 抗坏血酸、抗坏血酸钠　抗坏血酸即维生素C，具有很强的还原作用，但是对热和重金属极不稳定，因此一般使用稳定性较高的钠盐，肉制品中的使用量为0.02%～0.05%左右。

(2) 异抗坏血酸、异抗坏血酸钠　异抗坏血酸是抗坏血酸的异构体，其性质与抗坏血酸相似，发色、防止褪色及防止亚硝胺形成的效果，几乎相同。

（3）烟酰胺　烟酰胺与抗坏血酸钠同时使用形成烟酰胺肌红蛋白，使肉呈红色，并有促进发色、防止褪色的作用。

三、着色剂

着色剂又称色素，可分为天然色素和人工合成色素两大类。我国允许使用的天然色素有：红曲米、姜黄素、虫胶色素、红花黄色素、叶绿素铜钠盐、β-胡萝卜素、红辣椒红素、甜菜红和糖色等。实际用于肉制品生产中以红曲米最为普遍。

食用合成色素是以煤焦油中分离出来的苯胺染料为原料而制成的，故又称煤焦油色素和苯胺色素，如胭脂红、柠檬黄等。食用合成色素大多对人体有害，其毒害作用主要有三类：使人中毒、致泻、引起癌症，所以使用时应按照国标，尽量少用或不用。我国卫生部门规定：凡是肉类及其加工品都不能使用食用合成色素。

（1）人工着色剂（化学合成着色剂）人工着色剂常用的有苋菜红、胭脂红、柠檬黄、日落黄、亮蓝等。人工着色剂在使用限量范围内使用是安全的，其色泽鲜艳、稳定性好，适于调色和复配。价格低廉是其优点，但安全性仍是问题。

（2）天然着色剂　天然着色剂是从植物、微生物、动物可食部分用物理方法提取精制而成。

天然着色剂的开发和应用是当今世界发展趋势，如在肉制品中应用愈来愈多的焦糖、红曲米、高粱红、栀子黄、姜黄色素等。天然着色剂一般价格较高，稳定性稍差，但比人工着色剂安全性高。

① 红曲米　红曲米是以大米为原料，采用红曲霉液体深层发酵工艺和特定的提取技术生产的粉状纯天然食用色素，其工业产品具有色价高、色调纯正、光热稳定性强、pH 值适应范围广、水溶性好，同时具一定的保健和防腐功效。肉制品中用量为 50～500mg/kg。

② 高粱红　高粱红是以高粱壳为原料，采用生物加工和物理方法制成，有液体制品和固体粉末两种，属水溶性天然色素，对光、热稳定性好，抗氧化能力强，与天然红等水溶性天然色素调配

可成紫色、橙色、黄绿色、棕色、咖啡色等多种色调。肉制品中使用量视需要而定。

③ 焦糖　焦糖又称酱色或糖色，外观是红褐色或黑褐色的液体，也有的呈固体状或粉末状。可以溶解于水以及乙醇中，但在大多数有机溶剂中不溶解。焦糖水溶液晶莹透明。溶解的焦糖有明显的焦味，但冲稀到常用水平则无味。焦糖的颜色不会因酸碱度的变化而发生变化，并且也不会因长期暴露在空气中受氧气的影响而改变颜色。焦糖在150～200℃左右的高温下颜色稳定，是我国传统使用的色素之一。焦糖在肉制品加工中的应用主要是为了增色，补充色调，改善产品外观的作用。

四、防腐剂

防腐剂是对微生物具有杀灭、抑制或阻止生长作用的食品添加剂。作为肉制品中使用的防腐剂必须具备下列条件：对人体健康无害；不破坏肉制品本身的营养成分；在肉制品加工过程中本身能破坏而形成无害的分解物；不损害肉制品的色、香、味。目前《食品添加剂卫生标准》中允许在肉制品中使用的防腐剂有山梨酸及其钾盐、脱氢乙酸钠和乳酸链球菌素等。

防腐剂分化学防腐剂和天然防腐剂。

1. 化学防腐剂

化学防腐剂主要是各种有机酸及其盐类。肉类保鲜中使用的有机酸包括乙酸、甲酸、柠檬酸、乳酸及其钠盐、抗坏血酸、山梨酸及其钾盐、磷酸盐等。许多试验已经证明，这些酸单独或配合使用，对延长肉类货架期均有一定效果。

（1）乙酸　1.5%的乙酸就有明显的抑菌效果。在3%范围以内，因乙酸的抑菌作用，减缓了微生物的生长，避免了霉斑引起的肉色变黑变绿。当浓度超过3%时，对肉色有不良作用，这是由酸本身造成的。如采用3%乙酸加3%抗坏血酸处理时，由于抗坏血酸的护色作用，肉色可保持很好。

（2）乳酸钠　乳酸钠的使用目前还很有限。美国农业部（USDA）规定最大使用量为4%。乳酸钠的防腐机理有两个：乳酸钠的添加可减低产品的水分活性；乳酸根离子对乳酸菌有抑制作用，从而阻止微生物的生长。目前，乳酸钠主要应用于禽肉的防腐。

（3）山梨酸钾　山梨酸钾在肉制品中的应用很广。它能与微生物酶系统中的硫基结合，破坏许多重要酶系，达到抑制微生物增殖和防腐的目的。山梨酸钾在鲜肉保鲜中可单独使用，也可和磷酸盐、乙酸结合使用。

（4）磷酸盐　磷酸盐作为品质改良剂发挥其防腐保鲜作用。磷酸盐可明显提高肉制品的保水性和黏着性，利用其螯合作用延缓制品的氧化酸败，增强防腐剂的抗菌效果。

2. 天然保鲜剂

天然保鲜剂一方面安全上有保证，另一方面更符合消费者的需要。目前国内外在这方面的研究十分活跃，天然防腐剂是今后防腐剂发展的趋势。

（1）茶多酚　主要成分是儿茶素及其衍生物，它们具有抑制氧化变质的性能。茶多酚对肉品防腐保鲜以三条途径发挥作用：抗脂质氧化、抑菌、除臭味物质。

（2）香辛料提取物　许多香辛料中如大蒜中的蒜辣素和蒜氨酸，肉豆蔻所含的肉豆蔻挥发油，肉桂中的挥发油以及丁香中的丁香油等，均具有良好的杀菌、抗菌作用。

（3）细菌素　应用细菌素如 Nisin 对肉类保鲜是一种新型的技术。Nisin 是由乳酸链球菌合成的一种多肽抗菌素，为窄谱抗菌剂。它只能杀死革兰阳性菌，对酵母、霉菌和革兰阴性菌无作用，Nisin 可有效阻止肉毒杆菌的芽孢萌发。它在保鲜中的重要价值在于它针对的细菌是食品。

五、保水剂

磷酸盐已普遍地应用于肉制品中，以改善肉的保水性能。国家规定可用于肉制品的磷酸盐有三种：焦磷酸钠、三聚磷酸钠和六偏磷酸钠。它可以增加肉的保水性能，改善成品的鲜嫩度和黏结性，并提高出品率。

（1）焦磷酸钠　焦磷酸钠（1%水溶液，pH 值为 10）为无色或白色结晶，溶于水，水中溶解度为11%，因水温升高而增加溶解度。能与金属离子配合，使肌肉蛋白质的网状结构被破坏，包含在结构中可与水结合的极性基因被释放出来，因而持水性提高。同时焦磷酸盐与三聚磷酸盐有解离肌动球蛋白的特殊作用，最大使用量不超过1g/kg。

(2) 三聚磷酸钠　三聚磷酸钠（1%水溶液，pH值为9.5）为白色颗粒或粉末，易溶于水，有潮解性。在灌肠中使用，能使制成品形态完整、色泽美观、肉质柔嫩、切片性好。三聚磷酸钠在肠道不被吸收，至今尚未发现有不良副作用。最大使用量应控制在2g/kg以内。

(3) 六偏磷酸钠　六偏磷酸钠（1%水溶液，pH值为6.4）为玻璃状无定形固体（片状、纤维状或粉末），无白色，易溶于水，有吸湿性，它的水溶液易与金属离子结合，有保水及促进蛋白质凝固作用。最大使用量为1g/kg。

各种磷酸盐可以单独使用，也可把几种磷酸盐按不同比例组成复合磷酸盐使用。实践证明，使用复合磷酸盐比单独使用一种磷酸盐效果要好。混合的比例不同，效果也不同。在肉品加工中，使用量一般为肉重的0.1%～0.4%，用量过大会导致产品风味恶化，组织粗糙，呈色不良。焦磷酸盐溶解性较差，因此在配制腌液时要先将磷酸盐溶解后再加入其他腌制料。由于多聚磷酸盐对金属容器有一定的腐蚀作用，所以使用设备应选用不锈钢材料。此外，使用磷酸盐可能使腌制肉制品表面出现结晶，这是焦磷酸钠形成的。预防结晶的出现可以通过减少焦磷酸钠的使用量。

六、增稠剂

增稠剂又称赋形剂、黏稠剂，具有改善和稳定肉制品物理性质或组织形态、丰富食用的触感和味感的作用。增稠剂按其来源大致可分为两类：一类是来自于含有多糖类的植物原料；另一类则是从蛋白质的动物及海藻类原料中制取的。增稠剂的种类很多，在肉制品加工中应用较多的有植物性增稠剂，如淀粉、琼脂、大豆蛋白等；动物性增稠剂，如明胶、禽蛋等。这些增稠剂的组成成分、性质、胶凝能力均有所差别，使用时应注意选择。

1. 淀粉

淀粉的种类很多，不同的淀粉会有不同的作用，主要有以下几点。

(1) 提高黏结性　保证产品切片不松散。

(2) 增加稳定性　淀粉可作为赋形剂，使产品具有弹性。

(3) 乳化作用　淀粉可束缚脂肪，缓解脂肪带来的不良影响，改善口感、外观。

(4) 提高持水性　淀粉的糊化，吸收大量的水分，使产品柔嫩、多汁。

(5) 包埋作用　改性淀粉中的β-环状糊精，具有包埋香气的作用，使香气持久。

(6) 增强制品的感官性能，保持制品的鲜嫩，提高制品的滋味。

通常情况下，制作灌肠时使用马铃薯或玉米淀粉，加工肉糜罐头时用玉米淀粉，制作肉丸等肉糜制品时用小麦淀粉。肉糜制品的淀粉用量视品种而不同，可在5%～50%的范围内，如午餐肉罐头中约加入6%淀粉，炸肉丸中约加入15%淀粉，粉肠约加入50%淀粉。高档肉制品则用量很少，并且使用玉米淀粉。

2. 大豆分离蛋白

大豆分离蛋白是大豆蛋白经分离精制而得到的蛋白质，一般蛋白质含量在90%以上，由于其良好的持水性、乳化性、凝胶形成性以及低廉的价格，在肉制品加工中得到广泛的应用，其作用如下。

(1) 改善肉制品的组织结构　大豆分离蛋白添加后可以使肉制品内部组织细腻，结合性好，富有弹力，切片性好。在增加肉制品的鲜香味道的同时，保持产品原有的风味。

(2) 乳化作用　大豆分离蛋白是优质的乳化剂，可以提高脂肪的用量。

(3) 提高持水性　大豆分离蛋白具有良好的持水性，使产品更加柔嫩。

3. 酪蛋白

酪蛋白能与肉中的蛋白质结合形成凝胶，从而提高肉的保水性。在肉馅中添加2%时，可提高保水率10%；添加4%时，可提高16%。如与卵蛋白、血浆等并用效果更好。酪蛋白在形成稳定的凝胶时，可吸收自身重量5～10倍水分。用于肉制品时，可增加制品的黏着性和保水性，改进产品质量，提高出品率。

4. 明胶

明胶是用动物的皮、骨、软骨、韧带、肌膜等富含胶原蛋白的组织，经部分水解后得到的高分子多肽的高聚合物。明胶的外观为白色或淡黄色，是一种半透明、微带光泽的薄片或粉粒，有特殊的臭味，类似肉汁。明胶受潮后极易被细菌分解，明胶不溶于冷水，但加水后则缓慢吸水膨胀软化，吸水量约为自身质量的5～10倍。明胶在热水中可以很快溶解，形成具有黏稠度的溶液，冷却后即凝结成固态状，成为胶状。明胶不溶于乙醇、乙醚、氯仿等有机溶剂，但可溶解于乙酸、甘油。明胶在水中的含量一般达到5%左右，才能形成凝胶，明胶胶冻具有柔软性、富于弹性，口感柔软，胶冻的溶解与凝固温度约在25～30℃左右。明胶形成的胶冻具有热可逆性，加热时熔化，冷却时凝固，这一特性在肉制品加工中常常有所应用，如制作水晶肴肉、水晶肚等常需用明胶可做出透明度高的产品。

5. 琼脂

琼脂为多糖类物质，主要为聚半乳糖苷。琼脂为半透明白色至浅黄色薄膜带状或碎片、颗粒及粉末；无臭或略有特殊臭味；口感黏滑；表面皱缩、微有光泽、质轻软而韧、不易折，完全干燥品易碎；不溶于冷水，但是冷水中可吸水20倍而膨润软化，溶于沸水，冷却后0.1%以下含量可成为黏稠液，0.5%即可形成坚实的凝胶，1%含量在32～42℃时可凝固，该凝胶具有弹性；琼脂在开始凝胶时，凝胶强度随时间延长而增大，但完全凝固后因脱水收缩，凝胶强度也下降。琼脂凝胶坚固，可使产品有一定形状，但其组织粗糙、发脆、表面易收缩起皱。尽管琼脂耐热性较强，但是加热时间过长或在强酸性条件下也会导致胶凝能力消失。

6. 卡拉胶

卡拉胶系半乳糖及脱水半乳糖组成的多糖类硫酸酯的钙、钾、钠、铵盐。卡拉胶为白色或淡褐色颗粒或粉末、无臭或微臭、无味或稍带海藻味。溶于80℃水，如用乙醇、甘油、饱和蔗糖水浸润则易分散于水中。卡拉胶与30倍水煮沸10min冷却即成胶体，与蛋白质反应起乳化作用，乳化液稳定。干品卡拉胶性质稳定，长期存放也不降解，在中、碱性溶液中稳定，其最适pH值为9.0，此时即使加热也不水解。凝固强度比琼脂低，但透明度好。

卡拉胶作为增稠剂、乳化剂、调和剂、胶凝剂和稳定剂使用，《食品添加剂使用卫生标准》规定：卡拉胶可按生产需要适量用于各类食品。可与多种胶复配，如添加黄原胶可使卡拉胶凝胶更柔软、更黏稠、更具弹性；与魔芋胶相互作用形成一种具弹性的热可逆凝胶；在肉制品加工中，加入卡拉胶，可使产品产生脂肪样的口感，可用于生产高档、低脂的肉制品。

7. 黄原胶

黄原胶是一种微生物多糖，由纤维素主链和三糖侧链构成。黄原胶可作为增稠剂、乳化剂、调和剂、稳定剂、悬浮剂和凝胶剂使用。《食品添加剂使用卫生标准》规定：在肉制品中最大使用量为2.0g/kg。在肉制品中起到稳定作用，结合水分、抑制脱水收缩。

使用黄原胶时应注意：制备黄原胶溶液时，如分散不充分，将出现结块。除充分搅拌外，可将其预先与其他材料混合，再边搅拌边加入水中。如仍分散困难，可加入与水混溶性溶剂如少量乙醇。黄原胶是一种阴离子多糖，能与其他阴离子型或非离子型物质共同使用，但与阳离子型物质不能配伍。其溶液对大多数盐类具有极佳的配伍性和稳定性。添加氯化钠和氯化钾等电解质，可提高其黏度和稳定件。

七、抗氧化剂

有油溶性抗氧化剂和水溶性抗氧化剂两大类，国外使用的有30种左右。

1. 油溶性抗氧化剂

油溶性抗氧化剂能均匀地溶解分布在油脂中，对含油脂或脂肪的肉制品可以很好地发挥其抗氧化作用。油溶性抗氧化剂包括丁基羟基茴香醚、二丁基羟基甲苯和没食子酸丙酯，另外还有维生素E。

(1) 丁基羟基茴香醚　又名丁基大茴香醚，简称BHA。其性状为白色或微黄色蜡样结晶性粉末，带有特异的酚类的臭气和有刺激性的味。BHA除抗氧化作用外，还有很强的抗菌力。在直射光线长期照射下色泽会变深。

(2) 二丁基羟基甲苯　又叫2,6-二叔丁基对甲酚，3,5-二叔丁基-4-羟基甲苯，简称BHT，为白色结晶或结晶粉末，无味，无臭，不溶于水及甘油，可溶于各种有机溶剂和油脂。对热相当稳定，与金属离子反应不会着色。具有升华性，加热时有与水蒸气一起挥发的性质。BHT的抗氧化作用较强，耐热性好，在普通烹调温度下影响不大。一般多与丁基羟基茴香醚（BHA）并用，并以柠檬酸或其他有机酸为增效剂。

BHT最大用量为0.2g/kg。使用时，可将BHT与盐和其他辅料拌均匀，一起掺入原料肉内；也可将BHT预先溶解于油脂中，再按比例加入肉品或喷洒、涂抹在肠体表面；也可用含有BHT的油脂生产油炸肉制品。

(3) 没食子酸丙酯（PG）　系白色或淡黄色晶状粉末，无臭，微苦。易溶于乙醇、丙酮、乙醚，难溶于脂肪与水，对热稳定。

没食子酸丙酯对脂肪、奶油的抗氧化作用较BHA或BHT强，三者混合使用时效果更佳；若同时添加柠檬酸0.01%，既可做增效剂，又可避免避金属着色。在油脂、油炸食品、干鱼制品中加入量不超过0.1g/kg（以脂肪总重计）。

(4) 维生素E　系黄色至褐色几乎无臭的澄清黏稠液体。溶于乙醇而几乎不溶于水。可与丙酮、乙醚、氯仿、植物油任意混合。对热稳定。天然维生素E有α、β、γ等七种异构体。α-生育酚由食用植物油制得，是目前国际上唯一大量生产的天然抗氧化剂，在奶油、猪油中加入0.02%～0.03%维生素E，抗氧化效果十分显著。

其抗氧化作用比BHA、BHT的抗氧化力弱，但毒性低得多，也是食品营养强化剂。

2. 水溶性抗氧化剂

应用于肉制品中的水溶性抗氧化剂主要包括抗坏血酸、异抗坏血酸、抗坏血酸钠、异抗坏血酸钠等。这四种水溶性抗氧化剂，常用于防止肉中血色素的氧化变褐，以及因氧化而降低肉制品的风味和质量等方面。

(1) L-抗坏血酸及其钠盐　L-抗坏血酸，别名维生素C。其性状为白色或略带淡黄色的结晶或粉末，无臭，味酸，易溶于水。遇光色渐变深，干燥状态比较稳定，但水溶液很快被氧化分解，特别是在碱性及重金属存在时更促进其破坏。L-抗坏血酸应用于肉制品中，有抗氧化作用、助发色作用，和亚硝酸盐结合使用，有防止产生亚硝胺作用。L-抗坏血酸钠是抗坏血酸的钠盐形式，其性状为白色或带有黄白色的粒、细粒或结晶性粉末，无臭，稍咸。较抗坏血酸易溶于水，其水溶液对热、光等不稳定。L-抗坏血酸钠应用于肉制品中作助发色剂，同时还可以保持肉制品的风味，增加制品的弹性；还有阻止产生亚硝胺的作用，这对于防止亚硝酸盐在肉制品中产生致癌物质——二甲基亚硝胺，具有很大意义。其用量以0.5g/kg为宜，先溶于少量水中，然后均匀添加。制作肉制品，可将抗坏血酸钠盐溶于稀薄的动物明胶中，喷雾于肉表面。

(2) 异抗坏血酸及其钠盐　异抗坏血酸及其钠盐是抗坏血酸及其钠盐的异构体，极易溶于水，其使用及使用量均同抗坏血酸及其钠盐。此外，抗氧化剂还有、茶多酚、儿茶素、卵磷脂和一些香辛料，如丁香、茴香、花椒、桂皮、甘草和姜等。

第三章 酱制品工艺及配方

第一节 酱制品概述

一、酱制品简介

酱制品分为酱制制品和酱汁制品两大类。酱制制品因在制作中使用了较多的酱油，制品色深、味浓而得名，又因煮汁的颜色和经过烧煮后的制品颜色都呈深红色，所以又称红烧制品。酱汁制品是以酱制为基础，加入红曲米使制品具有鲜艳的樱桃红色，使用的糖量较酱制品多，通常在锅内汤汁将干、肉开始酥烂准备出锅时，将糖熬成汁直接刷在肉上，或将糖撒在肉上。酱汁制品色泽鲜艳喜人，口味咸中有甜。酱制品采用多种我国传统的香味料进行调味，其中以八角、小茴香、丁香、桂皮、花椒五种香味料为主要调味料，故又称五香制品。

二、酱制品操作要点

不同的酱制品采用的加工方法不同，综合起来有以下几种。

1. 腌制

有些制品在煮制前要用盐和硝酸盐进行腌制，蜜汁制品在腌制时还要加入酒和糖等调味料。腌制的目的：一是为了发色，使制品具有鲜红的颜色，二是为了加强制品的风味。腌制的时间从数小时到数天不等，视产品而异。

2. 预煮

将原料放入沸水中，不加辅料，清水煮制。酱卤制品除少数品种外，一般均需要进行预煮。预煮的目的在于除去原料中的血沫、污物，消除膻味、腥味和其他异味。

预煮时要沸水下锅，旺火煮制，使肌肉表面的蛋白质迅速凝固，这样一方面阻止了可溶性蛋白质溶入汤内，另一方面可防止大量肌红蛋白溶出而使肉汤混浊（肌红蛋白在加热的过程中变性成为不溶于水的物质，从而使肉汤浑浊）。预煮时常有少量肌红蛋白溶出并变性，可通过过滤除去。预煮的时间比较短，煮制过程中要随时翻动原料，随时捞出浮在锅面的血沫、泡沫及污物杂质等。原料出锅后若粘有污物杂质，要用清水洗净。预煮产生的肉汤，有的过滤后作为红烧用的汤汁，有的膻味和腥味大，废弃不用。

3. 红烧

红烧就是在预煮之后对产品进行熟制的过程。红烧时要添加各种辅料，因辅料中的酱油呈深红色，故称红烧。红烧是产品口味和质量的决定性工序。

红烧过程中肌肉会产生一系列的物理化学变化，首先是改变肉的感官性质，经过红烧，肌肉的硬度和弹性等会发生改变，使产品形成固定的形态，便于咀嚼和切片。其次，红烧过程中，由于肌肉和香料中的某些成分发生分解、可溶性成分溶出而使产品具有独特的香味和风味。再次，红烧可赋予并稳定产品的色泽。肌肉在热加工过程中由于肌红蛋白的溶出而使肉失去红色，红烧时通过添加色素，比如酱油、红曲米等而使产品产生稳定的颜色。最后，通过红烧可杀死肌肉中的微生物和寄生虫，提高产品的安全性和耐保存性能。

红烧的火候非常重要，火候的掌握首先是火力大小，其次是烧煮时间。在实际操作中，不同的操作者对旺火的掌握比较一致，对文火和微火的掌握因习惯而异。各种产品煮制时的火力，除个别品种外，一般都是先旺火后文火，出锅前再用旺火。出锅前使用旺火的目的，有时是为了使砂糖溶化（砂糖一般在出锅前添加），有时为了肉汤中水分蒸发，使汤变黏稠。卤制内脏时，为了使制品鲜嫩，一般自始至终采用文火煮制。加热的时间视品种而异，产品体积大，加热时间一般比较长，反之可以短一些，但必须以产品煮熟为前提。

红烧的方法有紧汤和宽汤之分。烧煮时加入的肉汤（或清水）和锅内原料相平或稍超过而淹没原料，叫宽汤烧煮，酱牛肉就用这种方法；反之，加入的肉汤低于原料，叫紧汤烧煮，味浓色深的产品如酥骨肉和蜜汁制品均用此法。无论是紧汤烧煮还是宽汤烧煮均应适时翻动原料，使其受热和接触辅料均匀，称为翻锅。特别是紧汤烧煮时翻锅尤为重要。

红烧完成捞出成品后，锅内所剩的汤叫老汤，俗称老卤。老汤可连续长期使用，越陈越好。老汤的成分和咸淡程度经常在变化，要及时调整补充材料。老汤在煮沸过滤后保存在有盖的容器中，如果存放时间较长，要定期进行煮沸杀菌，以防变质。

4. 调味

调味就是通过加入不同种类和数量的调味品使产品具有特定的口味。

产品的风味是人的口鼻对产品中风味物质的反应。味的种类多种多样，非常复杂，从单一的风味来讲，大体可分为咸味、甜味、酸味、辣味、香味、鲜味、特殊味等。

咸味是基础口味，一般的产品都是以咸味为主，然后再考虑用其他辅料。即使是有特殊口味的产品，如糖醋制品，也要添加少量的食盐。在肉制品加工中赋予产品咸味的辅料有食盐和酱油。

甜味是一种辅助风味，它还可以突出产品的鲜味，并有去腥解腻的作用。使产品具有甜味的辅料有白糖、冰糖和红糖等。

酸味也有去腥解腻的作用，可以增加产品酸味的辅料有红醋、白醋和黑醋等。

辣味是嗜好味，具有辣味的辅料有辣椒、胡椒和鲜姜等。辣味辅料有生热驱寒作用，潮湿寒冷的地区多食用辣味物质可预防关节炎，胡椒和鲜姜还有去腥作用。

香味使产品气味芬芳，刺激食欲，也有去腥解腻作用。增加香味的辅料有很多，如酒、葱、麻油、酒糟、桂皮、茴香、花椒、五香粉以及多种中草药等。

鲜味主要来自产品本身，是原料中某些固有的成分和加工后产生的多种小分子风味物质共同形成的。产品的鲜味非常重要，因此要求原料要新鲜。可增强产品鲜味的辅料主要有味精，酱卤制品生产中也常用鲜肉汤来增加产品风味。

在辅料中加入少许药材、陈皮、山楂和杏仁等，可使产品具有特殊风味。

肉制品的风味是多种单一风味的混合，比如咸鲜味、酸甜味、咸辣味等。不同的地区人们对口味的爱好不同，例如河北、山东人喜食葱蒜味，江苏人喜食甜味，山西人喜食酸味，四川、湖南等地喜食辣味等，所以，在确定产品配方时要根据当地消费者的喜好酌情变动。

5. 凝冻

结缔组织中的胶原蛋白在热加工过程中可逐渐分解，形成可溶性明胶，明胶在低温时可凝结成冻从而使产品成为胶冻状态，这个过程称为凝冻。胶原蛋白转变成明胶的速度与胶原的性质、结缔组织的结构、热加工的时间和温度有关。如猪肉的结缔组织比牛羊肉的结缔组织更容易转变成明胶；在同样的条件下，幼畜肌肉中的胶原分解速度要比成年家畜快 1.3～1.5 倍；同一牲畜不同部位的胶原蛋白分解的速度和程度也不相同。

一般来讲，胶原蛋白转变成明胶的速度随温度的升高而增加，但只有在100℃时才能迅速转变，同时沸腾越激烈，转变的速度越快。

要制成具有一定硬度及弹性的胶凝产品，明胶的浓度需要达到一定的程度，加工中常通过选用特定部位的原料及采用煮制去水的方法提高产品中的明胶浓度，如猪头、猪皮和猪蹄等结缔组织含量高的部位适宜做胶冻产品。一些新式产品以人为地添加明胶提高明胶浓度。

第二节 酱猪肉加工技术

一、酱猪肉

1. 原料配方

嫩猪肉 5kg，精盐 150g，料酒 10g，糖色 20g，花椒 5g，大料

8g，桂皮 15g，小茴香 5g，姜 25g。

2. 工艺流程

原料整理→煮制→酱制→成品。

3. 操作要点

(1) 原料整理 选用每头出肉 30～35kg 重的嫩猪肉，先将整片猪肉割去肘子，剔除骨头，修净残毛血污。切成 26cm 长、18cm 宽、重约 1.25kg 的肉块，用凉水浸泡 3h。

(2) 煮制 将块肉放入沸水锅内，加入除料酒和糖色以外的配料煮 1h，捞出肉块清洗干净。锅内的煮汤此时应全部用细罗过滤一遍，并把煮锅刷洗干净，准备酱制。

(3) 酱制 先将煮锅底部垫上铁箅，以免肉块粘锅底。按肉块的软硬、大小逐块码入锅内（硬块和大块码在中间），在中间留一个汤眼，倒入原汤，汤面要低于肉块约 1.5cm。盖锅盖。夏天可先用旺火煮 1.5h，再用小火煮 1h。冬天用旺火煮 2h，小火时间也可适当延长。出锅前 15min 加入料酒和糖色，此时应不断用勺子把煮汤浇在肉块上，待汤煮成浓汁时即可出锅。出锅后用铲子和勺子将肉块轻轻按顺序放入盘内，再把锅内浓汁分 2 次涂刷在皮肉上即成。

二、苏州酱肉

1. 原料配方（以 100kg 新鲜猪肉计）

酱油 3kg，葱 2kg，八角 0.2kg，白糖 1kg，食盐 6～7kg，生姜 0.2kg，橘皮 0.1kg，桂皮 0.14kg，绍酒 3kg，硝酸盐 0.05kg。

2. 工艺流程

原料选择与整理→腌制→酱制→成品。

3. 操作要点

(1) 原料选择与整理 选用皮薄、肉质鲜嫩、背膘不超过 2cm 的健康带皮猪肋条肉为原料。刮净毛，清除血污，然后切成长 16cm、宽 10cm 的长方肉块，每块重约 0.8kg，并在每块肉的肋骨间用刀戳上 8～12 个刀眼，以便吸收盐分和调料。

(2) 腌制 将食盐和硝酸盐的水溶液洒在原料肉上，并在坯料的肥膘和表皮上用手擦盐，随即放入木桶中腌制5～6h。然后，再转入盐卤缸中腌制，时间因气温而定。若室温在20℃左右，需腌制12h；室温在30℃以上，只需腌制数小时；室温10℃左右时，需要腌制1～2d。

(3) 酱制　捞出腌好的肉块，沥去盐卤。锅内先放入老汤，旺火烧开，放入各种香料、辅料，然后将原料肉投入锅内，用旺火烧开，并加入绍酒和酱油，改用小火焖煮2h，待皮色转变为麦秸黄色时，即可出锅。如锅内肉量较多，须在烧煮1h后进行翻锅，促使成熟均匀。加糖时间应在出锅前0.5h左右。出锅时将肉上的浮沫撇尽，皮朝上逐块排列在清洁的食品盘内，并趁热将肋骨拆掉，保持外形美观，冷却后即为成品。

三、天津酱肉

1. 原料配方

新鲜猪肉10kg，酱油500g，盐400g，葱200g，白糖100g，姜200g，绍酒150g，大茴香30g。

2. 工艺流程

原料选择和整理→水煮→酱制→成品。

3. 操作要点

(1) 原料选择和整理　选用每头出肉50kg左右、膘厚1.5～2cm的猪肉，割下五花肉、腱子肉，修去碎肉碎油，切成500g左右的方块，清洗干净。

(2) 水煮　将肉块于沸水锅内煮约半小时，撇去浮沫，以去掉血汁。

(3) 酱制　将煮好的肉块放入酱锅内，加入所有配料，加水至使肉淹没，先用旺火烧开30min，再用温火炖3.5～4h，待汤汁浸透时即为成品。

四、六味斋酱肉

六味斋酱肉是太原市传统名食，始创于20世纪30年代。六味斋酱肉因选料严格，加工精细，颇有独到之处，产品以肥而不腻、瘦而不柴、酥烂鲜香、味美可口而著称。过去六味斋从早到晚顾客络绎不绝，人们都以能尝到六味斋酱肉为快，民间有“不吃六味斋，不算到太原”之说。

1. 原料配方（以100kg嫩猪肉计）

食盐3kg，生姜0.5kg，桂皮0.26kg，糖色0.4kg，花椒0.12kg，八角0.15kg，绍酒0.2kg。

2. 工艺流程

原料选择与整理→煮制→出锅→成品。

3. 操作要点

（1）原料选择与整理 选用肉细皮薄、不肥不瘦的嫩猪肉为原料，将整片白肉，斩下肘子，剔去骨头，切成长25cm、宽16～18cm的肉块，修净残毛、血污，放入冷水内浸泡8～9h后，去掉淤血，捞出沥水后，置于沸水锅内，加入辅料（酒和糖色除外），随时捞出汤面浮油杂质，1～1.5h左右捞出，用冷水将肉洗净，撇净汤表面的油沫，过滤后待用。

（2）煮制 将锅底先垫上竹篾或骨头，以免肉块粘锅底。按肉块硬软程度（硬的放在中间），逐块摆在锅中，松紧适度，在锅中间留一个直径25cm的汤眼，将原汤倒入锅中，汤与肉相平，盖好锅盖。用旺火煮沸20min，接着用小火再煮1h；冬季用旺火煮沸2h，小火适当增加时间。

（3）出锅 出锅前15min，加入酒和糖色，并用勺子将汤浇在肉上，再焖0.5h出锅，即为成品。出锅时用铲刀和勺子将肉块顺序取出放入盘内，再将锅内汤汁分2次涂于肉上。

4. 糖色的加工过程

用一口小铁锅，置火上加热。放少许油，使其在铁锅内分布均匀。再加入白砂糖，用铁勺不断推炒，将糖炒化，炒至泛大泡后又渐渐变为小泡。此时，糖和油逐渐分离，糖汁开始变色，由白变黄，由黄变褐，待糖色变成浅褐色的时候，马上倒入适量的热水熬制一下，即为“糖色”。糖色的口感应是苦中带甜，不可甜中带苦。

五、上海五香酱肉

1. 原料配方（以100kg新鲜猪肉计）

酱油5kg，白糖1.5kg，葱0.5kg，桂皮0.15kg，小茴香0.15kg，硝酸钠0.025kg，食盐2.5～3.0kg，生姜0.2kg，干橘皮0.05～0.10kg，八角0.25kg，绍酒2～2.5kg。

2. 工艺流程

原料选择与整理→腌制→配汤→酱制→成品。

3. 操作要点

(1) 原料选择与整理　选用苏州、湖州地区的卫检合格的健康猪，肉质新鲜，皮细有弹性。原料肉须是割去奶脯后的方肉。修净皮上余毛和拔去毛根，洗净沥干，再切割成长约15cm、宽约11cm的块形，并用刀根或铁杆在肋骨两侧戳出距离大致相等的一排小洞(切勿穿皮)。

(2) 腌制　将食盐和硝酸钠用50kg开水搅拌溶解成腌制溶液。冷却后，把酱肉坯摊放在缸或桶内，将腌制液洒在肉料上，冬天还要擦盐腌制，然后将其放入容器中腌制。腌制时间春秋季为2～3d，冬季为4～5d，夏季不能过夜，否则会变质。

(3) 配汤（俗称酱鸭汤）　取100kg水，放入酱油5kg，使之呈不透明的深酱色，再把全部辅料放入料袋（小茴香放在布袋内）后投入汤料中，旺火煮沸后取出香辛料（其中桂皮、小茴香可再利用1次）备用。用量视汤汁浓度而定，用前须煮沸并撇净浮油。

(4) 酱制　将腌好的肉料排放锅内，加酱鸭汤浸没肉料，加盖，并放上重物压好，旺火煮沸，打开锅盖，加绍酒加盖用旺火煮沸，改用微火焖45min，加冰糖屑或白糖1.5kg，再用小火焖2h，至皮烂肉酥时出锅。出锅时，左手持一特制的有漏眼的短柄阔铲刀，右手用尖筷将肉捞到铲刀上，皮朝下放在盘中，随即剔除肋骨和脆骨即为成品。

六、北京清酱肉

北京清酱肉是选用猪后臀部位的肉加工而成，首创于天盛号

(1906年创办)，是北京著名特产，与金华火腿、广东腊肉并称为我国三大名肉，驰名国内外。

1. 原料配方（以100kg新鲜猪肉计）

酱油30kg，花椒面0.1kg，盐粒3.5kg。

2. 工艺流程

原料选择与整理→腌制→压制→晾晒→泡制→复晒→成品。

3. 操作要点

北京清酱肉在制作时，先将猪后臀修整切平，撒上五香粉腌制1d。腌制结束后，将肉放在上木案上，压制4～5d，使肉压实。当肉压实后，串上绳子，进行晾晒1d左右。然后，将晾晒好的肉放入缸中，用酱油泡制7d左右。泡制结束后，再进行1个月左右的晾晒，直到干透为止。北京清酱肉经过1个夏天后，由红色变为紫红色。

七、北京酱猪肉

北京酱猪肉的特点是热制冷吃，以色美、肉香、味醇、肥而不腻、瘦而不柴而见长。

1. 原料配方（以50kg猪肉计）

食盐2.5～3kg，大葱500g，白砂糖100g，花椒100g，大料100g，鲜姜250g，桂皮150g，小茴香50g。

2. 工艺流程

原料选择与整理→焯水→清汤→码锅→酱制→出锅→成品。

3. 操作要点

(1) 原料选择与整理　选用卫生检查合格、现行国家等级标准2级肉较为合适、皮嫩膘薄，膘坦厚不超过2cm，以肘子、五花肉等部位为佳。如果是体重或膘肥或不经选择的原料，这样加工出来的酱肉质量就不会有保证。

酱制原料的整理加工一般分为洗涤、分挡、刀工等几道工序。首先用喷灯把猪皮上带的毛烧干净，然后手小刀刮净皮上焦煳的地方。去掉肉上的排骨、杂骨、碎骨、淋巴结、淤血、杂污、板油及多余的肌肉、奶脯。最好选择五花肉，切成长17cm、宽14cm、厚度不超过6～8cm的肉块，要求达到大小均匀。然后将准备好的原料肉放入有流动自来水的容器内，浸泡4h左右，泡去一些血腥味，捞出并用硬刷子洗刷干净，以备入锅酱制。

（2）焯水 焯水是酱前预制的常用方法。目的是排除血污和腥膻、臊异味。所谓焯水就是将准备好的原料肉投入沸水锅内加热，煮至半熟或刚熟的操作。原料肉经过这样的处理后，再入酱锅酱制。其成品表面光洁，味道醇香，质量好，易保存。

操作时，把准备好的料袋、盐和水同时放入铁锅内，烧开、熬煮。水量一次要加足，不要中途加凉水，以免使原料受热不均匀而影响原料肉的水煮质量。一般控制在刚好淹没原料肉为好，控制好火力大小，以保持微沸，以及保持原料肉鲜香和滋润度。要根据需要，视原料肉老嫩，适时、有区别地从汤面沸腾处捞出原料肉（要一次性地把原料肉同时放入锅内，不要边煮边捞，又边下料，影响原料的鲜香味和色泽）。再把原料肉放放开水锅内煮40min左右，不盖锅盖，随时撇出浮沫。然后捞出放入容器内，用凉水洗净原料肉上的血沫和油脂。同时把原料肉分成肥瘦、软硬二种，以待码锅。

（3）清汤 待原料肉捞出后，再把锅内的汤过一次箩，去尽锅底和汤中的肉渣，并把汤面浮油用铁勺撇净。如果发现汤要沸腾，适当时加入一些凉水，不使其沸腾，直到把杂质、浮沫撇干净，观察汤呈微青的透明状、清汤即可。

（4）码锅 原料锅要刷洗干净，不得有杂质、油污，并放入1.5～2kg的净水，以防干锅。用一个约40cm直径的圆铁箅垫在锅底，然后再用20cm×6cm的竹板（猪下巴骨、扇骨也可以）整齐码垫在铁箅上。注意一定要码紧、码实，防止开锅时沸腾的汤把原料肉冲散，并把热水冲干净的料袋放在锅中心附近，注意码锅时不要使肉渣掉入锅底。把清好的汤放入码好原料肉的锅内，并漫过肉面，不要中途加凉水，以免使原料肉受热不均匀。

（5）酱制 可根据具体情况适当放一点香叶、砂仁、豆蔻、丁香等。然后将各种香辛料放入宽松的纱布袋内，扎紧袋口，不宜装得太满，以免香料遇水胀破纱袋，影响酱汁质量。大葱和鲜姜另装一个料袋，因这种料一般只能一次使用。

码锅后，盖上锅盖，用旺火煮2～3h左右，然后打开锅盖，适量放糖色，达到枣红色，以补救煮制中的不足。等到汤逐渐变浓时，改有中火焖煮1h，用手触摸肉块是否熟软，尤其是肉皮。观察捞出的肉汤，是否黏稠，汤面是否保留在原料肉的三分之一，达到以上标准，即为半成品。

(6) 出锅 达到半成品时应及时把中火改为小火，小火不能停，汤汁要起小泡，否则酱汁出油。出锅时将酱肉块整齐地码放在盘内，皮朝上。然后把锅内的竹板、铁箅、铁筒取出，使用微火，不停地搅拌汤汁，始终要保持汤汁内有小泡沫，直到黏稠状。如果颜色浅，在搅拌当中可继续放一些糖色，使成品达到栗色，赶快把酱汁从铁锅内倒出，放入洁净的容器中，继续用铁勺搅拌，使酱汁的温度降到50～60℃，用炊帚尖部点刷在酱肉上，晾凉即为成品。如果熬制把握不大，又没老汤，可用猪爪、猪皮和酱肉同时酱制，并码放在原料肉的下层，可解决酱汁质量不好或酱汁不足的缺陷。

八、真不同酱肉

1. 原料配方

带皮五花肉10kg，白糖50kg，葱16g，蒜10g，食盐200g，白酒30g，鲜姜10g，硝酸钾2g，香料包（大茴香、丁香、山柰、白芷、花椒、桂皮、草寇、良姜、小茴香、草果、陈皮、肉桂各3g)。

2. 工艺流程

原料选择和整理→浸烫→煮制。

3. 操作要点

(1) 原料选择和整理 选用带皮的五花肉，切成600g重的方块，用水浸泡20min，再刮净皮上的余毛。

(2) 浸烫 锅内加水烧开，下入肉块，紧好，捞出，再放入冷水中。

(3) 煮制 锅内放入老汤，烧开后撇去浮沫，再加入盐、白糖、白酒、葱段、鲜姜片、蒜，烧开，下入紧好的肉块，最后放入硝酸钾，压好肉块，烧开，用文火煮1～1.5h，至熟即可。

九、太原青酱肉

1. 原料配方

猪后腿肉10kg，炒过的盐250g，花椒面10g。

2. 工艺流程

原料的选择和整理→腌制→风干→煮制→成品。

3. 操作要点

(1) 原料的选择和整理　选用新鲜的猪后腿肉，剔去骨头，不要碰坏骨膜。

(2) 腌制　将盐和花椒面拌匀，均匀地撒在肉面和皮肉上，每天1次，连续4天。第4天把搓撒好辅料的肉块垛起来，用木板加重物压4天。压好后，将腌肉放入缸中，浸泡8d后，捞出。

(3) 风干　沥干的肉块吊放在阴凉通风处风干2个月。

(4) 煮制　风干好的肉块放入温水中，刷洗干净，再放入开水锅中煮透，约需1～1.5h，注意火候，不要煮得太烂。煮好的肉块捞出，剥去外皮，放凉即可。

十、内蒙古酱猪肉

1. 原料配方

猪肉10kg，酱油1kg，盐400g，大葱200g，肉料面150g，白酒100g，鲜姜50g，白糖40g。

2. 工艺流程

原料选择和整理→煮制→成品。

3. 操作要点

(1) 原料的选择和整理　选用卫生检验合格的去骨带皮的修整干净的猪肉，切成10～15cm见方或长方形的块状。

(2) 煮制　将肉块放入开水中煮3h后，将各种辅料装入料袋中，放入原汤中再煮4～5h。将已煮好的猪肉取出，再将原汤熬成糊状涂抹在肉块的膘皮上即为酱猪肉。

(3) 成品　色泽酱红，肥而不腻，肉质细嫩、柔软。

十一、苏州酱汁肉

1. 原料配方（以100kg猪肉计）

绍酒4～5kg，食盐3～3.5kg，桂皮0.2kg，葱2kg，白糖5kg，红曲米1.2kg，八角0.2kg，生姜0.2kg。

2. 工艺流程

原料选择与整理→红曲米水的制备→煮制→酱制→酱汁调制→成品。

3. 操作要点

（1）原料选择与整理　选用江南太湖流域地区产的太湖猪为原料，这种猪毛稀、皮薄、头小脚细、肉质鲜嫩，每只猪的质量以出净肉35～40kg为宜，去前腿和后腿，取整块肋条肉（中段）为酱汁肉的原料。带皮猪肋条肉选好后，用刮刀将毛、污垢刮除干净，切下奶脯，斩下大排骨的脊椎骨，斩时刀不要直接斩到肥膘上，斩至留有瘦肉的3cm左右时，易剔除脊椎骨，使肉块形成带有大排骨肉的整片方肋条肉，然后开条（俗称抽条子），肉条宽4cm，长度不限。肉条切好后再切成4cm方形小块，尽量做到1kg肉约18～22块，排骨部分1kg 14块左右，肥瘦分开放。肉块切好后，把五花肉、排骨肉分开，装入竹筐中。皮厚膘薄或膘过厚的肉都不适用，肥膘在2cm左右，每块方肉以3.5～5kg最为适宜。

（2）红曲米水的制备　红曲米磨成粉，盛入纱布袋内，放入钵内，倒入沸水，加盖，待沸水冷却不烫手时，用手轻搓轻捏，使色素加速溶解，直至袋内红曲米粉成渣，水发稠为止，即成红曲米水待用。

（3）煮制　先将清水旺火烧沸，根据原料规格，分批下锅，进行白煮，五花肉煮10min，硬膘煮15min，捞起后在清水中冲去污沫，将锅内汤撇去浮油后并全部舀出。先将肥肉的一小半倒入沸水内煮1h左右，约六七成熟时捞出；另外一大半倒入锅中煮0.5h左右捞出。将五花肉一半倒入沸水内煮20min左右捞出；另外一半煮10min左右捞出。把煮原料的白汤加食盐3kg（略有咸味即可），待汤快烧沸时，撇去浮沫，转入其他容器，留下10kg左右在原锅内。

(4) 酱制 在锅底放上拆好骨头的猪头 10 只，将香辛料装在布袋内，与葱、姜一同放于纱布袋内入锅，在猪头上面先放上五花肉，后放上排骨肉，如有排骨、碎肉，可装在小竹篮中（其目的是以网蓝为垫底，防止成品粘贴锅底），放在锅的中间，加入适量的肉汤，将煮 10min 左右的五花肉均匀地倒入锅内，然后倒入煮 20min 左右的五花肉，再倒入煮 0.5h 左右的肥肉，最后倒入煮 1h 左右的肥肉，不必摊平，自成为宝塔形。下料时因为旺火在烧，汤易发干，故可边下料，边烧汤，以不烧干为原则，待原料全部倒入后，舀入白汤，汤须一直放到宝塔形坡底与锅边接触处能看到为止。加盖用旺火烧开后，加酒，加盖再烧开后，将红曲米汁均匀地浇在原料上面，务使所有原料都浇上红曲米汁，加入总量 4/5 的白糖，再加盖中火焖煮 40min，直至肉色呈深樱桃红色。加盖烧 0.5h 左右以后就须注意掌握火候，如火过旺，则汤烧干而肉未烂，如火过小，则汤不干，肉泡在汤内，时间一长，就会使肉泡糊变碎。烧到汤已收干发稠，当肉呈深樱桃红色，肉已开始酥烂时可准备出锅。出锅前将白糖（糖量的 1/5）均匀地撒在肉上，再加盖待糖溶化后，就出锅为成品。出锅时用尖筷夹起来，逐块平摊在盘上晾冷，不能堆叠。

锅中剩下的香辛料可重复使用，桂皮用到折断后横断面发黑，八角掉角为止。

(5) 酱汁调制 酱汁肉生产的质量关键在于制酱汁，食用时还要在肉上泼酱汁。上等酱汁色泽鲜艳，口味甜中带咸，以甜为主，具有黏稠、细腻、无颗粒等特点。酱汁的制作方法是取肉出锅后的剩余汤汁，加入 1/5 的白糖后，用小火煎熬，并用铲刀不断搅拌，以防止发焦，使酱汁成稀浆糊状，酱汁黏稠、细腻。制好的酱汁应放在带盖的容器中，防止昆虫及污物落入，出售时应在肉上浇上汁，如果天气凉，酱汁冻结时，须加热熔化后再用。

食用时将酱汁浇在肉块上，口味是甜中带咸，甜味为主。除肋条肉做成酱汁肉外，猪的其他部位如排骨、猪头肉、猪舌、猪爪等可按酱汁肉方法制作同类产品，实际制作中往往是将其混合制作。

十二、汴京酱汁肉

1. 原料配方

猪肉 10kg，精盐 600g，酱油 300g，绍酒 300g，白糖 100g，大葱 200g，桂皮 16g，大茴香 20g，鲜姜 20g，火硝 5g。

2. 工艺流程

原料的选择和整理→煮制→成品。

3. 操作要点

（1）原料的选择和整理　选用符合卫生检验要求的新鲜带皮的前胛肋及软硬肋猪肉，将选好的肉清洗干净，再切成 10cm 见方的肉块。

（2）煮制　将切好的肉块放入锅内，再加辅料（精盐、白糖除外）和老汤，用旺火煮 30min，再用文火焖煮 1h，锅中汤液要保持微沸，煮至 1h 后，加入精盐和白糖，再焖煮 30min。捞出，晾凉即为成品。

十三、信阳酱汁猪肉

1. 原料配方

猪肉 10kg，食盐 350g，白糖 500g，绍酒 150g，白酒 100g，鲜姜 200g，花椒 20g，大茴香 40g，小茴香 30g，丁香 10g，草果 10g，肉桂 10g，良姜 10g，桂皮 20g，白芷 10g，火硝 2g。

2. 工艺流程

原料的选择和整理→腌制→煮制→成品。

3. 操作要点

（1）原料的选择和整理　选用符合卫生检验要求的鲜猪肉，洗净，切成长 15cm、宽 75cm、厚 10cm 不规则的肉块。

（2）腌制　肉块加食盐，腌制 3 天。

（3）煮制　将腌好的猪肉放入老汤锅中煮沸，再将辅料中的香料装入纱布袋中，放入锅内，同时也放入其他辅料，大火烧沸 1h 后，用小火再煮 1h。捞出，晾凉，即为成品。

十四、武汉酱汁方肉

1. 原料配方

猪肉 10kg，酱油 100g，大盐 400g，白糖 200g，小茴香 60g，桂皮 50g，黄酒 200g，红曲米 100g，味精 5g。

2. 工艺流程

原料的选择和整理→腌制→煮制→成品。

3. 操作要点

（1）原料的选择和整理　选用符合卫生检验要求的猪肉，切成大小适宜的方块。

（2）腌制　用盐腌 10h 左右。

（3）煮制　将腌好的肉块放入开水中旺火煮制 60min，然后捞出用清水冲洗干净。将其放入老汤锅中并加入装有其他辅料的料包煮 150min 即可。

十五、哈尔滨酱汁五花肉

1. 原料配方

猪五花肉 5kg，食盐 200g，鲜姜 25g，大茴香 5g，糖色 25g，花椒 5g，黄酒 40g，桂皮 10g。

2. 工艺流程

原料的选择和整理→水氽→煮制→酱制→成品。

3. 操作要点

（1）原料的选择和整理　选用符合卫生检验要求的带皮猪肋条五花肉，清洗干净，将其切成 0.5～1kg 重的长方形肉块。

（2）水氽　将肉块放在白开水锅里，水要高于肉面 6cm，随时清掉浮沫，煮制 30min，捞出。

（3）煮制　按配料标准将大茴香、花椒、桂皮、鲜姜等用纱布袋装好，和精盐一起放入锅内，加水煮制，再放入肉块煮制 60min，汤的温度保持在 95℃左右，随时撇净浮沫，出锅后用清水冲洗干净，放在容器内。把煮制的原汤用纱布过滤，将肉渣、碎末去除。

(4) 酱制　把煮锅刷洗干净后用箅子垫在锅底以防止肉粘在锅底焦煳，然后将肉块紧密摆在四周，中间留一空心，再把清过的原汤从中间倒入，约煮3～4h，前2h的汤温保持100℃，后1h的汤温保持在85℃左右，此时汤已成汁，放入黄酒和糖色，立即关火，将肉捞出，肉皮向上平放在擦有原汤汁的盘中。将剩余的酱汁分两次涂抹在肉皮上。

十六、酱猪肋肉

1. 原料配方（以100kg猪肋条肉计）

酱油1.5kg，白糖0.5kg，八角0.1kg，绍酒1.5kg，硝酸钠0.025kg，葱1kg，食盐3～3.5kg，桂皮0.075kg，新鲜柑皮0.05kg，生姜0.1kg。

2. 工艺流程

原料选择与整理→腌制→煮制→出锅→成品。

3. 操作要点

(1) 原料选择与整理　选用毛稀、皮薄、细脚、肉质鲜嫩的猪肋条为原料，每块以在30～35kg为宜，肥膘不超过2cm。整方肋条肉刮净毛、清除血污等杂物后，切成10cm×15cm约0.8kg左右的长方块。在每块肉上用刀戳8～10个刀眼（肋骨间），大排骨带肥膘的条肉，要在背脊骨关节处斩开，以便于吸收盐分。

(2) 腌制　将食盐和硝水（将0.025kg硝酸钠溶化制卤水1kg）洒在肉块上，并在每块肉的四周用手擦盐，再将肉置于桶中，约5～6h后转入盐卤缸中腌制，腌制时间视气候而定，如气温（室内温度）在20℃左右，腌制12h，夏季室温在30℃以上时，只需腌制数小时，冬季则需腌1～2d。

(3) 煮制　将肉块自缸中捞出，沥干卤汁，锅内先放入老汤用旺火烧开，放入香辛料，将肉块倒入锅内，用旺火烧开，加入绍酒、酱油等辅料后，改用小火，焖煮约2h，待皮色转为金黄色时即可。白糖需掌握在起锅前0.5h加入。如锅内酱肉数量多，必须在烧煮约1h后进行翻锅，以防止上硬下烂。出锅时把酱肉上血沫去净，皮朝下逐块排列在盘内，并趁热将肉上的肋骨拔出，待其冷却，即为成品。

十七、家制酱方肉

1. 原料配方（以100kg猪方肋肉计）

食盐5kg，黄酒2.5kg，白糖7.5kg，酱油2.5kg，红曲米1.5kg，葱、姜少许，花椒、八角、桂皮适量。

2. 工艺流程

原料选择与整理→炒制→腌制→煮制→成品。

3. 操作要点

（1）原料选择与整理　取肋条方肉一块，刮尽毛污，洗后沥干，用刀尖等距离戳成排洞。

（2）炒制　将食盐与八角按100∶6的比例在锅中炒制，炒干并出现八角香味时即成炒盐。炒盐要保存好，防止回潮。

（3）腌制　将炒好的盐均匀地撒在处理好的肉面上，用手揉擦至盐粒溶化后，再擦皮面。擦盐结束后，将肉在低温下进行腌制4～5d后，取出漂洗干净，在水中浸泡1d左右，以除去过多的咸味。

（4）煮制　然后将肉块置于砂锅中进行预煮，加水量要超过肉面，加入部分葱、姜，烧煮将沸时，撇去浮沫，至汤沸后，再用小火焖至七成熟时捞出，趁热抽去肋骨后，入锅加汤，然后将香辛料包、葱、姜、红曲米等放入锅内，加白糖、红酱油和黄酒，调味后煮沸，改用小火焖酥捞出。

十八、无锡酱排骨

无锡酱排骨又名无锡酥骨肉、无锡肉骨头，相传1895年就开始生产酥骨肉，早在清光绪二十二年（1896年）就行销于市，最早产于江苏省无锡，是历史悠久、闻名中外的无锡传统名产之一。无锡肉骨头因选料严格，配料考究，做工精细，火候适度而具独特的风味。

1. 原料配方（以100kg排骨计）

（1）配方一　优质酱油13kg，食盐9kg，料酒3kg，八角

0.5kg，葱 0.5kg，生姜 0.5kg，桂皮 0.5kg，丁香 0.02kg，味川神厨卤味增香膏 0.6～0.8kg，硝酸钠适量。

(2) 配方二　酱油 10kg，白糖 6kg，绍酒 3kg，盐粒 3kg，食盐 2kg，硝酸钠 0.03kg，姜 0.5kg，桂皮 0.3kg，小茴香 0.25kg，丁香 0.03kg，味精 0.06kg。

(3) 配方三　优质酱油 13kg，白糖 0.6kg，食盐 9kg，丁香 0.02kg，料酒 3kg，八角 0.5kg，桂皮 0.5kg，葱 0.5kg，生姜 0.15kg，硝酸钠少许。

(4) 配方四　食盐 3kg，酱油 10kg，料酒 3kg，白糖 6kg，味精 0.2kg，葱 0.5kg，生姜 0.5kg，桂皮 0.3kg，小茴香 0.26kg，丁香 0.25kg，硝酸钠 0.03kg。

2. 工艺流程

原料选择与整理→腌制→烧煮→制卤→成品。

3. 操作要点

(1) 原料选择与整理　选用饲养期短、肉质鲜嫩的猪，选其胸腔骨（即炒排骨、小排骨）为原料，也可采用肋条（去皮去膘，称肋排）和脊背大排骨，以前夹心肋排为佳。骨肉重量比约为1∶3。将排骨斩成宽 7cm、长 11cm 左右的长方块，如以大排骨为原料，则斩成厚约 1.2cm 的扇形块状，过大的排骨每一脊椎骨可斩为两片，俗称鸳鸯块，瘦小的排骨每一脊椎骨一片，注意外形要整齐，大小基本相同，每块重约 150g。

(2) 腌制　将硝酸钠、食盐用水溶解拌匀，均匀洒在排骨上，然后置于缸内腌制。也可将生排骨放在缸内，加进食盐和已溶解的硝酸钠，并用木棒搅拌，使咸味均匀，搅至排骨“出汗”时取出，晾放一昼夜，沥尽血水。5℃左右腌制 24h，夏季 4h，春秋季 8h，冬季 10～24h。在腌制过程中须上下翻动 1～2 次，使咸味均匀。

(3) 烧煮　将腌制好的排骨块坯料从缸中捞出，清水冲洗，然后将坯料放入锅内加满清水烧煮 1h，上下翻动，随时撇去肉汤中的血沫、浮油和碎骨屑等，经煮沸后取出坯料，并用清水冲洗干净后，沥干待用。将葱、姜、桂皮、小茴香、丁香分装成三个布袋，放在锅底，然后将坯料再放入锅垫内（烧煮熟肉制品特制的竹篾筐)，按顺序加入红酱油、绍酒、食盐及去除杂质的白烧肉汤，汤的数量掌握在低于坯料平面 3～4cm（以 3.3cm 为佳，又称紧汤）处。如加入老汤，应该将老汤预先烧开和过滤后的白烧肉汤一起倒入锅中。然后盖上锅盖，用旺火烧煮 2h 左右，加入味川神厨卤味增香膏，改用文火焖 10～20min，待汤汁变浓时即退火出锅，放通风处冷却。或者盖上锅盖，用旺火煮开，加上料酒、红酱油和食盐，并持续 30min，改用小火焖煮 2h。在焖煮中不要上下翻动，焖至骨肉酥透时，加入白糖，再用旺火烧 10min，待汤汁变浓稠，即退火出锅。

(4) 制卤　从锅内取出部分原汁加糖，用文火熬 10～15min，使汤汁浓缩成卤汁。浇在烧煮过的排骨上，即成酱排骨。或者将锅内原汁撇去油质碎肉（浮油），滤去碎骨碎肉，取出部分加味精调匀后，均匀地洒在成品上。锅内剩余汤汁（即老汤或老卤）注意保存，循环使用。

十九、北京南味酱排骨

北京南味酱排骨是无锡酱排骨迁到北京后，结合北京的口味所制作的产品，兼具了南方和北方的口味特色。

1. 原料配方（以 100kg 含肉量 60%的猪排骨计）

料酒 3.5kg，白糖 5kg，盐粒 3kg，白酱油 2.5kg，红曲 0.8kg，大葱 2kg，八角 0.2kg，桂皮 0.2kg，硝酸钠 0.05kg，鲜姜 0.4kg。

2. 工艺流程

原料选择与整理→腌制→煮制→浇汤→成品。

3. 操作要点

(1) 腌制　先将排骨切割成每块 100g，用盐粒、硝酸钠水腌制透红。

(2) 煮制　将腌好的排骨放入锅内煮 10min，加红曲再煮 20min 后捞出，用清水洗净，然后将汤清好从锅内舀出，锅刷干净后，放入竹箅子，箅子上放好原料和辅料袋，再把清好的汤倒回锅内，用旺火煮 90min 后，把 70%白糖和料酒放进用微火煮 1h，即可出锅。

(3) 浇汤 把剩余白糖加入锅内，熬成浓汤汁，用浓汤汁涂抹在排骨上即为成品。

二十、无锡酱排骨家庭做法

(一) 方法一

1. 原料配方（以5kg猪排骨计）

绍酒125g，葱2g，食盐20g，生姜2g，酱油50g，八角2g，白糖25g，桂皮2g。

2. 工艺流程

原料处理→预煮→烹制→成品。

3. 操作要点

(1) 原料处理 将排骨洗净，斩成适当大小的块，用盐拌匀后腌12h。

(2) 预煮 将腌制好的排骨取出，放入锅内，加入清水浸没，用旺火烧沸，捞出洗净，将锅里的汤倒掉。

(3) 烹制 在锅内放入竹箅垫底，将排骨整齐地放入，加入绍酒、葱结、姜块、八角、桂皮和250g清水，盖上锅盖，用旺火烧沸，加入酱油、白糖，盖好盖，用中火烧至汁稠，食用时改刀再装盘，并浇上原汁即可。

(二) 方法二

1. 原料配方（以2kg猪肋排骨计）

精肥方肉500g，酱油300g，白糖175g，绍酒100g，生姜25g，八角15g，桂皮25g，食盐适量，葱25g，红曲米少许。

2. 工艺流程

原料处理→烹制→成品。

3. 操作要点

(1) 原料处理 将排骨斩成小块，用硝末、红曲米、食盐拌匀，入缸腌10h左右。须将排骨腌透，使其吸入咸味。取出放入锅内，加清水烧沸，捞出洗净。

（2）烹制　将锅洗净，用竹箅垫底，放入排骨和方肉，加绍酒、葱、姜、茴香、桂皮和1750g清水，盖上锅盖，用旺火烧沸，加酱油、白糖，再盖好锅盖，用中火焖烧1h，至排骨酥烂、汤汁浓香即可。

二十一、天福号酱肘子

北京酱肘子以天福号的最有名。天福号始创于清乾隆三年（公元1738年），至今已有200多年的历史，曾作为清王朝的贡品。天福号酱肘子选料严格，辅料产地固定、新鲜整齐，精工细作，制成的产品呈黑（红）色，香味扑鼻，肉烂香嫩，吃时流出清油，不腻利口。外皮和瘦肉同样香嫩。

1. 原料配方（以100kg肘子计）

食盐4kg，白糖0.8kg，桂皮0.2kg，绍酒0.8kg，生姜0.5kg，花椒0.1kg，八角0.1kg。

2. 工艺流程

原料选择与整理→煮制→成品。

3. 操作要点

（1）原料选择及整理　选用重1.75～2.25kg的仔猪前腿作为原料，要求大小一致，肉质肥瘦、肉皮薄厚基本一样，无刀伤，外形完整。将原料浸泡在温水中，刮净皮上的油垢，用镊子镊去残毛，用清水洗涤干净，沥干备用。

（2）煮制　将洗净的肘子与调味料一起放入锅中，加水与肉平齐，旺火煮沸并保持1h，待到汤的上层煮出油后，把肘肉取出，用清洁的冷水冲洗。与此同时，捞出肉汤中的残渣碎骨，撇去表面油层，再把肉汤过滤两次，彻底除去汤中的碎肉碎骨及块状调味料，把过滤好的汤汁倒入洗净的锅中，然后再把肘子肉放入锅中，用更旺的火煮4h，最后用文火（汤表面冒小泡）焖1h（约90℃），使煮肘肉出的油再渗进肉内，即为成品。老汤可连续使用。

二十二、酱肘子

1. 原料配方

(1) 料汤配方（以 100kg 料汤计）：花椒 0.20kg，大料 0.3kg，大蒜 0.5kg，红辣椒 0.05kg，料汁适量，食盐适量。

(2) 煮制配方（以 100kg 猪肘子计）：食盐 1kg，料汤 0.5kg，白糖 0.5kg。

2. 工艺流程

原料选择与整理→腌制→调制料汤→煮制→出锅→成品。

3. 操作要点

(1) 原料选择与整理　选择瘦肉率高的进口白猪前肘作为原料，要求皮嫩膘薄、大小均匀。如原料为冻品，需要用水解冻，使肘子呈半解冻状态。然后用喷灯烧净皮上所带残毛。清水浸泡 10min，用刀刮净皮上污泥及焦煳的地方。接下来进行剔骨工序，即刀先后从猪肘两端插入，沿骨缘划一圈，剔除膝盖，再割断与骨相联的骨膜、韧带、肌肉等．将前臂骨取出。剔骨操作不能破坏肌肉结构，更不能破坏肉皮，以免影响腌制和外形美观。然后用清水冲洗干净，沥水后待用。解冻及清洗用水需洁净，不应含铁、铜等物质。

(2) 腌制　腌制前首先进行腌制剂的配制，即老汤冷却后除油过滤，调盐度 10 波美度。然后采用盐水注射机进行肌肉注射，注射机针头直接插入肌肉内，注射速度不能过快，保证肌肉饱满，腌制液不外射。注射量为肘子重的 10%，注射结束后，再将肘子浸入腌制液中，在 2～3℃下腌制 12h。

(3) 调制料汤　加入适量食盐使料汤的盐度调至 8 波美度，煮沸后去除表层污物；然后加入各种调料和熬好的料汁，即为料汤。

(4) 煮制　将腌制好的猪肘沥尽腌制剂后入锅进行煮制。按肘子的量加入食盐、白糖和料汤，大火煮沸后调文火，保持汤温95～98℃、170min 左右，肘子在汤沸后下锅，小火煮制时应保持汤面微开，即“沸而不腾”，煮制中间翻动 1 次，保证均匀上色，成熟时间一致，出锅前将汤液煮沸。

(5) 出锅　先分别捞出蒜、姜片、红辣椒、大料，肘子出锅时应轻捞轻放，避免碰破、摔碎。

(6) 成品　形态完整，红中透紫，熟烂鲜嫩，吃时淌出清油，咸淡适口，香气扑鼻，爽口不腻，皮和瘦肉同样香嫩，风味独特。

二十三、酱猪头肉

1. 原料配方

(1) 主料：猪头肉 70kg。

(2) 浸锅辅料：桂皮 50g，山奈 40g，白芷 40g，丁香 20g，花椒 20g，小茴香 20g，大料 10g。

(3) 酱锅辅料：酱油 2kg，盐 3kg，白糖 400g，绍酒 400g，大葱 150g，姜 30g，大蒜 30g，大料 20g，硝酸钠 10g。

2. 工艺流程

原料整理→焯水→酱制→成品。

3. 操作要点

(1) 原料整理　以新鲜猪头为原料，刮净毛污，修去伤疤。先将头部下巴中间的皮肉挑开，打掉牙板骨，再将头骨劈开，割掉喉骨，取出猪脑，拆去头骨，用水洗净，即成头片。

(2) 焯水　将浸锅辅料加水 70kg，煮成浸汤，然后下入头片浸煮 25min，翻锅，再浸煮 25min，捞出，沥去浸汤。

(3) 酱制　另起锅，加酱锅辅料和 70kg 水制成酱汤，下入焯过水的头片，酱煮 25min，翻锅，再酱煮 25min，出锅摊在盘内，凉透即为成品。

(4) 成品　颜色鲜艳，表面有弹性，切开断面红白分明，肥而不腻，香醇味美。

二十四、宿迁猪头肉

1. 原料配方

猪头肉 15kg，猪肉老汤 6kg，酱油 3kg，料酒 400g，白糖 400g，香油 100g，葱段 80g，味精 40g，姜片 40g，蒜片 40g，大茴香 30g，桂皮 30g。

2. 工艺流程

原料选择和整理→浸煮→酱制→成品。

3. 操作要点

（1）原料的选择和整理　将选好的鲜猪头肉放入清水中，去净余毛，刮洗干净，再猪面朝下放在砧板上，从后脑中间劈开，挖出猪脑，剔去骨头，割下两耳，去掉眼圈、鼻子。猪脸切成两块，下巴切成三块，再放入清水中，泡去血污。

（2）浸煮　将泡好的猪头肉捞出，放入沸水锅中，烧煮约20min，捞出洗净，再切成5cm方块。

（3）酱制　锅底放竹箅子，放上猪头肉块，加酱油、猪肉老汤、葱段、姜片、蒜片旺火烧沸，撇去浮沫，加入大茴香、桂皮、料酒，盖上锅盖再烧煮约20min，加白糖、味精，滴入香油。即为成品。

二十五、秦雁五香猪头肉

1. 原料配方

猪头肉10kg，酱油300g，食盐250g，姜片50g，大茴香30g，花椒30g，山柰30g，良姜30g，白酒40g，桂皮30g，丁香30g，小茴香10g。

2. 工艺流程

原料选择和整理→水汆→煮制→成品。

3. 操作要点

（1）原料选择和整理　选用新鲜猪头肉，彻底刮净猪头表面毛污，取出口条，猪头劈开，取出猪脑，用清水洗净。

（2）水汆　洗净的猪头肉下入开水中焯烫，捞出，清洗干净。

（3）煮制　锅中放入老汤、辅料和烫好的猪头肉，再加水漫过猪头肉，大火烧开，慢火煨2h出锅。出锅的猪头肉，趁热拆除骨头，整形即可。

二十六、砂仁肘子

1. 原料配方

猪肘子10kg，红白糖700g，食盐300g，绍酒200g，酱油

150g，红曲米60g，葱50g，桂皮30g，姜30g，小茴香30g，硝盐5g，砂仁3g。

2. 工艺流程

原料选择和整理→腌制整形→煮制→成品。

3. 操作要点

(1) 原料选择和整理　选用猪的整只后腿或前腿，拆去骨头，修去油筋，刮净余毛和杂质。

(2) 腌制整形　将修好的肉以整只腿肉形式放在盘中，撒上盐和硝盐水，拌和后置腌缸中腌制半天到一天，取出用清水清洗干净，沥去水分，洒绍酒、撒砂仁粉，然后将腿肉卷成长圆筒状，用麻绳层层扎紧，如果扎得不紧，肉露皮外，会影响质量。

(3) 煮制　先白烧后红烧。白烧开始时，水可放至超出肉体1寸为止，用旺火烧，上下翻动，撇去浮油、杂质，烧开后再用小火焖煮1h左右出锅，再转入红汤锅红烧，先用竹箅垫于锅底及四周，上面铺上一层已拆去骨头的猪头肉，利用猪头胶质使汁浓稠，待肉体焖煮酥烂，出锅即为成品。

二十七、六味斋酱肘花

1. 原料配方

去骨猪肘子10kg，食盐600g，味精60g，生姜50g，糖色40g，花椒40g，砂仁30g，桂皮25g，大茴香16g。

注：将辅料中的花椒、生姜、大茴香装入纱布袋。

2. 工艺流程

原料的选择和整理→煮制→成品。

3. 操作要点

(1) 原料的选择和整理　选用符合卫生检验要求的去骨猪肘子，每只约重1500g左右。将混合均匀的辅料均匀地撒在每只肘子上，每只肘子再用线绳捆好，以防煮制过程中肉皮分离。

(2) 煮制　将捆好的肘子和辅料袋放入开水中烧煮3h，煮好的肘子出锅，去掉线绳，将肘子肉上的浮沫擦净，把锅中的酱汁过箩，分两次涂抹在肘子上即成。

二十八、苏州五香肘花

1. 原料配方

猪蹄膀 10kg，陈酒 300g，酱油 800g，白糖 500g，食盐 100g，香料 80g，大葱 50g，生姜 50g，硝水 100g（夏季 150g）。

2. 工艺流程

原料的选择和整理→腌制→煮制→成品。

3. 操作要点

（1）原料的选择和整理　选用符合卫生检验要求的新鲜猪前蹄膀，将选好的猪前蹄膀斩去脚爪，去除骨头。

（2）腌制　将整理好的蹄膀加食盐和硝水拌透，腌 24h。

（3）煮制　腌制好的蹄膀用水冲洗干净，沥水，放入锅中，用淡水煮至 3 成熟，再翻锅，去除汤内浮油、碎渣，加入陈酒、白糖、姜、葱、香料、酱油，开始用大火烧约 1h，再用文火烧 1h，出锅即可。

二十九、北味肘花

1. 原料配方

猪肘 10kg，食盐 200g，桂皮 20g，花椒 20g，大茴香 20g。

2. 工艺流程

原料选择和整理→腌制→煮制→成品。

3. 操作要点

（1）原料选择和整理　选用符合卫生检验要求的猪肘。

（2）腌制　将选好的猪肘用盐腌制 7～10 天，再切成大薄片，然后把辅料磨成细粉，铺一层肉加一层辅料面，如此层层铺完，铺好的肉片卷起，用绳捆紧。

（3）煮制　捆好的猪肉，下入锅中煮 2h，捞出晾干，冷却即为成品。

三十、真不同酱猪手

1. 原料配方

猪手 10kg，精盐 300g，大葱 100g，鲜姜 100g，大蒜 100g，

白酒 50g，白糖 50g，熟硝 2g，肉料包 4 包。

2. 工艺流程

原料的选择和整理→煮制→成品。

3. 操作要点

（1）原料的选择和整理　选用肥嫩整齐的猪手，将猪手在水中浸泡 30min，刮净余毛，洗净，再用喷灯烧烤，然后放入开水锅中紧缩，紧缩好后捞出。

（2）煮制　锅内放入老汤，烧开后撇去浮沫，放入大葱、鲜姜、大蒜、白酒、精盐、白糖，再加肉料包、熟硝和猪手，烧开后再用慢火煮 1.5h，煮烂为止。

三十一、樊记腊汁肉

1. 原料配方

猪硬肋肉 5kg，精盐 150g，冰糖 30g，黄酒 100g，大葱 40g，姜 40g，酱油 600g，香料 60g。

注：香料包括大茴香、桂皮、玉果、草果、砂仁、花椒、丁香、良姜、荜拨。

2. 工艺流程

原料的选择和整理→煮制→成品。

3. 操作要点

（1）原料的选择和整理　选用符合卫生检验要求的鲜猪硬肋肉，将肉按猪体横向切成 6cm 宽的带骨肉条，清洗干净，沥干水分。

（2）煮制　老汤倒入锅内，放入猪肉条，皮朝上，再加用纱布袋装好的香料袋、葱、姜、精盐、酱油、黄酒，铁箅压在肉上，使物料全部浸在老汤中。盖好锅盖，大火加热烧沸，转小火焖煮，保持微开，不翻浪花。煮制过程中，要不断撇出浮沫，约煮 2h 之后，加冰糖，把肉翻身，继续用小火焖煮 3～4h，至熟。

三十二、北京酱猪头膏

1. 原料配方（以 100kg 猪头肉计）

酱油 5kg，白糖 3kg，盐粒 2.5kg，料酒 1kg，葱 1kg，花椒

0.1kg，八角 0.3kg，桂皮 0.3kg，味精 0.1kg，硝酸钠 0.05kg，红曲米适量。

2. 工艺流程

原料选择与整理→腌制→浇汤→成品。

3. 操作要点

（1）原料选择与整理　首先将猪头肉去净毛，剔去骨头，修割干净后，备用。

（2）腌制　接下来用盐粒、硝酸钠进行腌制 1～2d，腌制结束后，捞出用清水清洗干净，沥干后进行煮制。煮制时，将腌制好的猪头肉下锅焯一遍，捞出后用老汤加辅料煮 2～3h，煮熟出锅后放入不锈钢盘内。

（3）浇汤　最后进行浇汤工序，即将锅内老汤清出，将老汤倒入盛放味精的容器内，搅匀后，把老汤浇在肉上（每 50kg 加汤 7.5kg 左右），最后把猪头肉放入冷库内冻 6h 左右，即为成品。

三十三、天津酱猪头肉

1. 原料配方（以 100kg 猪头肉计）

酱油 4kg，盐粒 3kg，黄酒 0.5kg，大葱 0.2kg，生姜 0.2kg，花椒 0.1kg，白芷 0.05kg，八角 0.1kg，山柰 0.05kg，桂皮 0.1kg，丁香 0.05kg，小茴香 0.1kg，大蒜 0.1kg。

2. 工艺流程

原料选择与整理→煮制→成品。

3. 操作要点

天津酱猪头肉制作时，需要选用合格的猪头肉作为原料，选好的原料刮净毛垢、割掉淋巴结后，用清水刷洗干净，然后放入清水中泡 4h，除去血污，接着用开水焯 30min 左右，然后将焯过水的猪头肉放入老汤锅内，加入全部辅料，煮制 2h 左右后捞出即为成品。

三十四、猪头方肉

猪头方肉始产于上海，亦称“五香猪头方肉”，只有 40 多年的历史。其制作工艺系采用中式肉制品的酱制方法，西式火腿的成型模具使产品保持传统酱肉的风味、西式火腿的外形。

1. 原料配方（以100kg猪头肉计）

白酱油9kg，生姜0.26kg，食盐3kg，八角0.26kg，白糖4kg，味精0.1kg，料酒3kg，桂皮0.2kg，葱0.26kg，硝酸钠0.05kg。

2. 工艺流程

原料选择与整理→白烧→红烧→装模→成品。

3. 操作要点

（1）原料选择及整理　以猪头肉作原料，割去猪头两面的淋巴和唾液腺，刮净耳、鼻、眼等处的长毛、硬毛和绒毛，并割去面部斑点，洗净血污。

（2）白烧　将猪头放入锅内，加水漫过肉面，加入50g硝酸钠和1kg食盐，旺火烧沸，用铲子翻动原料，撇去浮油杂质，用文火焖煮约1.5h，以容易拆骨为宜。取出，用冷水冲浇降温，拆去大骨，除净小骨碎骨，取出眼珠，割去眼皮和唇衣，拣出牙床骨。肉汤过滤备用。

（3）红烧　先在锅底架上竹箅，防止原料贴底烧焦，将葱、姜、桂皮和八角分别装于两个小麻布袋内，置于锅底，再放入坯料，肉向下，皮向上，一层一层放入，每层撒一些盐，最后加入料酒、白酱油和过滤后的白烧肉汤，汤的加入量以低于坯料3cm为度。用旺火烧1.5h，使坯料酥烂。出锅前10min加入白糖和味精，红烧过程中不必翻动。出锅后稍冷却即可装模。

（4）装模　模具为西式火腿使用的长方形不锈钢成型模具，先在模具内垫上玻璃纸，割下鼻肉和耳朵，切成与模具相适应的长方形块。装模时，将皮贴于模具周围，边缘相互连接，中间放入鼻肉、耳朵、碎肉和精肉，注意肥瘦搭配。装满后，上面盖上一层带肉的坯料，用手压紧，倾出模型内流出的汁液，用玻璃纸包严，加模盖并压紧弹簧，放在冷水池中冷却5～6h。拆开包装后即为成品，一般切成冷盘食用。

三十五、无锡酱烧肝

1. 原料配方（以100kg鲜猪小肠、猪肝计）

酱油8kg，香料包0.8kg，黄酒3kg，明矾适量，白糖2.5kg，硝水适量，生姜0.8kg。

注：香料包由八角、肉桂、丁香组成。

2. 工艺流程

原料处理→熟制→煮制→成品。

3. 操作要点

(1) 原料处理　将猪小肠连同花油割下，翻转清洗整理洁净，放入锅内，加硝水（将0.06kg硝酸钠溶化制卤水2kg）、明矾和清水用大火烧，同时用木棍不断搅拌，直到小肠不腻，污垢去净，再用清水洗净，逐根倒套在铁钩上，抹干水分，切成小段。

(2) 熟制　将猪肝洗净，放入沸水中煮到四成熟，取出切成小块。然后用一段小肠绕一块猪肝（即用小肠打一个结把小块猪肝结在里面）。

(3) 煮制　用适量水，加黄酒、糖、姜、酱油和香料包，先用大火烧约2h，再用小火焖0.5h左右至猪肝煮熟，即可食用。出品率约60%。

三十六、酱猪肝

1. 原料配方（以100kg猪肝计）

酱油100kg，豆油3.75kg，料酒5kg，葱2.5kg，白糖1.25kg，生姜0.5kg，胡椒面适量。

2. 工艺流程

原料处理→煮制→冷却→成品。

3. 操作要点

首先将猪肝泡在水里1h左右，泡尽污物杂质，然后捞出再用开水烫一下。将烫猪肝的水倒掉，加入50kg清水。将葱切成2cm长的段，姜切成薄片，与料酒、胡椒面、酱油、豆油、白糖一起倒进锅里，在微火上烧1h左右。将酱好的猪肝晾凉，然后切成薄片，即可食用。

三十七、上海酱猪肚

1. 原料配方（以100kg猪肚计）

白酱油3.5kg，食用红色素0.08kg，白糖2.5kg，盐粒3.5kg，桂皮0.1kg，黄酒3.5kg，生姜0.4kg，八角0.2kg，红曲米0.2kg，葱0.5kg。

2. 工艺流程

选料整理→焯水→刮膜→煮制→成品。

3. 操作要点

选用合格的猪肚，将光滑面翻到外边，用盐搓洗后，再用清水漂洗，除净污物和盐渍。然后进行焯水工序，将处理好的猪肚放入沸水锅内，焯20min左右。焯完水后，即可进行煮制，从焯水锅中捞出后刮掉表皮白膜，放入装好料袋的老汤锅内煮制2.5h左右，捞出即为成品。

三十八、北京酱猪舌

1. 原料配方（以100kg猪舌计）

水5kg，食盐0.35kg，酱油0.75kg，花椒0.02kg，八角0.02kg，桂皮0.02kg，葱0.008kg，姜片0.013kg，蒜0.008kg。

注：用白纱布将八角、花椒、桂皮包入，并扎口，制成香料包。

2. 工艺流程

选料整理→酱煮→成品。

3. 操作要点

先将猪舌洗净，用开水中浸泡5～10min，刮去舌苔，再用刀将猪舌接近喉管处破开，并在喉头处扎一些眼。将处理好的猪舌直接投入酱汤锅（把酱汤辅料放入锅中，烧开溶解即成），先旺火烧开，撇去浮沫，然后用小火焖煮至熟即为成品。

三十九、湖南酱汁肉

1. 原料配方（以100kg猪肉原料计）

白糖4kg，酱油2kg，料酒3kg，食盐3kg，小茴香0.2kg，味精0.2kg，桂皮0.2kg，生姜1kg，红曲米0.8kg，葱2kg。

2. 工艺流程

选料选择→预处理→酱制→成品。

3. 操作要点

(1) 原料选择 鲜猪肉、肘子、排骨、猪头、蹄、尾、大肠、肚、舌、肝、腰、心、沙肝等均可作为加工原料。

(2) 预处理 猪头、尾、蹄拔净毛，泡入水中刮净污物，排出血水，猪头取去骨头，猪腿缝中砍开，放在开水锅内煮0.5h，捞出沥干后拔去眼骨，并钳去未烧净的毛，即为半成品。猪大肠和猪肚，必须都要翻开用清水加盐反复揉擦，要将肠肚内杂质揉干净，用刀修净油筋。放入开水锅内煮15min，用刷子向肠肚面上反复搅动，将肠肚上的黏膜处理干净后出锅，放入清水中漂洗后，用小刀将肚脐边的皮刮净。猪舌首先将舌兜用刀劈开，放在开水锅中焯一下捞上来，放在清水中刮去舌上的苔皮，用冷水漂洗干净。猪心，先用刀将心剖开，洗出污血，用水漂洗干净。猪肝分三叶，用刀切开，每叶上用小刀划成枝叶形的花刀，放入开水锅内煮10min，捞出来用清水漂洗干净。沙肝先用清水洗净污浊，放入开水锅中煮10min，捞出用水漂洗干净。猪肉先将肉切成4cm的小方块，放入开水锅内煮15min，捞出用水漂洗干净。排骨，砍成3cm×3cm厚的方块，长宽7∶6左右，用清水洗干净，再放入开水锅内煮20min。

(3) 酱制 将锅洗干净后，按原料多少适当放水，以没过原料为度，将水烧开后把肉放入煮1.5h左右，同时将红曲粉装入布袋中放在容器内开水浸泡后，用手揉搓使清水变成红汁时，将1/3红曲汁放入锅内进行煮制。在未放红曲前，将肚和肘子放入锅内煮制10～20min后，捞出；将排骨放入锅煮10～20min，同猪肉一起捞出；把猪蹄和猪舌放在锅内煮20min一同捞出。在煮制过程中必须将锅里的泡沫、浮油等随时捞出。待全部原料煮完后，用细筛子将汤内的杂质捞净，把盐放在原汤内。复煮时，将八角、桂皮、大葱、生姜放在汤内，汤上放硬箅子，锅的周围用垫子垫好，防止产品粘锅，从底层到顶层依次放入猪头、猪蹄、肘子、猪肚、猪舌、排骨和猪肉，将1/5的糖撒在肉面上，再把酱油、酒一同放入，用锅盖盖好，大火煮2h左右，煮到筷子可以扎入瘦肉时，再将1/5的白糖撒在上面，然后继续煮1h即可出锅。出锅时必须将各品种分别叠放于容器内。出完锅后，将锅内的辅料和碎肉全部捞出来，并捞净杂质，放入剩下的味精和白糖，用微火熬10～15min成酱汁，从锅里捞出来，及时刷在成品上面，即为酱汁产品。

第三节 酱牛肉加工技术

一、酱牛肉

（一）方法一

1. 原料配方

牛肉100kg，大料0.6kg，花椒0.15kg，丁香0.14kg，砂仁0.14kg，桂皮0.14kg，黄酱10kg，盐3kg，香油1.5kg。

2. 工艺流程

原料选择与整理→预煮→调酱→煮制→酱制→出锅→成品。

3. 操作要点

（1）原料选择与整理 选用不肥、不瘦的新鲜、优质牛肉，肉质不宜过嫩，否则煮后容易松散，不能保持形状。将原料肉用冷水浸泡清除余血，洗干净后进行剔骨，按部位分切肉，把肉再切成0.5～1kg的方块，然后把肉块倒入清水中洗涤干净，同时要把肉块上面覆盖的薄膜去除。

（2）预煮 把肉块放入100℃的沸水中煮1h，目的是除去腥膻味，同时可在水中加几块胡萝卜。煮好后把肉捞出，再放在清水中洗涤干净，洗至无血水为止。

（3）调酱 取一定量水与黄酱拌和，把酱渣捞出，煮沸1h，并将浮在汤面上酱沫撇净，盛入容器内备用。

（4）煮制 向煮锅内加水20～30kg，待煮沸之后将调料用纱布包好放入锅底。锅底和四周应预先垫以竹篾，使肉块不贴锅壁，避免烧焦。将选好的原料肉，按不同部位肉质老嫩分别放在锅内，通常将结缔组织较多肉质坚韧的部位放在底部，较嫩的、结缔组织较少的放在上层，用旺火煮制4h左右。为使肉块均匀煮烂，每隔1h左右倒锅1次，再加入适量老汤和食盐。必须使每块肉均浸入汤中，再用小火煮制约1h，使各种调味料均匀地渗入肉中。

（5）酱制　当浮油上升，汤汁减少时，倒入调好的酱液进行酱制，并将火力继续减少，最后封火煨焖。煨焖的火候掌握在汤汁沸动，但不能冲开汤面上浮油层的程度，全部煮制时间为6～7h。

（6）出锅　出锅应注意保持肉块完整，用特制的铁铲将肉逐一托出，并将香油淋在肉块上，使成品光亮油润。酱牛肉的出品率一般为60%左右。

（7）成品　成品金黄色，光亮，外焦里嫩，无膻味，食而不腻，瘦而不柴，味道鲜美，余味带香。

（二）方法二

1. 原料配方

牛肉10kg，精盐600g，面酱800g，葱100g，鲜姜100g，大蒜100g，白酒80g，五香粉50g，小茴香30g。

2. 工艺流程

原料的选择和整理→水氽→煮制→成品。

3. 操作要点

（1）原料的选择和整理　选用没有筋腱和肥肉的牛精肉为原料，清洗干净，把精牛肉切成500～1000g重的方块，去除所覆薄膜。

（2）水氽　把肉块放入100℃的沸水中煮1h，为了除去腥膻味，可以在水里加几块红萝卜，到时把肉块捞出，放入清水中浸泡。

（3）煮制　用2kg左右的清水加入各种调料和牛肉块一起入锅煮制。水温保持在95℃左右，煮约2h后将火力减弱，水温降低至85℃左右，在这个温度下继续煮2h左右，这时肉已烂熟，立即出锅。

（4）成品　色泽呈褐色，块形整齐，大小均匀，烂熟，味道鲜美，香气扑鼻，无膻气。

二、五香酱牛肉

1. 原料配方

牛肉 100kg，干黄酱 8kg，肉蔻 0.12kg，油桂 0.2kg，白芷 0.1kg，八角 0.3kg，花椒 0.3kg，红辣椒 0.4kg，精盐 3.8kg，白糖 1kg，味精 0.4kg。

2. 工艺流程

原料肉的选择与修整→清洗浸泡→码锅酱制→打沫→翻锅→小火焖煮→出锅冷却→成品。

3. 操作要点

（1）原料肉的选择与修整　选择优质、新鲜、健康的肉牛牛肉进行加工。首先去除淋巴、淤血、碎骨及其表面附着的脂肪和筋膜，然后切割成 500～800g 的方肉块，浸入清水中浸泡 20min，捞出冲洗干净，沥水待用。

（2）码锅酱制　先用少许清水把干黄酱、白糖、味精、精盐溶解，锅内加足水，把溶好的酱料入锅，水量以能够浸没牛肉 3～5cm 为度，旺火烧开，把切好的牛肉下锅，同时将其他香辛料用纱布包裹扎紧入锅，保持旺火，水温在 95～98℃，煮制 1.5h。

（3）打沫　在酱制过程中，仍然会有少许不溶物及蛋白凝集物产生浮沫，将其清理干净，以免影响产品最终的品质。

（4）翻锅　因肉的部位及老嫩程度不同，在酱制时要翻锅，使其软烂程度尽量一致。一般每锅 1h 翻 1 次，同时要保证肉块一直浸没在汤中。

（5）小火焖煮　大火烧开 1.5h 后，改用小火焖煮，温度控制在 83～85℃为宜，时间 5～6h，这是酱牛肉软烂、入味的关键步骤。

（6）出锅冷却　牛肉酱制好后即可出锅冷却。出锅时用锅里的汤油把捞出的牛肉块复淋洗几次，以冲去肉块表面附着的料渣，然后自然冷却即可。

三、北京酱牛肉

1. 原料配方

牛肉 50kg，干黄酱 5kg，大盐 1.85kg，丁香 150g，豆蔻 75g，砂仁 75g，肉桂 100g，白芷 75g，大料 150g，花椒 100g，石榴子 75g。

2. 工艺流程

原料肉的选择与修整→码锅煮制→翻锅→出锅冷却→成品。

3. 操作要点

（1）原料肉的选择与修整　选用经兽医卫生检验合格的优质鲜牛肉或冻牛肉为原料。修割去所有杂质、血污及忌食部分后，按不同的部位进行分割，并切成 750g 左右的方肉块，然后用清水冲洗干净，沥净血水，待用。

（2）码锅酱制　将煮锅刷洗干净后放入少量自来水，然后将干黄酱、大盐按肉量配好放入煮锅内，搅拌均匀。随后再放足清水，以能淹没牛肉 2cm 左右为度。然后用旺火把汤烧开，撇净汤面的酱沫，再把垫锅箅子放入锅底，按照牛肉的老嫩程度、吃火大小分别下锅。肉质老的、吃火大的码放底层，肉质嫩的、吃火小的放在上层。随后仍用旺火把汤烧开，约 60min 左右，待牛肉收身后即可进行翻锅。

（3）翻锅　因肉的部位及老嫩程度不同，在酱制时要翻锅，使其软烂程度尽量一致。一般每锅 1h 翻 1 次，同时要保证肉块一直浸没在汤中。翻锅后，继续用文火焖煮。

（4）出锅冷却　酱牛肉需要煮 6～7h，熟后即可出锅。出锅时用锅里的汤油把捞出的牛肉块复淋洗几次，以冲去肉块表面附着的料渣，最后再用汤油在码放好的酱牛肉上浇洒一遍，然后挖净汤油，放在晾肉间晾凉即为成品。

四、蒙古酱牛肉

1. 原料配方

牛腱子肉 500g，洋葱 150g，大红椒 100g，鸡蛋 1 个，香辣牛肉酱 50g，辣椒面 10g，孜然粉 15g，精盐、料酒、白糖、味精、姜汁、蒜汁、食粉、生粉、红油、香油各适量，香菜少许，色拉油 1000g（约耗 50g）。

2. 工艺流程

原料肉的选择与处理→过油→炒制→成品。

3. 操作要点

（1）原料肉的选择与处理　选择优质的牛腱子肉，切成大薄片，放入清水中浸泡约 15min 去净血水，然后捞出沥干水分，用精盐、食粉及部分料酒、姜汁、蒜汁拌匀，码味约 10min，再磕入鸡蛋，加入部分香辣牛肉酱、辣椒粉、孜然粉和部分生粉抓匀上浆；洋葱去皮切成片；大红椒去蒂去籽，切成菱形块。

（2）过油　过油炒锅置火上，放入色拉油烧热，将牛肉片倒入锅中，炸至色呈棕红时捞出；另将洋葱、大红椒下锅过油后捞出，待用。

（3）炒制　锅留底油少许，倒入剩余的香辣牛肉酱炒匀，再倒入牛肉片、洋葱和大红椒翻炒，然后烹入剩余的料酒、姜汁、蒜汁，调入白糖、味精，用余下的生粉勾薄芡，淋入红油、香油，颠翻均匀后，起锅装盘，撒上香菜即成。

五、传统酱牛肉

1. 原料配方

牛肉 100kg，黄酱 10kg，食盐 2kg，桂皮 150g，大茴香 150g，砂仁 100g，丁香 50g，水 50kg。

2. 工艺流程

牛肉预处理→预煮→调酱→酱制→成品。

3. 操作要点

（1）牛肉预处理　选用肌肉发达、无病健康的成年牛肉。剔骨后，把肉放入 25℃左右温水中浸泡，洗除肉表面血液和杂物。然后把前后腿肉、颈部肉、腹部肉、脊背肉等按部位和质量不同分开。分别切成重约 1kg 的肉块，放入温水中漂洗，捞出沥干水分。

（2）预煮　锅中加清水旺火烧沸，把整理好的肉加入沸水中。

为了去除牛肉的腥味，可同时加入胡萝卜片适量，用旺火烧沸。注意撇除浮沫和杂物。约经1h，把肉从锅中捞出，放入清水中漂洗干净，捡出胡萝卜片，捞出沥干水分。

（3）调酱　锅内加入清水50kg左右，同时加入黄酱和食盐。边加热加搅拌溶解，用旺火烧沸，撇除表面浮沫，煮沸0.5h左右。然后过滤除去酱渣，待用。

（4）酱制　先在锅底垫上牛骨或竹箅，以免肉块紧贴锅壁而烧焦。然后把预煮后的肉按质老嫩不同分别放入锅中。一般将结缔组织多的、质地坚韧的肉放在锅的四周和上面。同时将香辛料用纱布包好放入锅中下部，上面用箅子压住，以防肉块上浮。随后倒入调好的酱液，淹没肉面。用旺火烧煮，注意撇除汤液表面浮沫和杂物。烧煮期间视锅内汤液情况可加适量老汤，若无老汤可加清水，使肉淹没在液面以下。2h后，翻锅1次，改用微火烧煮3～4h，其间可再翻锅1～2次，待肉酥软，熟烂而不散，即可出锅。为了保持肉块完整不散，出锅时要用铁拍和铁铲把肉逐块从锅内托出。注意用汤汁洗净肉表面浮物，放入盛器中冷却后即为成品。

六、北京月盛斋酱牛肉

闻名全国的“月盛斋”创办于清乾隆四十年（公元1775年），距今已有两百多年的历史，是京城著名的老字号，是京韵饮食文化的典型代表，最早是在老前门箭楼的西月墙路南，借这道月形墙取名为月盛斋，有“月月兴盛”之意，后迁至户部街。清嘉庆年间，创始人马庆瑞对原来制作酱羊肉的调料配方进行了修改，并总结出一套经验，加工技艺具有鲜明的民族特色，是在综合吸收了清官御膳房酱肉技术和民间传统技艺的基础上形成的，借鉴了传统中医“药食同源”的养生学理论，烹饪技艺与食疗、食养相结合，形成具有肉香、酱香、药香、油香融为一体的独有特色。月盛斋的制作技艺世称“三精”“三绝”，即“选料精良，绝不省事；配方精致，绝不省钱；制作精细，绝不省工”。在火候的控制与运用上，讲究的是“三味”，即旺火煮去味、文火煨进味和兑“老汤”增味。月盛斋有代表性的“两烧、两酱”、“烧羊肉、烧牛肉、酱羊肉、酱牛肉”，被人称作“月新食精湛，盛世品一绝”。月盛斋酱牛肉，也叫五香酱牛肉，是北京的名产之一。该产品选用优质牛肉，洗刷干净进行剔骨，并按部位切分成小块，加盐、酱等酱制而成。

1. 原料配方（按100kg牛肉计）

(1) 配方一　八角0.7kg，砂仁0.133kg，桂皮0.133kg，食盐3.0～4.0kg，丁香0.133kg，黄酱（或甜面酱）10.0kg。

(2) 配方二　盐粒2.75kg，白芷0.13kg，黄酱10kg，肉桂0.13kg，砂仁0.1kg，花椒0.13kg，丁香0.19kg，石榴子0.13kg，八角0.15kg。

(3) 配方三　食盐3kg，白芷0.12kg，北京干黄酱10kg，花椒0.12kg，葱0.5kg，姜0.5kg，蒜0.5kg，石榴子0.12kg，肉豆蔻0.18kg，小茴香0.16kg，丁香0.03kg，肉桂0.12kg。

2. 工艺流程

原料选择及整理→调酱→装锅→酱制→成品。

3. 操作要点

(1) 原料选择及整理　选用膘肉丰满的牛肉，洗净后拆骨，并按部位切成前腿、后腿、腰窝、腱子、脖子等，每块约重1kg，厚度不超过40cm，然后将肉块洗净，并将老嫩肉分别存放。

(2) 调酱　用一定量水和黄酱拌和，把酱渣捞出，煮沸1h，并将浮在汤面上的酱沫撇干净，盛入容器内备用。

(3) 装锅　将选好的原料肉，按肉质老嫩分别放在锅内不同部位（通常将结缔组织较多、肉质坚韧的部位放在底部，较嫩的、结缔组织较少的肉放在上层），锅底及四周应预先垫以骨头或竹篾，使肉块不紧贴锅壁，以免烧焦，然后倒入调好的汤液，进行酱制。

(4) 酱制　煮沸后加入各种调味料，并在肉上加盖竹篾将肉完全压入水中，煮沸4h左右。在初煮时将汤面浮物撇出，以消除膻味。为使肉块均匀煮烂，每隔1h左右翻倒一次，然后视汤汁多少适当加入老汤和食盐。务必使每块肉均进入汤中，再用小火煨煮，使各种调味料均匀的渗入肉中。待浮油上升、汤汁减少时，将火力继续减少，最后封火煨焖。煨焖的火候应掌握在汤汁沸动但不能冲开汤面上浮油层的程度。待肉全部成熟时即可出锅。出锅时应注意保持肉块完整，用特制的铁铲将肉逐块托出，并将余汤冲洒在肉块上，即为成品。保存时需上架晾干。

七、清真酱牛肉

1. 原料配方

牛肉 100kg，黄酱 10kg，食盐 3kg，八角 0.5kg，砂仁 0.25kg，桂皮 0.25kg，丁香 0.25kg。

2. 工艺流程

原料选择与整理→调酱→装锅→酱制→出锅→成品。

3. 操作要点

（1）原料选择与整理　选用不肥不瘦的新鲜牛肉，以鲜嫩腱子牛肉为佳。先将选好的牛肉放入清水中，用冷水浸泡 4～6h，把牛肉中的淤血泡出，清水洗净，然后用板刷将肉刷洗 1 次，再用冷水冲洗 4 次，将肉洗净。然后剔除肉中的骨头，将肉切成 0.75～1kg 左右的肉块，厚度不超过 40cm，并放入清水中洗 1 次，按肉质老嫩分别存放。

（2）调酱　锅内加入清水 50kg 左右，用凉水或稍加温后，放入食盐用量的 1/2 和黄酱，将黄酱调稀，同时使食盐搅拌均匀。煮沸 1h 后，撇去浮在汤面上的酱沫，盛入容器内备用。

（3）装锅　将牛肉放入酱汤锅中煮 1h，开锅后把牛肉捞出，将锅中酱沫捞净。先在锅底和四周垫上肉骨头或竹板子，以使肉块不紧贴锅壁，然后按肉质老嫩将肉块码在锅内，老的肉块码在锅底部和四周，嫩的放在上面，将瘦肉、腱子肉、前腿、腔子肉码放中间。

（4）酱制　肉块在锅内放好后，倒入调好的酱汤或兑进老汤。煮沸后再加入剩余的各种配料，用旺火煮 1h 后压锅。压锅的方法是用竹板子压在牛肉上，竹板上放一装满水的大盆，或用一桶水压住。用压锅板压好后，添足清水，开始用旺火煮制 4h 左右。煮制 1h 后，撇去汤面浮沫，再每隔 1h 翻锅 1 次。根据耗汤情况，适当加入老汤，使每块肉都能浸在汤料中。旺火煮制 4h 后，再用微火煨煮 4～6h，使香味慢慢渗入肉中，然后即可出锅。煨煮时，每隔

1h 翻锅 1 次，使肉块熟烂一致。

(5) 出锅　为保持肉块完整，出锅时要用特制的铁拍子，把肉逐块从锅中托出，操作时要做到轻铲稳托放平，并随手舀取锅内原汤冲洗，除去肉块上附着的料渣。出锅后将肉码在消过毒的屉盘上或竹屉内免得把酱牛肉碰碎，冷却后即为成品。每 100kg 生牛肉可出熟肉 55kg 左右。在切牛腱子肉时，应垂直肌纤维的方向，这样切出来的肉片吃起来会更嫩。

八、天津清真酱牛肉

1. 原料配方

牛肉 5kg，酱油 300g，大葱 100g，大茴香 20g，生姜 10g，桂皮 10g，大蒜 10g，山柰 5g，草果 2g，小茴香 2g，丁香 1.5g，香果 1g，花椒 1g，大盐 2～3g。

2. 工艺流程

原料选择和整理→烧制→成品。

3. 操作要点

(1) 原料选择和整理　选择符合卫生检验要求的牛肉，牛肉还要求膘满体肥的黄牛肉，以胸口、肋条、短脑、弓口、灶口和花腱等部位为主。原料选好后，清洗干净，把牛肉切成 0.5～1kg 的斜方块，然后用清水浸泡，排出血水污物。浸泡时间：秋冬季 2～4h，夏季 1.5h。

(2) 烧制　牛肉下锅以前先把老汤煮开，撇去表面泡沫，按照原料不同部位的吃火大小，分别下锅炖煮。一般先下胸口、弓口、灶口、脖头，后下肋条、短脑，花腱放在上边。用老汤浸没全部牛肉，下锅煮 20min，用特制的铁箅子压在牛肉上面，使牛肉能在汤中吃火后，先用急火烧煮 30min，放入配料再烧煮 40min，放入酱油，再用小火焖煮 1.5～2h，投入大盐，从下锅到煮熟共需 4～5h。在炖煮的过程中，一般要翻锅 2～3 次。

(3) 成品　成品呈深棕色，光泽透亮，手感弹力良好，食之肉嫩而酥软，香醇可口。

九、平遥牛肉

平遥牛肉是产于山西平遥、介休一带驰名中外的特产之一。早在明代中期，平遥牛肉已闻名于世，至今已有近500年的历史。平遥牛肉采用考究的选料方法和独特的制作工艺，产品中钙、铁、锌的含量分别比一般牛肉高127%、59%、32%，维生素也比一般牛肉高。

1. 工艺流程

原料选择与整理→腌制→煮制→出锅→成品。

2. 操作要点

（1）腌制　平遥牛肉的腌制方法因季节不同而异。春、秋季节将牛肉切成大块，用刀在每块肉上刺3个盐眼，将肉架在杆子上晾一夜，第2天放入缸内，按1kg肉用盐120g的标准，将肉上洒满盐，腌15d；夏季将牛肉切成较小的块（每50kg牛肉切成16～20块），每块肉上刺4个盐眼，用杆将肉架起，傍晚时，用小木棍撑开盐眼，按1kg肉用盐150g的标准，将盐塞入盐眼内，到第2天食盐全部溶解，将肉放入缸内，在凉爽的地方腌20d；冬季将牛肉切成大块（每50kg牛肉切成8～12块），每块肉上刺2个盐眼，按1kg肉用盐80g的标准，将盐塞入盐眼内，放进缸内，在温暖处腌20d。

（2）煮制　肉腌渍好后，取一铁锅，锅底放垫子两层，倒入足量的清水，尽量避免中途加水，以免影响风味，待锅中清水烧沸后，将腌好的肉分三层码入锅内，最低一层放较硬的肉，中间一层放排骨肉，其他肉放在顶上，锅再沸时改用小火烧煮至3h左右，将肉上下翻倒一下，发现肉色尚未发紫时，要立即加入数千克牛油，使香气透不出来，并能保证肉色鲜艳；煮至第6小时，将肉再上下翻倒一次，煮至第7小时后，进行第三次翻煮锅；煮至第9小时，改成小火，将牛油全部撇出。在煮制过程中反复的将锅内的肉上下翻倒，使肉的加热成熟一致，是保证其风味特点的一个重要因素。

（3）出锅　平遥牛肉的出锅方法因季节不同而异。春秋季节要在灭火后热气散至8成时捞出牛肉；冬季要在热气散尽后将牛肉捞出；夏季要在灭火后立即捞出牛肉。在捞出牛肉时，要随捞随用刷子将肉刷干净，以保证有清洁美观的外形。捞出后要放在低温处冷藏起来，不可放在高温地方，也不可让风吹，更不要让飞虫沾污，以免失去香味和变质。做好的平遥牛肉切成大片装盘即可食用。

十、普通酱牛肉

酱牛肉是一种味道鲜美、营养丰富的酱肉制品，它深受消费者欢迎，是佐餐、下酒的上乘之品。

（一）普通酱牛肉一

1. 原料配方（按100kg精牛肉计）

食盐6kg，姜1kg，甜面酱8kg，小茴香0.3kg，白酒0.40～0.80kg，大葱1kg，大蒜0.10～1kg，五香粉0.4kg。

注：五香粉包括桂皮、八角、砂仁、花椒、肉蔻各0.08kg。

2. 工艺流程

原料选择与整理→烫煮→煮制→成品。

3. 操作要点

(1) 原料选择与整理　选择肉质肥嫩、没有筋腱和肥膘的精牛肉作原料，剔去肉块上面覆盖的筋膜、肥肉、淋巴、血管等，把精牛肉切成0.5～1kg重的方块，然后将肉块倒入冷水中浸泡0.5h，清除肉中的淤血，再用清水将肉块洗涤干净，沥干备用。葱需洗净后切成段；大蒜需去皮；鲜姜应切成末后使用。

(2) 烫煮　把肉块放入水中，在100℃的沸水锅中煮1h。为了除去腥膻味，可在水里加几块萝卜。烫煮结束后，把肉块捞出，放入清水中浸漂洗涤干净，清洗的水要求达到饮用水标准，多洗几次，清除血沫及萝卜块，洗至无血水为止。

(3) 煮制　在100kg左右清水中，加入各种调料同漂洗过的牛肉块一齐入锅煮制，水温保持在95℃左右（勿使沸腾），煮2h后，将火力减弱，水温降低至85℃左右，在这个温度继续煮制2h左右，这时肉已烂熟，立即出锅，冷却后即为成品。成品不可堆叠，须平摆。出品率约在60%左右。

（二）普通酱牛肉二

1. 原料配方（以100kg牛肉计）

干黄酱10kg，八角0.3kg，肉桂0.2kg，豆蔻0.15kg，食盐2.7kg，花椒0.2kg，白芷0.15kg，砂仁0.15kg，丁香0.3kg。

2. 工艺流程

原料选择与整理→煮制→压锅→翻锅→出锅→成品。

3. 操作要点

（1）原料选择与整理　选用经兽医卫生检验合格的优质牛肉，除去血污、淋巴等，再切成750g左右的肉块，然后用清水冲洗干净，沥干血水待用。

（2）煮制　煮锅内放少量清水，把黄酱加入调稀，再兑入足够清水，用旺火烧开，捞净酱沫后，将牛肉放入锅内。肉质老的部位，如脖头、前后腿、胸口、肋条等码放在锅底层，肉质嫩的部位，如里脊、外脊、上脑等放在锅上层。用旺火把汤烧开至牛肉收身后，在开锅头上投入辅料，煮制1h后进行压锅。

（3）压锅　先用压锅板压住牛肉，再加入老汤和回锅油。回锅油是指上次煮完牛肉撇出的牛浮油，它起到锅盖作用，使牛肉不走味，调料能充分渗入。加好回锅油后，改用文火焖煮。

（4）翻锅　每隔1h翻锅1次，翻锅时将肉质老的牛肉放在开锅头上。

（5）出锅　酱牛肉经6～7h煮制后即可出锅，把酱牛肉捞在盘子上，用汤油冲掉酱牛肉上的料渣，将酱牛肉放在屉上，最后再用汤油在放好的牛肉上浇淋一遍，然后控净汤油，进入晾肉间晾凉即为成品。

十一、酱牛肝

1. 原料配方（以鲜牛肝100kg为标准）

食盐5kg，面酱2kg，大葱0.5kg，糖色0.3kg，鲜姜0.5kg，桂皮0.19kg，大蒜0.5kg，小茴香0.1kg，花椒0.1kg，八角

0.2kg，丁香0.01kg。

2. 工艺流程

原料修正、洗涤→烫煮→熟制→成品。

3. 操作要点

(1) 原料修正、洗涤　先把鲜牛肝上的苦胆和筋膜小心剔除，切勿撕破，用清水把牛肝上的血污杂质彻底洗净，放入清水锅中煮沸15min左右，然后捞出浸泡在清洁的冷水中。

(2) 烫煮　煮锅内加入适量清水，把桂皮、小茴香、丁香、鲜姜、花椒、八角用纱布袋装好，随同其他调料一起投入锅内煮沸，然后加入清水40kg（连同锅中水在内的总量），煮沸后将牛肝入锅煮制。

(3) 熟制　锅内的水温要保持在90℃左右，切不可过高，否则牛肝会太硬。煮2h左右，把牛肝捞出，冷凉后即为成品。

十二、南酱腱子

1. 原料配方（以100kg牛腱子计）

酱油20kg，白酒20kg，白糖10kg，食盐6kg，葱1kg，鲜姜1kg，熟硝0.04kg。

2. 工艺流程

原料清洗→煮制→酱制→成品。

3. 操作要点

(1) 原料清洗　选用符合卫生要求、整齐的鲜牛腱子作为原料，先切成200g左右的肉块，用凉水浸泡20min，以除去血污，然后捞出，清水洗净，将牛腱子放入开水锅中焯一下捞出，放入凉水中清洗干净，沥去水。

(2) 煮制　然后在锅里放入清洁的老汤，加入葱、姜、食盐、酱油、白酒、熟硝、白糖，放入牛腱块，用慢火煮制3h左右。

(3) 酱制　待牛腱子熟烂，捞出晾凉后，浇上酱汁即为成品。

十三、酱牛蹄筋

1. 原料配方（以100kg原料为标准）

食盐5kg，面酱2kg，大葱0.5kg，大蒜0.5kg，鲜姜0.5kg，

糖色 0.3kg，八角 0.2kg，桂皮 0.19kg，花椒 0.1kg，小茴香 0.1kg，丁香 0.01kg。

2. 工艺流程

把牛蹄刷洗干净，用开水烫煮 15min，脱去牛蹄壳，刮去皮毛等，用清水洗净。然后把牛蹄投入沸水锅中，水温保持在 90℃左右，约煮 2.5h，待牛蹄煮熟后取出。把熟牛蹄的趾骨全部剔除，剩余部分全是牛蹄筋。然后在煮锅内加入适量清水，把桂皮、小茴香、丁香、鲜姜、花椒、八角用纱布袋装好，随同其他调料一同投入锅内煮沸，然后加入清水 40kg（连同锅中水放入总量），煮沸后将牛蹄筋入锅煮制 1h 左右，待牛蹄筋煮烂熟后，捞出冷却，即为成品。

第四节　酱羊肉加工技术

一、酱羊肉

1. 原料配方

瘦羊肉 100kg，白萝卜块 20kg，干黄酱 10kg，料酒 2kg，大料粉 1kg，小红枣 1kg，丁香 0.2kg，桂皮 0.2kg，砂仁 0.2kg。

2. 工艺流程

原料选择与整理→煮制→焖煮→出锅→成品。

3. 操作要点

(1) 原料选择与整理　选用经兽医卫生检验合格的新鲜羊肉作为原料，以羊肋肉为好，去掉羊肉上的脏污、杂质和忌食部分，用水冲洗干净，放入冷水中浸约 4h，取出控水，切成 750g 左右的方肉块，控净血水，放入锅内，加水淹没羊肉，再加入萝卜（或猪肉皮），旺火烧开，断血即可捞出，洗净血污。这样做，羊肉腥膻味都进入白萝卜和水中。

(2) 煮制　将黄酱在锅内化开调匀，开锅后打酱，放好垫锅箅子，把焯过水的羊肉按老嫩，先放吃火大的，后放吃火小的，煮 1～2h。

(3) 焖煮 继续焖煮，在汤刚烧开时，投入大料粉、桂皮、丁香、砂仁、料酒、小红枣（起助烂作用）等辅料，加入老汤，将羊肉放入煮锅内，然后放上箅子压锅，待汤沸腾后，改用文火焖煮。羊肉在焖煮过程中每隔60min翻1次锅，羊肉翻锅1～2次，翻锅后仍将锅盖好。在煮制过程中，汤面始终保持微沸，即水温在90～95℃，注意翻锅，防止煳底。

(4) 出锅 羊肉煮3～4h，至羊肉酥烂，即可出锅。出锅时要用筷子试探酱肉的熟制程度，不熟的要回锅继续煮。捞出熟透的酱羊肉，及时送到晾肉间，晾凉，切块切片，即为成品。

(5) 成品 色泽红润，肉质肥嫩，酥而不烂，油而不腻，香而不腻。

二、北京酱羊肉

1. 原料配方（以100kg瘦羊肉计）

(1) 配方一 酱油12.0kg，猪肉皮15.0kg，胡萝卜15.0kg，白糖8.0kg，大蒜2.0kg，花椒0.5kg，葱4.0kg，料酒2.0kg，味精0.5kg，食盐3.0kg，桂皮1.0kg，鲜姜2.0kg，八角1.0kg。

(2) 配方二 白萝卜块20.0kg，干黄酱10.0kg，小红枣1.0kg，丁香0.2kg，桂皮0.2kg，砂仁0.2kg，食盐3.0kg，料酒2.0kg，八角粉1.0kg。

(3) 配方三 干黄酱10.0kg，八角0.4kg，甘草0.05kg，小茴香0.05kg，肉桂0.2kg，花椒0.1kg，食盐3.5kg，白芷0.05kg，山柰0.05kg，丁香0.1kg，陈皮0.1kg。

2. 工艺流程

原料选择与整理→煮制→焖煮→出锅→成品。

3. 操作要点

(1) 原料选择与整理 选用经兽医卫生检验合格的新鲜羊肉作为原料，以羊肋肉为好，去掉羊肉上的脏污、杂质和忌食部分，用水冲洗干净，放入冷水中浸约4h，取出控水，切成750g左右的方肉块，控净血水，放入锅内，加水淹没羊肉，再加入萝卜（或猪肉皮），旺火烧开，断血即可捞出，洗净血污。这样做，羊肉腥膻味都进入白萝卜和水中。

（2）煮制　将黄酱在锅内化开调匀，开锅后打酱，放好垫锅箅子，把焯过水的羊肉按老嫩，先放吃火大的，后放吃火小的顺序放到有辅料的锅里，锅中放水没过羊肉，用旺火烧开，撇净浮沫，煮1～2h。然后继续焖煮，在汤刚烧开时，投入八角粉、桂皮、丁香、砂仁、料酒、小红枣（起助烂作用）等辅料，加入老汤，将羊肉放入煮锅内，然后放上箅子压锅，待汤沸腾后，改用文火焖煮。

（3）焖煮　羊肉在焖煮过程中每隔60min翻一次锅，羊肉翻锅1～2次，翻锅后仍将锅盖好。在煮制过程中，汤面始终保持微沸，即水温在90～95℃之间，注意翻锅，防止糊底。

（4）出锅　羊肉煮3～4h，至羊肉酥烂，即可出锅。出锅时要用筷子试探酱肉的熟制程度，不熟的要回锅继续煮。捞出熟透的酱羊肉，及时送到晾肉间，晾凉，切块切片，即为成品。

三、北京五香酱羊肉

1. 原料配方（以100kg羊肉计）

（1）配方一　干黄酱10kg，丁香0.2kg，桂皮0.2kg，八角0.8kg，食盐3kg，砂仁0.2kg。

（2）配方二　花椒0.2kg，桂皮0.3kg，丁香0.1kg，砂仁0.07kg，豆蔻0.04kg，白糖0.2kg，八角0.2kg，小茴香0.1kg，草果0.1kg，葱1kg，鲜姜0.5kg，盐粒5～6kg。

注：盐粒的量为第一次加盐量，以后根据情况适当增补；将各种香辛调味料放入宽松的纱布袋内，扎紧袋口，不宜装得太满，以免香料遇水胀破纱袋，影响酱汁质量；葱和鲜姜另装一个料袋，因这种料一般只一次性使用。

2. 工艺流程

原料选择与整理→酱制→出锅→成品。

3. 操作要点

（1）原料选择与整理　选用卫生检验合格、肥度适中的羊肉，以蒙古绵羊肉较好，首先去掉羊杂骨、碎骨、软骨、淋巴、淤血、杂污及板油等，以肘子、五花等部位为佳，按部位切成0.5～1kg的肉块，靠近后腿关节部位的含筋腱较多的部位，切块宜小；而肉质较嫩部位切块可稍大些，便于煮制均匀。把切好的肉块放入有流动自来水的容器内，浸泡4h左右，以除去血腥味。捞出控净水分，分别存放，以备入锅酱制。

（2）酱制 酱肉制作的关键在于能否熟练地掌握好酱制过程的各个环节及其操作方法。主要掌握好酱前预制、酱中煮制、酱后出锅这三个环节。

① 焯水 焯水是酱前预制的常用方法。目的是排除血污和腥、膻、臊等异味。所谓焯水就是将准备好的原料肉投入沸水锅内加热，煮至半熟或刚熟的操作。按配方先用一定数量的水和干黄酱拌匀，然后过滤入锅，煮沸1h，把浮在汤面上的酱沫撇净，以除去膻味和腥气，然后盛入容器内备用。原料肉经过此处理后，再入酱锅酱制。其成品表面光洁，味道醇香，质量好，易保存。

操作时，把准备好的料袋、盐和水同时放入铁锅内，烧开、熬煮。水量要一次掺足，不要中途加生水，以免使原料因受热不均匀而影响产品质量。一般控制在刚好淹没原料肉为好，控制好火力大小，以保持液面微沸和原料肉的鲜香及滋润度。根据需要，视原料肉老嫩，适时、有区别地从汤面沸腾处捞出原料肉（要一次性地把原料肉同时放入锅内，不要边煮边捞又边下料，影响原料肉的鲜香味和色泽）。再把原料肉放入开水锅内煮40min左右，不盖锅盖，随时撇出油和浮沫。然后捞出放入容器内，用凉水洗净原料肉上的血沫和油脂。同时把原料肉分成肥瘦、软硬两种，以待码锅。

② 清汤 待原料肉捞出后，再把锅内的汤过1次箩，去尽锅底和汤中的肉渣，并把汤面浮油撇净。如果发现汤要沸腾，适当加入一些凉水，不使其沸腾，直到把杂质、浮沫撇净，汤呈微青的透明状即可。

③ 码锅 锅内不得有杂质、油污，并放入1.5～2kg左右的净水，以防干锅。锅底垫上圆铁箅，再用20cm×6cm的竹板（羊下巴骨、扇骨也可以）整齐地垫在铁箅上，然后将筋腱较多的肉块码放在底层，肉质较嫩的肉块码放在上层。注意一定要码紧、码实，防止开锅时沸腾的汤把原料肉冲散，并把经热水冲洗干净的料袋放在锅中心附近，注意码锅时不要使肉渣掉入锅底。把清好的汤放入

码好原料肉的锅内，并漫过肉面。不要中途加凉水，以免使原料肉受热不均匀。装锅时锅内先用羊骨头垫底，加入调好的酱汁和食盐。

④ 酱制　码锅后，盖上锅盖，用旺火煮制 2～3h 左右。然后打开锅盖，适量放糖色（糖色制作参见六味斋酱猪肉），达到枣红色，以弥补煮制中的不足。等到汤逐渐变浓时，改用中火焖煮 1h，检查肉块是否熟软，尤其是腱膜。从锅内捞出的肉汤，是否黏稠，汤面是否保留在原料肉的三分之一，达到以上标准，即为半成品。

（3）出锅　达到半成品时应及时把中火改为小火，小火不能停，汤汁要起小泡，否则酱汁出油。酱制好的羊肉出锅时，要注意手法，做到轻钩轻托，保持肉块完整，将酱肉块整齐地码放在盘内，然后把锅内的竹板、铁箅、铁筒取出，使用微火，不停地搅拌汤汁，始终要保持汤汁有小泡沫，直到黏稠状。如果颜色浅，在搅拌当中可继续放一些糖色。成品达到栗色时，赶快把酱汁从铁锅中倒出，放入洁净的容器中。继续用铁勺搅拌，使酱汁的温度降到 50～60℃，点刷在酱肉上。不要抹，要点刷酱制，晾凉即为酱肉成品。

如果熬酱汁把握不大，又没老汤，可用羊骨和酱肉同时酱制，并码放在原料肉的最下层，可解决酱汁质量或酱汁不足的缺陷。

四、北京酱羊下水

1. 原料配方（按 100kg 羊下水计）

酱油 6kg，丁香 0.2kg，桂皮 0.3kg，砂仁 0.2kg，盐粒 5kg，八角 0.3kg，花椒 0.3kg。

2. 工艺流程

原料选择→原料整理→原料分割→煮制→成品。

3. 操作要点

（1）原料选择　选用经兽医卫生检验合格的羊下水作原料。羊心要求表面有光泽，按压时有汁液渗出，无异味；羊肝应呈赤褐或黄褐色，不发黏；羊肺应表面光滑，呈淡红色，指压柔软而有弹性，切面淡红色，可压出气泡；羊肚、肠应呈白色，无臭味，有拉力和坚实感；羊肾应肉质细密，富于弹性。

(2) 原料整理　羊肚套和麻肚内壁生长一层黏膜，整理时要刮掉。方法是把羊肚放在60℃以上的热水中浸烫，烫到能用手抹下肚毛时即可，取出铺在操作台上，用钝刀将肚毛刮掉，再用清水洗干净，最后把肚面的脂肪用刀割掉或用手撕下。也可用烧碱处理，然后放在洗百叶机里洗打，待毛打净后取出修割冲洗干净。羊百叶层多容易带粪，应先放入洗百叶机洗干净，也可用手翻洗。洗净后用手把百叶表层的油和污染了的表膜撕下，撕时横向找出欠茬，再顺向将表膜撕下，撕净后，用刀把四边修割干净。整理羊三袋葫芦时先要把羊三袋葫芦从里往外用刀割开，刮去胃壁上的黏膜，用水冲洗干净，然后用刀刮净表面的污物和脂肪。羊三袋葫芦的小头有一小段肠子应去掉。

整理羊肺时要把气管从中割开，用水洗干净，用刀修割掉和心脏连接处的污染物。

(3) 原料分割　把经过整理的羊下水分割成各种规格的条块。羊肚又薄又小，不再分割。羊心、羊肺、羊肝要从中破一刀，可以整个下锅。羊肺膨大分成3～4瓣。羊下水多时，肚子、肺、心、肝可以分别单煮。

(4) 煮制　先把老汤放在锅里兑上清水，用旺火烧开。放好箅子，然后依次放入羊肺、心、肝、羊肚等，用旺火煮30min，把所有辅料一同下锅，放在开锅头上用旺火再煮30min，将锅压好，老汤要没过下水6.5cm以上，然后改用文火焖煮。在焖煮过程中每隔60min左右翻锅1次，共翻锅2～3次。翻锅时注意垫锅箅子不要挪开，防止下水贴底糊锅。羊下水一般煮3～4h，吃火大的，煮的时间要适当长些。出锅前先用筷子或铁钩试探成熟的程度，一触即可透过时，说明熟烂，应及时捞出。先在锅里把下水上的辅料渣去干净，尤其是肚板、百叶和三袋葫芦容易粘辅料渣，要格外小心，在热锅里多涮几遍。捞出的下水控净汤后进行冷却，凉透即为成品。

五、北京酱羊头、酱羊蹄

1. 原料配方（以100kg羊头、羊蹄计）

酱油6kg，丁香0.2kg，桂皮0.3kg，砂仁0.2kg，盐粒5kg，

八角 0.3kg，花椒 0.3kg。

2. 工艺流程

原料选择→原料修整→煮制→成品。

3. 操作要点

(1) 原料选择 选用经兽医卫生检验合格的带骨羊头、羊蹄，要求个体完整，表面光洁，无毛、无病变、无异味，表面干燥有薄膜，不黏、有弹性。

(2) 原料修整 羊头、羊蹄应用烧碱煺毛法将毛去净，脱去羊蹄蹄壳。绵羊蹄的蹄甲两趾之间在皮层内有一小撮毛（俗称小耗子），要用刀修割掉。要将羊头的羊舌掏出，用刀将两腮和喉头挑豁，然后用清水将羊头口腔涮净。

(3) 煮制 羊头、羊蹄在下锅之前要先检查是否符合质量要求，不符合标准的要重新进行整理。在煮锅内放入老汤，放足水，用旺火将老汤烧开，垫好箅子，把羊头放入锅内（先放老的，后放嫩的），用旺火煮 30min 后，将所有辅料一同下锅，再煮 30min，改用文火煮。煮制过程中每隔 60min 翻锅 1 次，共翻 2～3 次。翻锅时用小铁钩钩住羊头的鼻子嘴（即羊头与脖子骨相交的关节处或羊眼眶），把较硬的、老的放在开锅头上，从上边逐个翻到下边。老嫩程度不同的羊头煮熟所需时间相差很大，不可能同时出锅，要随熟随出。熟羊头表面有光泽，柔软略有弹性。不熟的羊头，羊耳较硬直。有的老羊头要煮 4h，与嫩羊头相差 1h。熟透的羊头容易散碎，肉容易脱骨，所以必须轻拿轻放，保持羊头的完整。

六、北京酱羊腔骨

1. 原料配方（以 100kg 羊腔骨计）

酱油 6kg，花椒 0.15kg，八角 0.2kg，肉料面 0.3kg，盐粒 6kg，桂皮 0.2kg。

2. 工艺流程

原料选择与修整→煮制→成品。

3. 操作要点

(1) 原料选择与修整 截取羊腔骨后段尾巴桩前后为腔骨，在剔肉时这部位的肉生剔不易剔干净，常留一些肉在骨头上作酱腔骨用，截取羊腔骨的前一段即羊脖子，这一段肉多，不易剔干净，所以有意留下作酱羊脖子用。将杂质、血脖、皮爪，用清水洗净，以备煮制。

（2）煮制　放老汤兑足清水，旺火烧开后，放入羊腔骨，再放入辅料，旺火煮 30min 后改用文火焖煮 3h。中间翻锅 1～2 次，若稍用力能将羊腔骨和羊脖子折断，表明已经煮熟，可以出锅。用手掰时脖子或腔骨不易折断，或断后肉有红色，骨有白色为不熟，要继续煮。但千万不能煮过火，过火会使肉脱骨，也叫落锅。

七、天津酱羊杂碎

1. 原料配方（以 100kg 羊杂碎计）

盐粒 6kg，山柰 0.5kg，八角 0.3kg，草果 0.5kg，花椒 0.5kg，白芷 0.5kg，丁香 0.3kg。

2. 工艺流程

原料选择与整理→酱制→成品。

3. 操作要点

（1）原料选择与整理　选用经卫生检验合格的羊杂碎。主要包括：羊肚、肺、三袋葫芦、肥肠、心肺管、食道、腕口（直肠）、罗圈皮（膈肌）、沙肝（脾脏）和头肉等，有时也把羊舌、羊尾、羊蹄、羊脑、羊心、肝、肾等放在一起酱制。把整理过的羊杂碎在酱制前再整理一次。修净污物杂质，把羊肚两面刮净，用水漂洗 2～3 次。把洗净的各脏器，根据体积大小分割成 1～1.5kg 的条块，对体积小的脏器，如羊心肝、羊三袋葫芦、羊脑等不再分割。分割后的杂碎，再用清水浸泡 1～2h。

（2）酱制　羊杂碎要分开酱制，专汤专用，专锅专用，不然会影响味道和质量。先把老汤烧开，撇净浮沫后投放原料。投料时要把羊肺放在底层，其他的放在上面，加上竹箅用重物压住，使老汤没过原料。

煮制时用旺火煮 30min 后投放辅料，再煮 30min 后放酱油，随后改为文火，盖严锅盖焖煮 2h 后投放盐粒。30min 左右翻锅 1

次，即把底层的肺翻到上面。在酱制过程中，共翻锅3～4次，肺和沙肝容易粘锅，要避免粘连锅底。羊杂碎需要酱制3～4h，出锅时个体小而吃火又较浅的脏器，如脑、蹄、尾、心、肝等先熟，先出锅。出锅时将不同的品种分开放置，不要掺杂乱放。控净汤汁后，即可销售。

第五节　酱兔肉加工技术

一、酱香兔

1. 原料配方

（1）腌制液配方　水100kg，八角1kg，生姜2kg，食盐17kg，葱1kg。

配制方法：先将葱、姜洗净，姜切片和葱、八角一起装入料包入锅放水煮至沸，然后倒入腌制缸或桶中，按配方规定量加盐，搅溶冷却至常温，待用。

（2）香料水配方　水100kg，八角3kg，生姜5kg，桂皮3.5kg，葱4kg。

配制方法：将以上配料入锅熬煮，待水煮沸后焖煮1～2h，然后用双层纱布过滤，待用。

（3）煮液一般配方（以100kg兔肉计）　水100kg，味精0.4kg，白糖2.5kg，调味粉0.15kg，酱油1.5kg，香料水3kg，料酒1kg。

（4）初配新卤配方　水80kg，白糖20kg，香料水20kg，调味粉2kg，蚝油8kg，料酒4kg，酱油8kg，味精2kg。

（5）第二次调卤配方（加入余卤液）　香料水5kg，料酒2kg，白糖7kg，调味粉1.5kg，酱油4kg，味精1.5kg，蚝油3kg。

（6）稠卤配方　老卤30kg，蚝油1.5kg，酱油3kg，料酒2kg，白糖13kg，味精0.8kg，调味粉0.7kg。

2. 工艺流程

原料选择与整理→腌制→煮制→冷却包装→杀菌→急冷→入

库→成品。

3. 操作要点

（1）原料选择与整理　酱香兔制作时，选用新鲜或解冻后的兔后腿或精制兔肉作为原料。选择好原料后，将兔肉上的污血、残毛、残渣、油脂等修整干净，再用清水漂洗干净，沥干水备用。在沥干水的兔肉上用带针的木板（特制）均匀打孔，使料液在腌制或煮制时均匀渗透，并能缩短腌制时间。

（2）腌制　处理好的兔肉入缸进行浸渍腌制，上面加盖，让兔肉全部浸没在液面以下。常温（20℃左右）条件下腌制4h，0～4℃条件下腌制5h。腌制液的使用和注意事项：新配的腌制液当天可持续使用2～3次，每次使用前需调整腌制液的浓度，若过低，需加盐调整。正常情况下使用过的腌制液当天废弃，不再使用。

（3）煮制　按配方准确称取各种配料入锅搅溶煮沸，再将腌制好的兔肉下锅并提升两次，继续升温加热至小沸，而后转小火焖煮，焖煮温度及时间分别为95℃、50min。在加热过程中，要将肉料上下提升两次。第一次投料煮制时使用配方中“初配新卤配方”，第二次煮制时使用“第二次调卤配方”进行煮制。以后煮制时转入正常配方，即“煮液一般配方”。先将稠卤按配方称量煮沸调好，再将已煮好的兔肉分批定量入稠卤锅浸煮3min左右。

（4）冷却包装　出锅放入清洁不锈钢盘送冷却间冷却10～15min左右即可包装，按规定的包装要求进行称量。包装时要剔除尖骨，以防戳穿包装袋。

（5）杀菌　包装好的产品在85℃条件下，杀菌15min。

（6）急冷、入库、成品　杀菌后，立即用流动的自来水或冰水冷却至常温，最后装箱入库。

二、酱麻辣兔

1. 原料配方

（1）腌制液配方　水100kg，八角1kg，生姜2kg，食盐17kg，葱1kg。

配制方法：先将葱、姜洗净，姜切片和葱、八角一起装入料包入锅放水煮至沸，然后倒入腌制缸或桶中，按配方规定量加盐，搅溶冷却至常温待用。

腌液的使用和注意事项：新配的腌液当天可连续使用 2～3 次，每次使用前需调整腌液的浓度，若低，加盐调整。正常情况下使用过的腌液当天废弃，不再使用。

(2) 香料水配方　水 100kg，八角 3kg，生姜 5kg，桂皮 3.5kg，葱 4kg。

配制方法：将以上配料入锅熬煮，水沸后焖煮 1～2h，而后用双层纱布过滤待用。

(3) 煮液配方（以 100kg 兔肉计）　水 100kg，味精 0.4kg，白糖 2.5kg，调味 0.15kg，酱油 1.5kg，香料水 3kg，料酒 1kg。

(4) 新配初卤配方　水 80kg，白糖 20kg，香料水 20kg，酱油 8kg，料酒 4kg，蚝油 8kg，味精 2kg。

(5) 稠卤配方　老卤 30kg，白糖 10kg，酱油 3kg，辣椒粉 3kg，料酒 2kg，麻油 1.5kg，味精 0.8kg，调味粉 0.7kg，川椒粉 0.5kg。

2. 工艺流程

原料选择与整理→腌制→煮制→冷却包装→杀菌→冷却→入库→成品。

3. 操作要点

(1) 原料选择与整理　酱麻辣兔制作时，选用新鲜或解冻后的前腿或肋排骨肉为原料。将兔肉整理去污、去油脂，清水洗净，沥水。

(2) 腌制　将处理好的兔肉入腌制缸浸腌，上加压盖让兔肉全部浸没液面以下。腌制时间和腌制间温度：常温（20℃左右）条件下腌制 3h，0～4℃条件下腌制 4h。

(3) 煮制　按配方准确称取各种配料入锅搅溶煮沸，再将腌制好的兔肉下锅并提升两次。继续升温加热至小沸，而后转小火焖煮，焖煮温度及时间分别为 95℃、30min。在加热过程中，要将肉料上下提升两次。先将稠卤煮沸调好，再将已煮好的兔肉分批定量入稠卤锅浸煮 3min 左右。

(4) 冷却包装　出锅后送冷却间冷却10～15min左右即可包装，按规定的包装规格进行称量。包装时要剔除尖骨，以防戳穿包装袋。

(5) 杀菌、冷却、成品　包装好的产品在85℃条件下，杀菌15min。杀菌后，立即用流动的自来水或冰水冷却至常温，最后装箱入库。

三、酱焖野兔

1. 原料配方（以100kg野兔肉计）

白酒1.0kg，桂皮0.5kg，盐粒10kg，八角0.5kg，鲜姜1kg，辣椒面0.5kg，酱油5kg，花椒0.5kg，白糖1kg，小茴香0.4kg，甘草0.3kg。

2. 工艺流程

原料选择与整理→制卤汤→煮制→熏制→成品。

3. 操作要点

(1) 原料选择与整理　酱焖野兔制作时，首先将野兔宰后剥皮开膛。剥下皮后把兔头割掉，从腹部切开，取出内脏和所有血块，用水冲洗干净。然后把开膛后的每只野兔平均分成4块，用硬板刷在流动水中刷洗干净。每块兔肉经洗刷干净后放入清水池内，用流动水浸泡1.5d，把血水全部浸泡掉，否则会有腥味。

(2) 制卤汤　当兔肉颜色浸泡白净后捞出。接着进行卤煮，即在锅内加清水100kg，然后把花椒、八角、桂皮、小茴香、甘草、鲜姜、辣椒面等装入纱布袋内，扎紧袋口，加入其他所有调味料一起煮制11h左右。

(3) 煮制　将兔肉块放入卤汤锅内，中火煮制90min，至熟烂出锅。

(4) 熏制　最后进行熏制，即把煮熟的兔肉装入熏炉，点燃锯末、刨花，烟熏20min左右出炉。

四、酱兔肉家庭制作方法

1. 原料配方（以100kg野兔肉计）

酱油15kg，桂皮0.15kg，丁香0.15kg，大蒜0.25kg，大葱

0.25kg，甘草 0.15kg，糖色 0.5kg，八角 0.15kg，白糖 0.5kg，花椒 0.15kg，香油 1.5kg，生姜 0.25kg，食盐 7.5kg。

2. 工艺流程

原料选择与整理→制卤汤→糖色制作→煮制→成品。

3. 操作要点

（1）原料选择与整理　酱兔肉制作时，首先将兔肉原料洗净，入冷水浸泡 4h，捞出，然后放入开水中煮制 10min 后，捞出，用清水洗净。

（2）制卤汤　在煮制锅内加入老汤（或清水），放入兔肉，用旺火烧开，加入食盐、酱油、白糖、肉料袋（大葱、鲜姜、大蒜、花椒、八角、桂皮、丁香、甘草）。

（3）糖色制作　用一口小铁锅，置火上加热。放少许油，使其在铁锅内分布均匀。再加入白砂糖，用铁勺不断推炒，将糖炒化，炒至泛大泡后又渐渐变为小泡。此时，糖和油逐渐分离，糖汁开始变色，由白变黄，由黄变褐，待糖色变成浅褐色的时候，马上倒入适量的热水熬制一下，即为“糖色”。糖色的口感应是苦中带甜，不可甜中带苦。

（4）煮制　用慢火进行煨煮，煨煮 3h 左右后加入糖色。再煮片刻，即可捞出兔肉，沥净酱汤，装盘，稍晾，趁热在肉面上抹上香油即为成品。

第六节　酱鸭加工技术

一、安徽六安酱鸭

1. 原料配方（以 100 只肥鸭计）

酱油 3kg，食盐 7kg，丁香 0.02kg，陈皮 0.1kg，白糖 5kg，鲜姜 0.3kg，桂皮 0.3kg，砂仁 0.02kg，花椒 0.1kg。

2. 工艺流程

原料选择→制卤→腌制→卤制→成品。

3. 操作要点

（1）选料　以 1～2 年、体重 1.5～2kg 的麻鸭为原料。经宰杀洗净，除去内脏，沥干水分，即为鸭坯。

（2）制卤　用12.5kg的水，小火烧开，加入红曲粉750g、白糖7.5～10kg、绍酒250g、鲜姜100g，混合于锅中，熬制成卤汁备用。

（3）腌制　将鸭坯放在盐水中浸泡，片刻后取出抖去盐水，然后堆叠腌制。夏季腌制1～2h，冬季2～3d。

（4）卤制　煮鸭前将老汤烧开，加入配料。在每只鸭的体腔内放丁香4～5个，砂仁、葱头、鲜姜、绍酒少许，然后放入滚汤中。先用大火烧开，加入绍酒，再改用文火烧40～60min即可起锅。将鸭捞出放在容器中，晾15～20min，把制好的卤汁浇在鸭体上。

二、杭州酱鸭

1. 原料配方（以100只光鸭计）

（1）配方一　白糖20kg，生姜0.4kg，绍酒4kg，酱油28kg，葱段1.2kg，桂皮0.24kg。

（2）配方二　食盐2kg，白酱油6kg，白酒0.6kg，硝酸钾0.01kg，白糖0.4kg，葱段0.2kg，姜块0.2kg。

2. 工艺流程

原料整理→腌制→卤制→熟制→成品。

3. 操作要点

（1）原料整理　鸭空腹宰杀，用63～68℃的热水浸烫煺毛，去除内脏、气管、食管，洗净后斩去鸭掌，挂在通风处晾干。

（2）腌制　将食盐和硝酸钾拌匀，在鸭身外均匀地擦一遍，再在鸭嘴、宰杀开口处各塞入调料，将鸭头扭向胸前夹入右翅下，平整地放入缸内，上面用竹架架住，大石块压实，0℃腌渍36h后，翻动鸭身，再腌36h即可出缸，倒尽体腔内的卤水。

（3）卤制　将鸭放入缸内，加入酱油以浸入为度，再放上竹架，用大石块压实，0℃左右浸48h，翻动鸭身，再过48h出缸。然后在鸭鼻孔内穿细麻绳一根，两头打结，再用50cm长的竹子一根，弯成弧形，从腹部刀口处放入体腔内，使鸭腔向两侧撑开。然后将腌过鸭的酱油加50%的水放入锅中煮沸，去掉浮沫，放入整理好的鸭，将卤水不断浇淋鸭身，至鸭成酱红色时捞出沥干，日晒2～3d即成。

(4) 熟制　食用前先将鸭身放入大盘内（不要加水），淋上绍酒，撒上白糖、葱、姜，上笼用旺火蒸至鸭翅上有细裂缝时即成，倒出腹内的卤水，冷却后切块装盘。

三、南京酱鸭

1. 原料配方（以100kg鸭计）

酱油5kg，砂仁0.02kg，食盐7.5kg，红曲米0.75kg，白糖5kg，葱3kg，桂皮0.3kg，生姜0.3kg，八角0.3kg，绍酒5kg，丁香0.03kg，硝酸钠0.06kg。

注：将0.06kg硝酸钠溶化制卤水2kg。

2. 工艺流程

原料选择与整理→腌制→烧煮→成品。

3. 操作要点

(1) 原料选择与整理　采用娄门大鸭或太湖鸭，体重1.5kg以上的一级品为宜。将活鸭宰杀，放血、去毛务净（不留小毛），然后洗净，在清水中浸泡0.5h，切除鸭翅、鸭掌和鸭舌，在右翅下开一小口，开口长度最多不超过4cm，取出内脏，揩净内腔血迹（注：鸭肺必须拿净），疏通、洗净，清水浸泡后，沥干血水。

(2) 腌制　将光鸭放入圆桶中，洒些盐水或盐硝水（用硝按国家标准），鸭体擦上少许盐，体腔内撒少许盐，随后即抖出。根据不同季节掌握腌制时间，夏季1～2h，冬季2～3d左右。

(3) 烧煮　在烧煮前，先将老汤烧开，同时将上述香料加入锅内，每只鸭体腔内放4～5只丁香，少许砂仁，再放入20g重一个葱结、生姜2片、1～2汤勺绍酒，随即将全部鸭放入滚汤中先用大火烧开，加绍酒3.5kg，然后用小火烧40～60min，见鸭两翅开小花，即行起锅，将鸭冷却20min后，淋上特制的卤汁，即为成品。或者用50kg老汁（卤），先以小火开，然后改用中火，加入红曲米 3kg（红曲要磨细成粉末越细越好）、白糖 40kg、绍酒 1.5kg、生姜 0.4kg，经常用铁铲在锅内不断翻动，防止起锅巴。煎熬时间随老汁汤浓淡而异，待汁熬至发稠时即成，卤的质量以涂满鸭身，挂起时不滴为佳。

四、南京酱鸭家庭制作

1. 原料配方（以 1.5kg 的新鲜肥仔鸭计）

酱油 250g，桂皮 12.5g，白糖 300g，丁香 12.5g，生姜 50g，甘草 12.5g，葱 100g，八角 12.5g，麻油 125g。

2. 工艺流程

原料整理→浇糖色→酱制→成品。

3. 操作要点

（1）原料选择与整理　选择无公害污染的新鲜肥仔鸭作为原料，先将生姜去皮洗净，葱摘去根须和黄叶洗净。切除鸭翅、鸭掌和鸭舌，在右翅下开一小口，取出内脏，洗净，并用清水浸泡后，沥干血水，放入盐水卤中浸泡约 1h，取出挂起沥干卤汁。汤锅点火加热，放入清水 2kg 烧沸后，左手提着挂鸭的铁钩，右手握勺用开水浇在鸭身上，使鸭皮收紧，挂起沥干。

（2）浇糖色　炒锅点火，放入麻油 100g，白糖 200g，用勺不停搅动，待锅中起青烟时，倒入热水一碗拌匀。再用左手提着挂鸭的铁钩，右手握勺舀锅中的糖色，均匀浇在鸭身上，待吹干后再浇一次，挂起吹干。

（3）酱制　在汤锅中放入清水 5kg、酱油 250g、白糖 100g，并将生姜、香葱、丁香、桂皮、甘草用布袋装好，放入汤锅中，加热至沸，撇去浮沫，转用文火，将鸭放入锅中，用盖盘将鸭身揿入卤中，使鸭体腔内进入热卤，加盖盖严，再烧约 20min。改用旺火烧至锅边起小泡（不可烧沸），揭去盖盘，取出酱鸭，沥干卤汁，放入盘中，待冷却后抹上麻油即成。

五、苏州酱鸭

苏州酱鸭已有 200 多年历史，以陆稿荐熟肉店生产的最为著名，在沪宁线一带颇享盛名。

1. 原料配方（以100kg鸭计）

酱油5kg，食盐7.5kg，白糖5kg，绍酒5kg，葱3kg，桂皮0.3kg，八角0.3kg，丁香0.03kg，砂仁0.02kg，红曲米0.75kg，生姜0.3kg，硝酸钠0.06kg。

注：将0.06kg硝酸钠溶化制卤水2kg。

2. 工艺流程

原料选择与整理→腌制→酱制→成品。

3. 操作要点

（1）原料选择与整理　采用娄门大鸭或太湖鸭，重1.5kg以上的一级品为宜。把活鸭宰杀放血后，放进64℃左右的热水里均匀烫毛，浸烫0.5h左右，至能轻轻拔下毛来，随即捞出，投入凉水里趁温迅速拔毛，去毛务净（不留小毛），然后洗净，在清水中浸泡0.5h。将白条鸭放在案板上，切除翅、爪和舌，用刀在右翅底下剖开一小口，取出内脏和嗉囊，揩净内腔血迹（注：鸭肺必须拿净），用清水洗刷，重点洗肛门、体腔、嗉囊等处，并用清水浸泡后，沥干血水。

（2）腌制　将光鸭放入圆桶中，洒些盐水或盐硝水（用硝按国家标准），鸭体擦上少许盐，体腔内撒少许盐，随后即抖出。根据不同季节掌握腌制时间，夏季1～2h，冬季2～3d左右。

（3）酱制　在烧煮前，先将老汤烧开，同时将上述香料加入锅内，每只鸭体腔内放4～5只丁香，少许砂仁，再放入20g重一个葱结、生姜2片、1～2汤勺绍酒，随即将全部鸭放入滚汤中先用大火烧开，加绍酒3.5kg，然后用小火烧40～60min，见鸭两翅开小花，即行起锅，将鸭冷却20min后，淋上特制的卤汁，即为成品。或者用50kg老汁（卤），先以小火开，然后改用中火，加入红曲米3kg（红曲要磨细成粉末越细越好）、白糖40kg、绍酒1.5kg、生姜0.4kg，经常用铁铲在锅内不断翻动，防止起锅巴。煎熬时间随老汁汤浓淡而异，待汁熬至发稠时即成，卤的质量以涂满鸭身，挂起时不滴为佳。

第七节 酱鸡加工技术

一、哈尔滨酱鸡

1. 原料配方（以100kg鸡肉计）

花椒0.10～0.15kg，味精0.05kg，大葱1kg，食盐5kg，酱油3kg，鲜姜0.5kg，八角0.25kg，白糖1.5kg，桂皮0.20～0.3kg，大蒜0.5kg。

2. 工艺流程

原料选择与整理→浸泡→制汤→紧缩→煮制→成品。

3. 操作要点

（1）原料选择与整理　最好选择重约1kg左右的当年小母鸡或小公鸡作为原料。屠宰方法按常规方法进行，从颈部开刀放血，放尽血，除尽毛，去除内脏，把屠宰好的鸡用清水洗净。然后把鸡放入冷水内浸泡12h左右，以去除剩余的血水。

（2）浸泡　按照配料标准，把所有调味料，一并放入锅内，适当加清水煮开。

（3）制汤、紧缩　将泡尽血水的白条鸡鸡爪弯曲塞进鸡腹腔内，鸡头夹在鸡翅内，然后逐只放入滚开的汤（煮鸡循环留下来的汤为老汤）内，紧缩10min左右捞出，控尽鸡体内的水分。

（4）煮制　紧缩结束后，先把老汤内浮沫等杂物捞尽，再拔尽鸡身上的细绒毛，重新放入90℃左右的老汤内进行煮制3h左右，即为成品（各种调料皆加到老汤中）。

二、哈尔滨正阳楼酱鸡

哈尔滨正阳楼的创始人王孝庭是传统风味肉制品技师。哈尔滨正阳楼开业距今已有近100年的历史了，店名是仿北京正阳楼起的，所以匾额“正阳楼”三个大字上面，还有“京都”两个小字。哈尔滨正阳楼酱鸡色艳味浓，具有浓厚的北方特色。

1. 原料配方（以100kg鸡肉计）

食盐5kg，酱油3kg，大蒜0.5kg，鲜姜0.5kg，八角0.25kg，

桂皮 0.2kg，白糖 1.5kg，大葱 1kg，花椒 0.1kg。

注：食盐用量如采用老汤可酌减；花椒等配料的用量可根据老汤使用情况而酌减。

2. 工艺流程

原料选择→宰剖→浸烫→卤煮→成品。

3. 操作要点

(1) 原料选择、宰剖　选择健康的鲜活鸡，以当年鸡为佳。宰杀之前需停食，但不可断水。然后将鸡宰杀，放净血，入热水内浸烫，煺净羽毛。再从腹部开口，取出内脏，冲洗干净后入冷水内浸泡 12h 左右，以去净血污。

(2) 浸烫、卤煮　将各种调味料放到煮鸡老汤内，烧沸后，把白条鸡放汤锅内浸烫约 10min 后捞出，再撇净汤锅内的浮沫、杂物。最后将鸡复入汤锅内，烧沸后改小火焖煮约 3h 即为成品。

三、江苏常熟酱鸡

1. 原料配方（以 100kg 鸡计）

食盐 10kg，酱油 7.5kg，绍酒 1～3.5kg，白糖 5kg，葱 5kg，姜 0.5kg，八角 0.25kg，桂皮 0.25kg，陈皮 0.25kg，丁香 0.05kg，红曲米 2kg，菱粉 3kg，砂仁 0.025～0.03kg。

2. 工艺流程

原料选择与整理→腌制→卤煮→成品。

3. 操作要点

(1) 原料选择与整理　选择健康的鲜活肥鸡为主要原料，以当年鸡为佳。将鸡宰杀，放净血，入热水内浸烫，煺净毛，再开膛，取出内脏，用清水冲洗干净。

(2) 腌制　然后取一部分食盐，涂抹洗净的鸡身，入缸腌制 12～24h（腌制时间依季节变化，冬长夏短）。

(3) 卤煮　腌制结束后，将腌好的鸡取出，入沸水锅内煮 5min 起锅，将香辛料装入纱袋，放入煮鸡老汤内，再继续煮鸡，先用大火烧 15min，再改文火焖约 30min 左右即可出锅。

第八节　酱鹅加工技术

一、哈尔滨酱鹅

1. 原料配方（以 100kg 鹅计）

食盐 5kg，酱油 3kg，大葱 1kg，八角 0.25kg，花椒 0.15kg，白糖 1.5kg，味精 0.05kg，桂皮 0.3kg，鲜姜 0.5kg，大蒜 0.5kg。

2. 工艺流程

原料选择与整理→制汤→煮制→成品。

3. 操作要点

最好选择重量 1kg 左右的鹅为原料。宰前，要停止喂食，只供饮水。屠宰方法按常规方法进行，放尽血，除尽毛，去内脏，用清水将鹅体洗净。然后把洗净的鹅，放入冷水内浸泡 12h 左右，以去除剩余的血污。按照配料标准，把所有调味料，一并放入锅内，适当加清水煮开。将泡尽血水的鹅，逐只放入烧开的清水中煮制，紧缩 10min 后捞出，控尽鹅体内的水分。先把汤内浮沫等杂物捞尽，拔尽鹅身上的细绒毛，重新放入 90℃左右的汤内，煮制 4h 左右，即为成品。

二、酱鹅

1. 原料配方（以 100kg 鹅计）

酱 2.5kg，陈皮 0.05kg，食盐 3.75kg，丁香 0.015kg，白糖 2.5kg，砂仁 0.01kg，葱 1.5kg，姜 0.1kg，黄酒 2.5kg，红曲米 0.37kg，桂皮 0.15kg，硝酸钠 0.03kg，八角 0.15kg。

注：0.03kg 硝酸钠用水化成 1kg。

2. 工艺流程

原料选择与整理→腌制→煮制→卤汁制作→酱制→成品。

3. 操作要点

(1) 原料选择与整理　选用重量在 2kg 以上的太湖鹅为最好，宰杀后放血，去毛，腹上开膛，取尽全部内脏，洗净血污等杂物，晾干水分。

(2) 腌制　用食盐把鹅身全部擦遍，腹腔内上盐少许，然后放入木桶中腌渍，夏季1～2d，冬季2～3d。

(3) 煮制　下锅前，先将老汤烧沸，将上述辅料放入锅内，并在每只鹅腹内放入丁香、砂仁少许，葱结20g，姜2片，黄酒1～2汤匙，随即将鹅放入沸汤中，用旺火烧煮。同时加入黄酒1.75kg。汤沸后，用微火煮40～60min，当鹅的两翅“开小花”时即可起锅。

(4) 卤汁制作　用25kg老汁（酱猪头肉卤）以微火加热熔化，再加火烧沸，放入红曲米1.5kg，白糖20kg，黄酒0.75kg，姜200g，用铁铲在锅内不断搅动，防止锅底结锅巴，熬汁的时间随老汁的浓度而定，一般烧到卤汁发稠时即可。以上配制的卤汁可连续使用。

(5) 酱制　将起锅后的鹅冷却20min后，在整只鹅体上均匀涂抹特制的红色卤汁，即为成品。

酱鹅挂在架上要不滴卤，外貌似整鹅状，外表皮呈琥珀色。食用时，取卤汁0.25kg，用锅熬成浓汁，在鹅身上再涂抹一层，然后鹅切成块状，装在盘中，再把浓汁浇在鹅块上，即可食用。

三、大茴香酱鹅肉

1. 原料配方

鹅2000g，酱油200g，大葱50g，姜35g，八角5g。

2. 工艺流程

原料选择与整理→酱制→成品。

3. 操作要点

(1) 原料选择与整理　将鹅杀死，去毛和内脏，用盐稍腌制，泡一夜；次日用温热水洗净，投入冷水锅中，以大火烧开。

(2) 酱制　加葱花、姜片和酱油，以及大茴香；改用小火煮焖1h，锅离火冷却后取鹅。

(3) 成品　将鹅脯剁成小块放盘中，作垫底料，后将其他鹅肉用斜刀法切成片，真空包装既为成品。

四、五味鹅

1. 原料配方

鹅 1500g，白砂糖 5g，老抽 10g，白酒 25g，盐 5g，腐乳（红）30g，植物油 25g，八角 15g。

2. 工艺流程

原料选择与整理→腌制→酱制→成品。

3. 操作要点

（1）原料选择与整理　鹅去毛、内脏整理干净。

（2）腌制　把白糖、老抽、白酒、腐乳、八角、植物油、盐，再加适量水搅匀，把整只鹅放入调料内腌半小时。

（3）酱制　锅内放油盐炒出味，加两碗水，再把鹅放入锅里，大火烧开水，改小火把鹅焖熟，切块分割真空包装即为成品。

第四章

卤制品工艺及配方

第一节　卤制品概述

一、卤制品概述

卤肉制品加工过程以浸泡为主，将原料肉放入调制好的卤汁或保存的陈卤中，先用大火煮制，待卤汁煮沸后改用小火慢慢卤制，直至酥烂而成的肉制品，熟制后的产品随卤保存，产品香味浓郁、鲜嫩多汁，多用内脏作原料，现在也有以猪肉为原料进行卤制的产品如卤猪肉，是我国典型的传统熟肉类制品，其特点为产品酥软，风味浓郁。卤肉制品一般多使用老卤。每次卤制后，都需对卤汁进行清卤（撇油、过滤、加热、晾凉），然后保存。

卤肉制品风味独特，通常现做即食，深受消费者喜爱。我国幅员辽阔，民族众多，因地区和风土人情特点不同，形成了大量各具地方风味和民族特色的传统卤肉制品。卤肉制品品种很多，按照加工原料，可分为卤禽肉制品、卤猪肉制品、卤牛肉制品等。其中以卤禽肉制品中的四大烧鸡最为著名。

二、卤水配方

卤水又叫“卤汁”“原卤”“老卤”，它是酱卤制品必备的传热物料和复合调味料，卤制成品质量好坏，卤水起着重要作用。

卤水制作配方见表 4-1。

表 4-1　卤水制作配方　　单位：g

原料名称	配　方	原料名称	配　方
八角	25	桂皮	15
小茴	15～25	甘草	10
山柰	10	甘松	3～5
花椒	20	砂仁	10
草豆蔻	5	草果	15
丁香	5～15	生姜	100
大葱	150	绍酒	100
冰糖	350～500	味精	15
精盐	350～500	鲜汤	5000
精炼油	50	纱布袋	2个

三、卤肉类操作要点

（一）卤味卤汁的调制和保管

卤汁是酱卤制品必备的传热物料和复合调料。酱卤制品种类繁多，各地的制作方法不尽相同，制卤的调料配比也有差异，以下就常见的卤汁和制卤方法作一介绍。加工酱卤制品的关键技术环节是调制卤汁，在这个环节上，应抓住制卤调料和制卤程序两大要领。通常可根据产品类型将卤汁大致分为红卤和白卤。

1. 红卤调制

调制红卤的主要调味料是酱油、盐、冰糖（或砂糖）、黄酒、葱、姜等；主要香辛料是八角、丁香、桂皮、山柰、小茴香、草果、香叶、花椒等。第一次制卤要备有鸡、肉等鲜味成分高的原料。以后只要在这个卤汁的基础上，缺味添味、少香增香就可以了。调制卤肉或鸡骨、猪骨等原料，上火烧煮，烧沸后撇去浮沫，转用中小火，接着加入酱油、盐、糖、黄酒、葱、姜等调料，另把各种香味调料放入宽松的纱布口袋包好后投入汤内一起熬煮，煮至鸡酥、肉烂、汤汁较为稠浓时，捞出鸡、肉和香料袋，除去卤内杂质，即成红卤。

有的地方制作红卤，不用酱油来提味定色，而是用盐提味，用

“糖色”来定色。制卤原料和制作过程基本一致，只是将酱油改为“糖色”。“糖色”可用市售焦糖色素，也可自行加工。

红卤的定色还有一种方法，不用酱油，也不用“糖色”，而是用红曲米提取色素或红曲米（或红曲米粉）熬制定色，所用其他原料和红卤的前两种制法一样。用红曲米定色的方法是：把红曲米放在纱布袋里，放入卤汁中熬煮，待红曲米中的色系慢慢溶入卤内，逐渐呈玫瑰红色，并渗入制品之中。如果先将红曲米放入清水中熬成红曲米汁，再根据需要，加入适量红曲米汁也可以。要是选用红曲米粉，虽然颜色效果相同，但它的一些粉粒在卤制后会黏附于成品上，给菜肴外形和色泽带来一定的影响。

红卤在色、香、味上应达到的要求是：色以深红发亮为佳，味以成鲜回甜为宜，香以浓郁不“刺”为好。要达到这样的效果，在红卤调制中，除了取料、火候等环节外，关键是调料、香料和水（或卤汁）的投放配比。糖分过多，成品“反味”；糖分过少，口味欠佳。酱油过多，影响色泽；酱油过少，对味、色又不利。香料也一样，用得过多。药味大，刺激重，还影响成品的色泽；用得少，香味不足，又不能突出卤味菜的特点。总之，在原料卤制过程中，经常检查卤汁的香味、色泽和口味，避免香味或成味骤然过浓、过淡，色泽过深、过浅。

应根据卤汁的不同用途和数量、卤制对象的不同特性和份量的多少，灵活掌握调料、香料的投入比例，力求用量适宜，使成品味正香纯、形色较好。

2. 白卤制作

白卤制作的取料和调制与红卤基本相同。第一次制作白卤也需备有鸡、肉之类的原料，香料也要事先用纱布袋包好，熬制程序和火候运用也与红卤相同，所不同的是，白卤以盐来替代酱油、糖色、红曲米汁等有色调料，以盐定味、定色。

由于白卤卤制的原料与红卤不完全一样，其本身又具有与红卤不同的某些特性，因而在调制白卤时还应掌握好以下几点：一是定色、定味都用盐，盐量投放应恰如其分。用盐过多不仅口味变咸，还会使有些成品紧缩干瘪（对家畜中的肠肚一类原料尤为明显）；

用盐过少成品的鲜香味又不容易突出。二是香料的用量要相应减少。白卤制品历来以清鲜见长，减少香料用量，既可突出白卤之清香风味，又可使原料的本味不被掩盖，还可以避免香料过多使卤汁变色污染。三是甜味调料应尽量减少。白卤中使用甜味调料，主要是为了缓冲某些香料的苦涩味，对原料起助鲜作用，要控制其用量，只要能达到这个目的就可以了。四是以卤制专一原料为好。卤肴肉的卤汁专门卤肴肉，卤虾的卤汁专门卤虾。这不像红卤，一种卤汁可以交叉卤多种原料，甚至一只卤锅内可以同时卤制几种不同的原料。这样做的目的是为了使卤制的成品风味纯正。

（二）卤汁的保管

制成的卤汁，用的次数越多，保存的时间越长，质量越高，味道越好。这是因为卤汁内所含的可溶性蛋白质等鲜味物质越来越多的缘故，特别是红卤，各种不同的原料都在一个卤锅里卤制，口味相互补充，才逐渐形成卤制菜肴特有的风味。卤汁的保管应注意以下几方面。

1. 原料的选择与加工

卤汁卤制的原料很多，无论选何种原料，卤制时都会对卤汁带来影响。入锅前原料肉必须经清洗整理、预煮（焯水）等初步加工，以除去原料中的血污、杂质。除选料的初步加工之外，还要根据原料及其不同的要求选用不同的卤水卤制。为了保证卤制品和卤水的质量，还应准备一种“专用卤水”，这类卤水除了专门卤制特定的原料外，不能加工其他原料，以免串味、串色而影响卤菜成品和卤水的质量。这类卤水往往用来卤制一些腥膻气重或特殊气味的原料，如牛肉、羊肉、内脏、下杂等。

2. 保持卤汁口味的准确和稳定

卤汁每使用一次，其中的调味料会相应减少，连续多次使用，味料减少就更多。为了使卤汁的口味能长久不变，就需要不断地对卤汁进行补充。每次卤制原料时。应根据原卤的具体状况和原料的实际需要，加入适量的调味品和水。红卤的色泽也是一样的道理，要保持前后一致，酱油、糖色、红曲米的添加，应以原卤实际成色和新卤制原料的数量及特色为依据，力求准确适量。

香料的补充一般以更换香料包为主。香料包应宽松一些，不宜装得太满，下锅前袋口要扎紧，以免香料遇水发胀撑破纱袋，影响卤汁和卤菜制品质量。香料包一般只用1～2次，随着卤制次数的增加，要不断更换新的香料包，而香料的选用和比例最好前后统一，以免产生香味过浓或过淡等现象。

3. 卤汁的贮藏

每次卤制原料肉不免有血污、浮沫，应及时撇净；卤制后有沉渣、杂质，应及时过滤，保持卤水清澈；卤制后的卤汁表面不少浮油，应用勺撇去，否则下次开卤时，原料上色、入味都受影响；如遇卤汁混浊，可用小火烧开，加入肉末或血水清汤，清理后撇去浮沫，过滤备用。

为了保证卤水质量，应坚持经常烧开煮沸，亦可放入冷库保存。盛装卤汁的容器最好使用瓦缸之类的陶器或搪瓷器皿，而不用锡、铝、铜等金属器皿。否则卤汁中的某些成分会与金属发生化学变化，使卤汁风味大减，以至不能使用。盛装前，器皿要洗净抹干，盛装好卤汁后应放置在阴凉干燥处，加盖上罩，防止蝇虫、灰尘落入；不要放在靠近水池和水龙头处，防止生水滴入引起卤汁变质；罩盖必须透气，不可用木盖、铁盖，这些盖子只能在烧制时使用。一旦离火、卤锅停止使用，便不用此盖，以防汽水滴入卤内，引起老卤“翻花”，甚至变质。

（三）卤味原料的选择和加工

1. 原料的选择

酱制品所用的原料很多，诸如猪、羊、鸡、鸭以及头、蹄、下水（猪的头、心、肝、肠、蹄等）。对不同原料有不同要求。例如酱猪肉宜选用体重40kg左右，皮薄嫩瘦的猪，并以猪的五花、肘子部分为佳。不宜选用膘大肥厚的猪肉；酱牛肉以无筋不肥的瘦肉为好，一般都用腿部的精肉，其他部位的风味不佳。

2. 卤味原料的加工

酱制原料的整理也是酱卤制品加工的重要环节。原料整理一般包括洗涤和切块。

(1) 洗涤 无论何种原料，都要用清水浸泡，清除血水，彻底刷洗干净原料上的毛（最好用小镊子钳净，肉内不留根）和污物。特别是污秽的头蹄、下水等，洗涤是关系到成品质量的关键。例如猪头，必须在清水中浸泡12～24h，火燎掉头上全部的毛，刮净猪耳、猪嘴、鼻孔的污物、黏液，要用板刷边刷边洗，直至整个猪头不留一根毛和一点污秽，外表洁白清爽。洗猪舌时，洗净后用开水烫泡5min左右，刮掉舌上的白苔。洗猪心时，一定要从中向划一刀，挤出心血。洗猪肺时，要将肺的气管套在水龙头上，拧开水阀灌水。同时用手轻轻敲打肺叶，使肺内每根细管进入清水，然后倒出再灌，反复多次，才能把肺内血污洗净，使之白净透亮。洗猪肝时，要把附在肝上的胆囊摘除，防止胆囊破裂，溢出胆汁，污染变苦。洗蹄时，除了燎毛、洗净外，还要刮掉蹄趾间的黑皮，打掉趾壳。肠、肚黏液重，污染大，先要清除附着的油脂、污物和粪便，再用醋、盐等搓捏，最后再换清水洗净，才能彻底除掉异味。

(2) 切块 原料分档取料是整理加工的另一项内容。卤牛肉，要使其味透里肌、上色均匀，便要将大块牛肉分割成每块500g左右的小块，再入锅卤制，否则大块原料既不易成熟，又不易上色入味。卤肋排，要将原料剁成6.5cm见方的块。卤猪头肉，猪头应劈成两半，先从脑门划一道刀口，再从下额骨缝中用刀跟一劈两开。卤青鱼，应先将鱼剁去鱼头、鱼尾，掏尽肚腹，用中段部分卤制。当然也有部分卤味菜肴用整只、整条、整块卤制，不需分档，如鸡、鸭、蹄爪、内脏等。

（四）卤味制作的环节和要领

1. 卤前预制

大部分原料在卤制前都得经过预制。因为有的原料带有不少血污，有的原料有较重的异味，焯水是卤制前排污除味的常用方法。所谓焯水，即是将生鲜原料投入水锅内加热，烧至原料半熟或全熟(异味小、血污少的原料用热水锅焯水，异味重、血污多的原料则应入冷水锅烧热焯水)，捞出再卤制。特别是对异味较大的牛羊肉、内脏、野味等原料，水量要大，冷水下锅，原料随着水温的逐渐增高，内部的血污、腥味便慢慢排出，还可适量加入葱、姜、黄酒等调味品以去腥起香。原料经过这样处理后再入卤锅卤制，其成品表面光洁，味道醇香，卤汁质量好，容易保存。否则成品表面会附有沫状污物，色泽不美，味道不佳，卤汁容易变质。

另有一部分原料为了使其卤制后色泽红润、香透里肌、味深入骨，卤制前要用盐渍或硝盐腌制。如卤牛肉，由于原料异味重，肌肉结构紧密，质地硬实，结缔组织较多，受热后蛋白质凝固得也较坚硬，短时间内难以入味，故需用盐腌渍，即牛肉改刀后，加入适量的盐及姜、葱腌制一段时间再入锅卤制。硝腌也是一种较好的方法，它除了使原料入味外，还能使成品色泽变得红润美观，透出一股特殊的香味。例如肴肉加工是先将猪肉放于容器内，用精盐、食醋、花椒、葱、姜等与硝水拌匀，倒入肉盆内，揉擦肉的表面，腌制1～2天，再入老卤制作。在现代化加工生产中，腌制质改剂和盐水注射腌制法的应用，对酱卤类传统肉制品的质量改进及其标准化生产起到了极大促进作用。

还有一部分原料在卤制前必须过油，使菜肴增进口味、丰富质感、美化色泽。如琥珀凤爪，先将洗净的凤爪焯水后入热油锅炸，然后再卤制。成品红光油亮，酥嫩有劲，极有风味。

2. 卤中烧煮

原料进入卤锅卤制后，除了添加适量的调味用料外，关键是要掌握好卤制的火候。在火力运用上，一般是原料下锅时用大火，烧开后转入中、小火或微火，使卤汁始终保持微沸状态。这样做的目的是防止原料制成后外熟里生、外酥里硬。如果一味旺火，卤汁激烈沸腾，原料反而不易成熟，且使肉质老化。另外，卤汁沸腾不断溅在锅壁上，形成薄膜，焦化后落入汤中，黏附在原料上，影响成品的质量。旺火还会造成卤汁大量汽化而较快损耗，影响老卤的利用。在加热时间控制上，应根据原料的不同质地和大小、投料多少与先后具体掌握，如鸡、鸭、猪肉一类约在1～2h，以筷子能戳入为准；牛肉、猪肚类则需较长时间才能卤透；鱼、虾一类则以能上色和入味即可出锅。现代肉制品加工中自控式卤煮设备的广为应用，为酱卤制品的标准化、规模化加工生产和质量提高提供了可能。

卤味菜肴的口味一般以咸鲜为基础，适当兼顾甜、酸、辣诸味。应着重抓住咸味这个主味，根据原料等各方面的具体情况定味。因为不同原料对咸味的吸收是有差异的，就是同一原料，不同季节、不同配料，口感也会有变化，所以卤味制品的定味不能千篇一律。另外，预制时调味不能过重，否则会给成品的口味带来影响。

卤味菜肴的色泽也应根据不同原料和不同季节而有所变化，尤其是红卤，看似一色，其实不同原料卤制后的色泽不会完全一样。应根据实际情况适时调整配方。

3. 卤后出锅

出锅适时是卤味品加工最后一个环节。掌握这个环节，主要就是在达到色、香、味形基本要求的基础上，正确判断原料的成熟度。一般动物性原料在加热中的变化大致是，由生软到硬化，再由硬化到软化，最后由软化到糊化的过程。原料在加热前处于生软状态，通过焯水，使表面蛋白质凝固而变硬；卤制中因长时间加热，部分水溶性蛋白质、维生素等成分溶于汤内，结缔组织遭到破坏，部分分解为明胶，溶于卤汁内，使卤汁黏稠，原料变软；继续再加热，则由软变料烂，最后糊化。原料的卤制，不管质地老嫩、成熟时间长短，成熟度一般应掌握在软化时或软化前离火出锅。在生产上可通常实验对每一加工产品制定出最佳出锅时间。

（五）卤制与酱制

卤肉和酱肉调味香料大致相同，制法也基本一致，从原料选择、品种类别、制作过程和成品风味等方面均略有差异。如卤制品有红卤与白卤之分，成品种类多样化，而酱只是一种类型，品种相对单调；卤制品选料适应性强，选择面宽，而酱制品选料则主要集中在畜禽肉类上；卤制菜肴需用“老卤”，卤制时添加适量调料，卤制后还需剩下部分卤汁，作为“老卤”备用，而酱则不同，它可用老卤酱制，也可现做现酱，酱制时把卤汁收浓或收干，不余卤汁；卤菜成品由于长时间在卤汁内加热，故内外熟透，口味一致，而酱菜成品除了使原料成熟入味以外，更注重原料外表的口味，特别是将卤汁收浓，黏附在原料表面，故口感外表更浓重一些。

第二节　卤禽肉加工技术

一、河南道口烧鸡

道口烧鸡产于河南滑县道口镇，是驰名中外的佳肴，为我国“四大烧鸡”之首。道口镇位于河南省北部卫水之滨，素有“烧鸡之乡”的美誉。其中又以“义兴张烧鸡店”最为出名。据《滑县志》记载，“义兴张”烧鸡创始于清顺治十八年（公元1661年），距今已有300多年。

1. 原料配方（按100kg鸡为原料计）

食盐2～3kg，砂仁15g，陈皮30g，白芷90g，丁香3g，豆蔻15g，肉桂90g，草果30g，良姜90g，硝酸钾15～18g。

2. 工艺流程

原料选择→宰杀→浸烫和煺毛→开膛和造型→上色和油炸→煮制→成品。

3. 操作要点

(1) 原料选择　选择鸡龄在半年到2年以内，活重在1～1.3kg之间的嫩鸡或肥母鸡，尤以柴鸡为佳，鸡的体格要求胸腹长宽、两腿肥壮、健康无病。原料鸡的选择影响成品的色、形、味和出品率。

(2) 宰杀　宰杀前禁食18h，禁食期间供给充足的清洁饮水，之后将要宰杀的活鸡抓牢，采用三管（血管、气管、食管）切断法，放血洗净，刀口要小。宰后2～3min趁鸡温尚未下降时，即可转入下道工序。放置的时间太长或太短均不易煺毛。

(3) 浸烫和煺毛　当年鸡的煺毛浸烫水温可以保持在58℃，鸡龄超过一年的浸烫水温应适当提高在60～63℃之间，浸烫时间为2min左右。煺毛采用搓推法，背部的毛用倒茬方法煺去，腿部的毛可以顺茬煺去，这样不仅效率高，而且不伤鸡皮，确保鸡体完整。煺毛顺序从两侧大腿开始→右侧背→腹部→右翅→左侧背→左翅→头颈部。在清水中洗净细毛，搓掉皮肤上的表皮，使鸡胴体洁白。

(4) 开膛和造型　用清水将鸡体洗净，并从踝关节处切去鸡爪。在鸡颈根部切一小口，用手指取出嗉囊和三管并切断，之后在鸡腹部肛门下方横向作一个7～9cm切口（不可太深太长，严防伤及内脏和肠管，以免影响造型），从切口处掏出全部内脏（心、肝和肾脏可保留），旋割去肛门，并切除脂尾腺，去除鸡喙和舌衣，然后用清水多次冲洗腹内的残血和污物，直至鸡体内外干净洁白为止。

造型是道口烧鸡一大特色，又叫撑鸡，将洗好的鸡体放在案子上，腹部朝上，头向外而尾对操作者，左手握住鸡身，右手用刀从取内脏之刀口处，将肋骨从中间割断，并用手按折。根据鸡的大小，再用8～10cm长的高粱秆或竹棍撑入鸡腹腔，高粱秆下端顶着肾窝，上端顶着胸骨，撑开鸡体。然后在鸡的下腹尖部开一月牙形小切口，按裂腿与鸡身连接处的薄肉，把两只腿交叉插入洞内，两翅从背后交叉插入口腔，造型使鸡体成为两头尖的元宝形。现在也有不用高粱秆，不去爪，交叉盘入腹腔内造型。把造型完毕的白条鸡浸泡在清水中1～2h，使鸡体发白后取出沥干水分。

(5) 上色和油炸　沥干水分的鸡体，用毛刷在体表均匀地涂上稀释的蜂蜜水溶液，水与蜂蜜之比为6∶4。用刷子涂糖液在鸡全身均匀刷三四次，每刷一次要等晾干后再刷第二次。稍许沥干，即可油炸上色。为确保油炸上色均匀，油炸时鸡体表面如有水滴，则需要用干布擦干。然后将鸡放入150～180℃的植物油中，翻炸约1min左右，待鸡体呈柿黄色时取出。油炸温度很重要，温度达不到时，鸡体上色不好。油炸时严禁破皮（为了防止油炸破皮，用肉鸡加工时，事先要腌制）。白条鸡油炸后，沥去油滴。

(6) 煮制　用纱布袋将各种香料装入后扎好口，放于锅底，这些香料具有去腥、提香、开胃、健脾、防腐等功效。然后将鸡体整齐码好，将体格大或较老的鸡放在下面，体格小或较嫩的鸡放在上面。码好鸡体后，上面用竹箅盖住，竹箅上放置石头压住，以防煮制时鸡体浮出水面，熟制不均匀。然后倒入老汤（若没有老汤，除食盐外第一次所有配料加倍），并加等量清水，液面高于鸡体表层2～5cm左右。煮制时恰当地掌握火候和煮制时间十分重要。一般先用旺火将水烧开，在水开处放入硝酸钾，然后改用文火将鸡焖煮至熟。焖煮时间视季节、鸡龄、体重等因素而定。一般为当年鸡焖煮1.5～2h，1年以上的鸡焖煮2～4h，老鸡需要焖煮4～5h即可出锅。

出锅时，要一只手用竹筷从腹腔开口处插入，托住高粱秆或脊骨，另一只手用锅铲托住胸脯，把鸡捞出。捞出后鸡体不得重叠放置，应在室内摆开冷却，严防烧鸡变质。应注意卫生，并保持造型的美观与完整，不得使鸡体破碎。然后在鸡汤中加入适量食盐煮沸，放在容器中即为老汤，待再煮鸡时使用。老汤越老越好，有“要想烧鸡香，八味加老汤”的谚语。道口烧鸡夏季在室温下可存放3d不腐，春秋季节可保质5～10d，冬季则可保质10～20d。

二、安徽符离集烧鸡

符离集位于安徽淮北宿县地区，这里的人喜欢吃一种烧熟后涂上红曲的“红鸡”，因此又名“红曲鸡”。1910年一位管姓商人带来德州“五香脱骨扒鸡”的制法，两鸡融合，创出了一种别具风味的烧鸡——符离集烧鸡。最盛时期，符离集制作烧鸡的店铺多达百余家，以管、魏、韩三家最为出名。

1. 原料配方（按100kg重的原料光鸡计）

食盐4.5kg，肉蔻0.05kg，八角0.3kg，白糖1kg，白芷0.08kg，山柰0.07kg，良姜0.07kg，花椒0.01kg，陈皮0.02kg，小茴香0.05kg，桂皮0.02kg，丁香0.02kg，砂仁0.02kg，辛夷0.02kg，硝酸钠0.02kg，姜0.8～1kg，草果0.05kg，葱0.8～1kg。

注：上述香料用纱布袋装好并扎好口备用。此外，配方中各香辛料应随季节变化及老汤多少加以适当调整，一般夏季比冬季减少30%。

2. 工艺流程

原料选择→宰杀→浸烫和煺毛→开膛和造型→上色和油炸→煮制→成品。

3. 操作要点

(1) 原料选择 宜选择当年新（仔）鸡，每只活重1～1.5kg，并且健康无病。

(2) 宰杀 宰杀前禁食12～24h，其间供应饮水。颈下切断三管，刀口要小。宰后约2～3min即可转入下道工序。

(3) 浸烫和煺毛 在60～63℃水中浸烫2min左右进行煺毛，煺毛顺序从两侧大腿开始→右侧背→腹部→右翅→左侧背→左翅→头颈部。在清水中洗净，搓掉表皮，使鸡胴体洁白。

(4) 开膛和造型 将清水泡后的白条鸡取出，使鸡体倒置，将鸡腹肚皮绷紧，用刀贴着龙骨向下切开小口，以能插进两手指为宜。用手指将全部内脏取出后，清水洗净。

用刀背将大腿骨打断（不能破皮），然后将两腿交叉，使跗关节套叠插入腹内，把右翅从颈部刀口穿入，从嘴里拔出向右扭，鸡头压在右翅两侧，右小翅压在大翅上，左翅也向里扭，用与右翅一样方法，并呈一直线，使鸡体呈十字形，形成“口衔羽翎，卧含双翅”的造型。造型后，用清水反复清洗，然后穿杆将水控净。

(5) 上色和油炸 沥干的鸡体，用饴糖水均匀涂抹全身，饴糖与水的比例通常为1∶2，稍许沥干。然后将鸡放至加热到150～200℃的植物油中，翻炸1min左右，使鸡呈红色或黄中带红色时取出。油炸时间和温度至关重要，温度达不到时，鸡体上色不好。油炸时必须严禁弄破鸡皮。

(6) 煮制 将各种配料连袋装于锅底，然后将鸡坯整齐地码好，将体格大或较老的鸡放在下面，体格小或较嫩的鸡放在上面。倒入老汤，并加适量清水，使液面高出鸡体，上面用竹箅和石头压盖，以防加热时鸡体浮出液面。先用旺火将汤烧开，煮时放盐，后放硝酸钠，以使鸡色鲜艳，表里一致。然后用文火徐徐焖煮至熟。当年仔鸡约煮1～1.5h，隔年以上老鸡约煮5～6h。若批量生产，鸡的老嫩要一致，以便于掌握火候，煮时火候对烧鸡的香味、鲜味都有影响。出锅捞鸡要小心，一定要确保造型完好，不散、不破，注意卫生。煮鸡的卤汁可妥善保存，以后再用，老卤越用越香。香料袋在鸡煮后捞出，可使用2～3次。

三、山东德州扒鸡

德州扒鸡是由烧鸡演变而成。据传，早在元末明初，德州成了京都通达九省的御路，经济繁荣，码头集市便有了叫卖烧鸡的人。到清乾隆年间，德州即以制作烧鸡闻名。这种扒鸡的特点是：造型优美，整鸡呈伏卧衔羽状，栩栩如生；色泽艳丽，成品金黄透红，晶莹华贵；香气醇厚，成品香味浓郁，经久不失；口味适众，口感咸淡适中，香而不腻；熟烂脱骨，正品不失原形，趁热抖动，骨肉分离。扒鸡一年四季均可加工，但以中秋节后加工质量最佳。

（一）方法一

1. 原料配方（按 100 只鸡重约 100kg 计）

食盐 3.5kg，酱油 4kg，葱 500g，花椒 100g，砂仁 100g，小茴香 100g，八角 100g，桂皮 125g，肉蔻 50g，丁香 25g，白芷 120g，草果 50g，山柰 75g，生姜 250g，陈皮 50g，草蔻 50g。

2. 工艺流程

原料选择→宰杀和造型→上色和油炸→煮制→成品。

3. 操作要点

（1）原料选择　以中秋节后的当年新鸡为最好，每只活重 1～1.5kg，并且健康无病。

（2）宰杀和造型　颈部三管切断法宰杀放血，放血干净后，于 60℃左右水中浸烫煺毛，腹下开膛，除净内脏，以清水洗净后，将两腿交叉盘至肛门内，将双翅向前经由颈部刀口处伸进，在喙内交叉盘出，形成“口含羽翎，卧含双翅”的状态，造型优美。然后晾干，即可上色和油炸。

（3）上色和油炸　把做好造型的鸡用毛刷涂抹饴糖水于鸡体上，晾干后，再放至 150℃油内炸 1～2min，当鸡坯呈金黄透红为止。防止炸的时间过长，变成黄褐色，影响产品质量。

（4）煮制　将配制的香辛料用纱布袋装好并扎好口，放入锅内，将炸好的鸡沥干油，按顺序放入锅内排好，将老汤和新汤（清水 30kg，放入去掉内脏的老母鸡 6 只，煮 10h 后，捞出鸡骨架，将汤过滤便成）对半放入锅内，汤加至淹没鸡身为止，上面用铁箅子或石块压住以防止汤沸时鸡身翻滚。先用旺火煮沸 1～2h（一般新鸡 1h，老鸡约 2h)，改用微火焖煮，新鸡 6～8h，老鸡 8～10h 即熟，煮时姜切片、葱切段塞入鸡腹腔内，焖煮之后，加水把汤煮沸，揭开锅将铁箅、石头去除，利用汤的沸腾和浮力左手用钩子钩着鸡头，右手用漏勺端鸡尾，把扒鸡轻轻提出。捞鸡时一定要动作轻捷而稳妥，以保持鸡体完整。然后，用细毛刷清理鸡身上的料渣，晾一会即为成品。

烹制时油炸不要过老。加调味料入锅焖烧时，旺火烧沸后，即用微火焖酥，这样可使鸡更加入味，忌用旺火急煮。煮过鸡的汤即为老汤。

（二）*方法二*

1. 原料配方（按 100 只鸡重约 100kg 计）

鸡 100 只，白糖 1.5kg，食盐 1.5kg，黄酒 1.5kg，酱油 1kg，香油 1kg，丁香 150g，花椒 50g，大料 50g，桂皮 50g，茴香 500g，肉豆蔻 500g，砂仁 500g，葱 250g，姜 250g。

2. 工艺流程

选料及处理→油炸→煮制→成品。

3. 操作要点

(1) 选料及处理　选用当年新鸡，在颈部宰杀，放血，经过浸烫脱毛，腹下开膛，除净内脏，清水洗净后，将两腿交叉盘至肛门内，将双翅向前由颈部刀口处伸进，在喙内交叉盘出，形成卧体含双翅的状态，造型优美。

(2) 油炸　把作好型的鸡，用毛刷涂抹以白色炒料做成的糖色，再放到油温为 180℃的锅中炸 1～2min，以鸡全身为金黄透红为宜，要防止炸的时间过长，以免变成黄黑色而影响产品质量。

(3) 煮制　将配料装入纱布做的小口袋内放入锅内，将炸好的鸡按顺序摆放在锅中，然后加汤水，上面用铁箅子压住，先用大火煮沸 1～2h，然后改为文火煮 3～5h，小心取出，以防碰破鸡身。

（三）方法三

1. 原料配方（按每锅200只鸡重约150kg计算）

食盐3.5kg，酱油4kg，大茴香100g，桂皮125g，肉蔻50g，草蔻50g，丁香25g，白芷125g，山柰75g，草果50g，陈皮50g，小茴香100g，砂仁10g，花椒100g，生姜250g，口蘑600g。

2. 工艺流程

宰杀煺毛→造型→上糖色→油炸→煮制→出锅→成品。

3. 操作要点

（1）宰杀煺毛　选用1kg左右的当地小公鸡或未下蛋的母鸡，颈部宰杀放血，用70～80℃热水冲烫后去净羽毛。剥去脚爪上的老皮，在鸡腹下近肛门处横开3.3cm的刀口，取出内脏、食管，割去肛门，用清水冲洗干净。

（2）造型　将光鸡放在冷水中浸泡，捞出后在工作台上整形，鸡的左翅自脖子下刀口插入，使翅尖由嘴内侧伸出，别在鸡背上，鸡的右翅也别在鸡背上。再把两大腿骨用刀背轻轻砸断并起交叉，将两爪塞入鸡腹内，形似鸳鸯戏水的造型。造型后晾干水分。

（3）上糖色　将白糖炒成糖色，加水调好（或用蜂蜜加水调制），在造好型的鸡体上涂抹均匀。

（4）油炸　锅内放花生油，在中火上烧至八成热时，上色后鸡体放在热油锅中，油炸1～2min，炸至鸡体呈金黄色、微光发亮即可。

（5）煮制　炸好的鸡体捞出，沥油，放在煮锅内层层摆好，锅内放清水（以没过鸡为度），加药料包（用洁布包扎好）、拍松的生姜、精盐、口蘑、酱油，用箅子将鸡压住，防止鸡体在汤内浮动。先用旺火煮沸，小鸡1h，老鸡1.5～2h后，改用微火焖煮，保持锅内温度90～92℃微沸状态。煮鸡时间要根据不同季节和鸡的老嫩而定，一般小鸡焖煮6～8h，老鸡焖煮8～10h，即为熟好。煮鸡的原汤可留作下次煮鸡时继续使用，鸡肉香味更加醇厚。

（6）出锅　出锅时，先加热煮沸，取下石块和铁箅子，一手持铁钩钩住鸡脖处，另一手拿笊篱，借助汤汁的浮力顺势将鸡捞出，力求保持鸡体完整。再用细毛刷清理鸡体，晾一会儿，即为成品。

四、河北清真卤煮鸡

河北保定市马家老鸡铺的清真卤煮鸡，始于清嘉庆年间，后经马耀辉、马金波、马学勤等几代人的努力，成为独具风味的保定清真卤煮鸡。其色艳形美，肉嫩骨酥，软而不烂，味道醇香，闻名遐迩，脍炙人口，为地方名优特产之一。

1. 原料配方（按100只白条鸡计）

食盐3kg，陈年老酱2kg，大葱1kg，白芷0.15kg，五香粉0.1kg，八角0.15kg，鲜姜0.3kg，花椒0.1kg，大蒜0.3kg，小茴香0.1kg，桂皮0.2kg。

注：五香粉（内有细砂仁、豆蔻、肉桂各11g，山柰45g，丁香22g，一起研末，装袋下锅）；陈年老酱须经三年晾晒、发酵。

2. 工艺流程

原料选择→宰杀→造型→煮制→成品。

3. 操作要点

（1）原料选择　活鸡主要来自保定周围各县农村的柴鸡。选购标准是：鸡体丰满，个大膘肥的健康活鸡。

（2）宰杀　活鸡宰杀后，立即入60～63℃的热水中浸烫、煺毛，不易煺净的绒毛，则用镊子夹取拔净。在去毛洗净的鸡腹部用刀开一小口，取出内脏，冲洗干净，沥干水分。

（3）造型　然后用木棍将鸡脯拍平，将一只翅膀插入口腔，使头颈弯回，另一只翅膀扭向后方，两腿摘胯，把两爪塞进体腔内，使鸡体呈琵琶形，丰满美观。

（4）卤煮　在鸡下锅以前，将老汤烧沸，兑入适量清水。然后按鸡龄大小，分层下锅排好，要求老鸡在下，仔鸡在上。最下面贴锅底那层鸡，鸡的胸脯朝上放，而最上面一层鸡，则要求鸡胸脯朝下放，以免煮时脱肉。

鸡下锅后，按比例放入调料，旺火烧沸，撇去浮沫，用箅子把鸡压好，放入陈年老酱。再改小火慢慢焖煮，其间要转锅以使火候均匀，煮至软烂而不散即可。如果颜色尚浅，需再加老酱。煮鸡时间依鸡的大小、鸡龄而定。仔鸡约煮1h。10个月以上鸡煮1.5h，隔年鸡煮2h以上。一般多1年鸡龄增加1h，对多年老鸡须先用白汤煮，半熟后再放调料、兑老汤卤煮。用专门工具捞出煮熟的鸡，熟鸡出锅后，趁热用手沾着鸡汤轻压鸡胸，使之平整而丰满。整理晾凉后即为成品，可包装出售。

卤煮后的鸡汤为老汤，可留作下次用。下次使用时可再加料、添水。每次使用后都要进行清汤（过滤、除去残渣）。如在夏季，隔天不用，要加热煮沸，以防变质。卤煮鸡的主要调味料——陈年老酱，以河北保定所产为上品。

五、沟帮子熏鸡

沟帮子熏鸡是辽宁北镇县（现北宁市）沟帮一带传统名产，以其历史悠久，制作独特，味道鲜美而驰名。沟帮子熏鸡始创于清光绪二十五年（公元1899年）。当年安徽熏鸡商户刘世忠，在东北沟帮子制作熏鸡。经过研究，他在煮鸡的老汤中添加了具有开胃健脾、帮助消化的肉桂、白芷、陈皮、砂仁等十几味中草药，开发出了独具特色的沟帮子熏鸡。传统沟帮子熏鸡制作过程精细，有十六道工序，包括选活鸡、检疫、宰杀、整形、煮沸、熏烤等。在煮沸配料上更是非常讲究，除采用老原汤加添二十多种调料外，还坚持使用传统的白糖熏烤，同时必须做到三准：一是投盐要准，咸淡适宜；二是火候要准，人不离锅；三是投料要准，保持鲜香。

1. 原料配方（按400只鸡计）

食盐10kg，香油1kg，白糖2kg，砂仁50g，鲜姜250g，肉蔻50g，花椒150g，丁香150g，豆蔻50g，肉桂150g，山柰50g，八角150g，香辣粉50g，草果100g，胡椒粉50g，桂皮150g，五香粉50g，白芷150g，陈皮150g，味精200g。

注：老汤适量。如无老汤，除了食盐外各种调料用量加倍。

2. 工艺流程

选料→宰杀→整形→烧煮→熏制→成品。

3. 操作要点

（1）选料、宰杀、整形　选用当年健康公鸡，用三管切断法宰杀放血，热水浸烫煺毛，并用酒精灯烧去小毛；腹下开膛取出内脏，用清水浸泡1～2h，待鸡体发白后取出，用棍打鸡腿，用剪刀将膛内胸骨两侧软骨剪断；然后把鸡腿盘入腹腔，把头压在左翅下。盘鸡整形方法大致和烧鸡相同。

(2) 烧煮　把鸡按顺序摆好放入锅内。用另一锅把老汤烧开，放入配料浸泡1h；然后过滤，将滤液倒入放鸡的锅中，汤水以浸没鸡体为度。用火烧煮。火力要适当，火小肉不酥，火大皮易裂，鸡体易走形。一般嫩鸡1h可煮好，老鸡需煮2h左右。半熟时加盐，用盐量应根据季节和当地消费者的口味定，煮至肉烂而连丝时搭钩出锅。

(3) 熏制　出锅后趁热熏制。将煮好的鸡体先刷一层香油，并趁热涂以白糖液，再放入带有网帘的锅内，待锅烧至微红时，投入白糖，将锅盖严2min后，将鸡翻动再盖严，等2～3min后，鸡皮呈红黄色即成熏鸡。

六、河北大城家常卤鸡

1. 原料配方（按100只鸡计）

食盐4kg，花椒0.1kg，酱油3kg，香油适量，八角0.1kg，白糖2kg，鲜姜1kg，桂皮0.1kg。

2. 工艺流程

宰杀煺毛→整形→煮制→成品。

3. 操作要点

(1) 宰杀煺毛　左手紧握活鸡双翅，小拇指钩住鸡的右腿。拇指和食指捏住鸡的双眼，以便宰杀，放净血后，投入60℃左右热水中烫毛，用木棍不停翻动。约烫半分钟，将鸡捞出，放进冷水里，趁温迅速拔毛（应顺着羽毛生长的方向拔，不可逆拔，以免拔破皮肉）。将除净毛的鸡放在案板上，用刀在鸡的右侧颈根处割一小口，取出嗉囊，在鸡腹部靠近肛门处横割一小口（除掉肛门），伸进两指掏出内脏，避免抠碎鸡肝及苦胆。将掏净内脏的鸡，放进清水中刷洗干净，重点清洗腹内、嗉囊、肛门等处。

(2) 整形　将洗干净的鸡只放在案板上，横向剪去鸡胸骨的尖端，然后，从剪断处将剪刀插进鸡胸腔内，剪断鸡的胸骨，用力一压，将鸡胸脯压扁平。把鸡的右翅，从脖子刀口处插入，经过口腔，从嘴里穿出来，双翅都别在背后，用刀背砸断鸡的大腿，将鸡爪塞进腹腔里，两腿骨节交叉。腹内的鸡爪把胸脯撑起，使鸡体肥大，肌肉丰满，形态美观。

（3）煮制　将整好型的鸡放进烧开的卤汤里，同时加入食盐、酱油、白糖、鲜姜、花椒、八角、桂皮等佐料。从锅再次沸腾时计算时间，煮 3h 捞出来（用手按鸡大腿肉，感觉松软则透熟，坚硬则再煮一会儿）。将煮熟的鸡捞出，用小毛刷蘸香油抹匀鸡身，涂过油后即为成品。

七、广州卤鸭

1. 原料配方（按 100 只鸭计）

酱油 4kg，食盐 2kg，白糖 2kg，八角 0.5kg，草果 0.5kg，陈皮 0.5kg，甘草 0.5kg，花椒 0.5kg，桂皮 0.5kg，丁香 0.1kg。

2. 工艺流程

宰杀煺毛→去内脏→煮制→成品。

3. 操作要点

（1）宰杀煺毛　把活鸭宰杀放血后，放进 64℃左右的热水里均匀烫毛。烫半分钟左右，用手试拔，如能轻轻拔下毛来，说明已经烫好，随即捞出，投入凉水里趁温迅速拔毛。

（2）去内脏　将白条鸭放在案板上，用刀在右翅底下剖开 1 个口，取出内脏和嗉囊，用清水洗刷，重点洗肛门、体腔、嗉囊等处。然后将鸭双腿弯曲上背部，悬挂晾干。

（3）煮制　将铁锅洗净烧热，注油，油沸时将整理好的净膛鸭放入，并用锅铲翻移鸭身，将鸭全身炸至黄色，然后放进烧开的汤锅里（以能浸过鸭身为标准），同时加入食盐、陈皮、甘草、花椒、八角、桂皮、草果、白糖、酱油、丁香等佐料，煮 10min 捞出，倒尽腹内汤水，再放入汤锅里煮。反复数次，约 30min 后各调料已出味，直至鸭大腿肉变得松软时即熟。

八、风味鹅杂

1. 原料配方（按100只鹅计）

水60kg，白糖1kg，食盐2kg，酱油0.5kg，八角0.1kg，草果0.05kg，陈皮0.1kg，甘草0.1kg，花椒0.01kg，桂皮0.2kg，丁香0.005kg。

2. 工艺流程

原料处理→卤制→调味、杀菌→成品。

3. 操作要点

（1）原料处理　加工用的“鹅杂”原料主要有肫、肝、心、肠、爪等，将各种鹅原料进行解冻后逐一清洗处理。

① 将心、肝、爪于清水中浸泡，去除残血后清洗干净即可。

② 肫在解冻后用刀从中间剖开去除肫内的食物，剥去内层的硬皮，用盐或碱清洗干净。

③ 肠在解冻后加入适当的盐或碱清洗干净以去除异味，然后将洗净的肠缠绕打结。

（2）卤制　按配方将卤汁称量好。卤制时将配料中的各种香辛料用布袋包好，与其他配料一同放入锅中熬制成卤料，再将处理后的各种原料加入到锅中卤煮30～40min。

（3）调味、杀菌　根据各地区风味的特点进行调味。一般味料为盐1%、料酒10%、酱油12%、精炼油4%、辣椒粉1.5%、味精0.15%。将调味料与卤、煮好的“鹅杂”混合均匀，再将其将按一定重量装入复合包装袋中，进行真空包装后，于高压杀菌釜中高压杀菌。杀菌条件为：15min—30min—15min/121℃，产品冷却后检验合格即为成品。

九、潮汕卤水鹅

卤鹅是潮汕地区著名食品。随着经济发达交通便利，全国各大城市，只要有潮汕菜，必定有卤鹅，它的口味，制作方法已经广泛地受到东南西北各地区人们的接受。作为一道菜肴，它和其他菜肴一样，离不开选料、制作工艺的考究。

位于潮汕地区的外砂镇和坝头镇特有的风土、水质养育出扬名海内外的潮汕特产“狮头鹅”，它体型比任何鹅种都大，每只重约7kg左右，大的鹅能达到10kg。每到农历2月份至6月份为盛产期。以青草、米饭、饲料喂养，其头部的肉瘤及内垂发达。头大，形状像寿星头，鼻大、颈粗、脚掌大、毛草呈黑灰色等独特形态，外观似狮头。它的全称为“澄海寿星狮头鹅”，配上潮汕传统卤味烹调方法，品尝起来，回味无穷。其主要特点：骨松、肉香嫩。骨髓香滑，是其他鹅种无法媲美的。

1. 原料配方（按10只鹅计）

川椒0.1kg，八角0.15kg，桂皮0.1kg，丁香0.05kg，红曲米0.05kg，甘草0.05kg，肥油0.5kg，清水12.5kg，酱油1.5kg，鱼露0.5kg，冰糖0.15kg，食盐0.5kg，姜0.25kg，猪油0.25kg，青蒜0.25kg，芫荽0.25kg，绍酒0.25kg，五香盐0.1kg。

2. 工艺流程

杀鹅→卤水→卤鹅→斩鹅→淋卤、佐料→成品。

3. 操作要点

（1）杀鹅　先用小绳捆脚，吊起，用手执紧颈后皮毛。使喉头凸起向刀口处，然后下刀宰杀。把血水放清后，放进预先调好温度的热水中烫水拔毛，热水的温度约70℃左右。再从头向背、翅、腹尾顺序拔毛后，开肚，取出内脏，取出肺洗净腔内血污。

（2）卤水　将香辛料装入“药袋”；肥肉切片，炸出猪油后弃渣。取大不锈钢锅，倒入清水12.5kg，老抽，生抽，鱼露，冰糖，精盐，用旺火烧开后，放入猪油，南姜，青蒜，炸蒜头，芫荽和绍酒，“药袋”煮开20min，便成卤水。卤水存放时间愈长愈香。其保存方法：每天早、晚要烧沸1次，“药袋”一般15天换1次，每天还要根据用量的损耗，适当按比例加入生抽、鱼露、老抽、盐、糖、酒，每天卤制后，需将南姜、蒜头、青蒜、芫荽捞起，清除泡沫杂质。不能有水混入防止变质。卤水上面的鹅油要保留用。

（3）卤鹅　用五香盐抹匀鹅身内外，并用竹筷一段横撑在腹腔内，腌制10min，待卤水烧开，放入光鹅烧沸后，改用中火。在卤制过程要将卤鹅吊起，离汤后，再放下。反复三次。卤制时间要看光鹅的老、嫩程度而定，大约煮1.5h左右。并注意把鹅身翻转数次，使其入味。然后捞起，吊挂起来，待凉。

（4）斩鹅　先将鹅颈连头斩起，鹅头对开斩成6块，鹅颈斩成每段约5cm长，再斩成4瓣。取下鹅翅、鹅脚（即鹅掌），鹅翅斩成5cm长段，在骨与骨之间切成二段。鹅掌从爪缝隙间用刀连筒骨斩成两瓣，筒骨与爪之间再斩断。斩鹅身，腹朝上从腹肚下刀，斩成两瓣去胸骨、脊骨，按横纹斩件。腿肉去两大骨，按直纹斩件。

（5）淋卤、佐料　将卤水表面鹅油捞起，放入锅中加热去水分，盛起。取清水加入卤汤（因卤汤偏咸），放入蒜头粒、芫荽、红辣椒、南姜片煮5min，捞去各料，过滤后，加入鹅油、麻油，即成淋卤。鹅肉摆砌后，淋在鹅肉上面，也可用小碗盛装配上。芫荽拌边。蒜头剁成泥，加入白醋，红辣椒末及少许白糖，即成佐料，俗称“蒜泥醋”。

4. 注意事项

（1）勿选用老鹅，否则肉质老硬。

（2）鹅及内脏一定要焯水，否则在煮制时内部的血汁溢出，混入卤水中，使味道变差，而且卤水容易变馊、发酵、起泡。

（3）不宜大火卤制，大火易使水分大量蒸发、卤汁快速减少而变咸、变黑。

（4）卤好后，应让鹅、鹅掌、鹅内脏在卤水中浸泡一段时间，使其内部入味。

（5）不宜用铁锅、铜锅、铝锅卤制，铁锅易使卤菜发黑，而铜锅、铝锅易使微量的铜、铝元素溶于卤水中。

十、潮州卤鹅

1. 原料配方

潮州鹅1只（大约3.5kg），白醋0.25kg，大蒜瓣0.15kg，川椒0.25kg，甘草0.25kg，八角0.25kg，丁香0.25kg，草果0.25kg，桂皮0.25kg，陈皮0.25kg，红辣椒0.2kg，蒜头0.2kg，生姜0.15kg，芫荽0.05kg，酱油0.75kg，味精0.25kg，精盐0.25kg，鹅油0.12kg，玫瑰露酒0.12kg，冰糖0.25kg，水15kg。

2. 工艺流程

原料整理→制卤→卤煮→淋卤→成品。

3. 操作要点

(1) 原料整理　鹅宰杀后去净毛、掏出内脏，用开水清洗干净。

(2) 制卤　将装15kg水的陶罐上火，按配方用纱布袋包起川椒、甘草、八角、丁香、苹果、桂皮、陈皮、红辣椒、蒜头、生姜、芫荽，再加入酱油、味精、冰糖、精盐、鹅油、玫瑰露酒，用大火烧开后转中火烧1～1.5h。

(3) 卤煮　将洗净的鹅放入陶罐中，用慢火卤煮1h左右。卤煮时翻动1次，使整鹅在卤煮时受热均匀，色泽均匀。

(4) 淋卤　鹅熟后捞出，按包装大小切块，上卤水即成。

十一、卤水鹅片

1. 原料配方

南姜50g，蒜仁75g，沙姜75g，花椒10g，八角25g，丁香10g，草果25g，甘草25g，桂皮25g，香菇50g，香葱100g，芫荽50g，生姜100g，玫瑰露酒1瓶，猪肥肉250g，鱼露2瓶，生抽3瓶，片糖250g，老抽1瓶，花生油150g，味精25g，盐适量，猪骨汤500g。

2. 工艺流程

选料→制卤→卤煮→装盘→成品。

3. 操作要点

(1) 选料　选用广东狮头鹅2.5kg，砍下脚和翅膀的中段，洗净。

(2) 制卤　按配方制法卤水，将草果拍裂，生姜、猪肥肉切成大片；锅置火上倒花生油烧热，将猪肥肉片炸至出油，下香葱、蒜仁、生姜、芫荽炸香，加入南姜、沙姜、花椒、八角、丁香、草果、甘草、桂皮、香菇炸香，出锅装入白纱布袋内，即为香料包；将骨汤放入不锈钢桶内烧开，加片糖、生抽、老抽、鱼露、味精、盐调匀，另入香料包，小火煮0.5h，加入玫瑰露酒，即为卤水。

待卤桶里的卤水烧滚后放入鹅，用中火煮 20min，倒入玫瑰露酒，取出鹅，在其腿上、肩部用粗钢针插几下（这样可以把血水放掉）。

（3）卤煮　将鹅再放入卤桶中，待烧至 40min 时，盖上卤桶盖，改用小火烧 20min 后即可把鹅取出。

（4）装盘　取鹅的胸脯段，用斜刀面 45 度切薄片（要保持每一片的大小都一样）。白醋、蒜茸、红椒粒、糖拌匀，作为调料蘸食。

十二、五香卤鹅

1. 原料配方

鹅肉 1000g，茴香 4g，花椒 1g，陈皮 1g，桂皮 6g，丁香 2g，辣椒 2g，食盐 15g。

2. 工艺流程

鹅→解冻→预处理→清洗→预煮→冷却→斩块→第一次调味→第二次调味→冷却→包装→抽空密封→杀菌→冷却→预贮观察→检验→成品。

3. 操作要点

（1）解冻　将冻鹅摆放在垫架上，在 8～10℃下鼓风解冻，或置于容器中以流动水解冻 20～24h，至肌肉深处温度不低于 1℃，在此应注意勿将表皮弄破。

（2）预处理　将解冻后的光鹅仔细拔净羽毛及血管毛，去头，留颈长度 5～10cm，弃去脚爪，翅尖，割去肛门，然后自腹腔洗至无血污杂质为止。

（3）预煮　在钢锅中进行，先注入 1/2 清水，置入香辛料包（香辛料包以 1kg 鹅肉计），按配方加入姜片 10g、茴香 4g、花椒 1g、陈皮 1g、桂皮 6g、丁香 2g、辣椒 2g，再加入鹅胴体重量 1.5%食盐。升温，沸腾片刻后逐只放入鹅胴体，背部向上，颈基部前置。为了使鹅预煮受热均匀，在预煮时应将鹅全部浸在水中。受热后蛋白质逐渐凝固，液面不断泛出的浮沫应及时撇去，以保持预煮后鹅胴体洁白。预煮应以旺火为主加速煮熟，待到液面转清时，用钩捞出鹅胴体，并试戳胸肌，腿肌是否在戳孔处有血样流体流出，如无此现象即可起锅。起锅后酮体应在清洁的操作台上摊凉，使胸腹向上整齐排列，以利散热。

(4) 斩块　先将鹅对半劈开，再斩成6～8cm的方块，块形要斩得整齐，大小均匀。斩好的鹅块需复查一次，除去残留的杂质及碎骨等。头颈切断长度不得超过5cm。

(5) 第一次调味　在预煮清汤的基础上加入食盐30g，白糖60g，酱油40g，旺火煮开后改为文火缓沸，80～100min后汤汁减少1/4时添加黄酒50g，加热至沸腾时将鹅肉块投入调味液中。当液面大水泡翻动10min后改用文火。利于鹅肉煮熟，又利于香料、辅料的渗透。数分钟后检查翅膀的表皮是否出现裂隙，若出现此现象，可将鹅肉逐一从汤面中捞出，以单层放入大瓷盆内摊凉，并与后续部分区分开来。

(6) 第二次调味　一般说此时汤汁的咸味已够，为更具风味只需在原汤中加入少量的白糖与黄酒即可，冷却后的鹅肉继续在同样的汤温中得到调味。不久鹅肉的色泽变得红润透亮，香味浓郁，达到再次调味的目的。加入3g味精稍后像上述一样的起锅与摊凉，冷却至肌肉深处温度不高于80℃。

(7) 包装　用竹筷将鹅肉块小心地放入袋中，每袋装(100±5)g，允许另加头颈和翅各一块。装袋时要求各部位搭配均匀，表皮向外平铺装入。装袋时应注意要将袋口与鹅体隔开，以免造成袋口汤汁污染，而在封袋时降低密封强度。

(8) 抽空密封　将装好鹅肉的袋在96kPa真空度下封口，时间为10s。

(9) 杀菌　真空封合后静止0.5h即可放入高压杀菌锅，在121℃，分别维持在15～35min之间进行杀菌，观察不同时间对包装材料及制品的影响。

(10) 冷却　取出杀菌后的袋在通风处晾干，冷却至40℃以下。

(11) 预贮观察　把部分袋放入(37±1)℃的恒温箱中保温10d左右，观察包装袋变化及制品的风味变化。

十三、香卤鹅膀

1. 原料配方

鹅翅膀 750g，蒜丁香 5g，大葱 15g，酱油 20g，盐 5g，植物油 75g，白砂糖 15g，香油 5g，花椒 3g，料酒 20g，卤汁 1000g。

2. 工艺流程

选料→焯水→油炸→卤煮→淋卤→成品。

3. 操作要点

(1) 选料　鹅翅膀用盐、黄酒、花椒、丁香 2/3 腌制一段时间。

(2) 焯水　腌后放入开水锅中，先焯水，捞出后放在清水盆中，拔去残余的毛，洗净。

(3) 油炸　炒锅放生油，烧至六成热，下鹅膀逐只炸制，待表面收缩，呈金黄色时，捞出沥油。

(4) 卤煮　炒锅留余油，葱段，姜片下锅略煸，放入酱油白糖，适量清水和老卤，丁香，旺火烧开，小火继续烧煮，待鹅膀全部上色入味，卤汁稠浓，淋香油，出锅冷却。

第三节　卤猪肉加工技术

一、北京卤肉

1. 原料配方

猪五花肉 10kg，酱油 900g，精盐 300g，白糖 200g，黄酒 200g，橘子皮 100g，五香面 50g，大葱 60g，鲜姜 30g，大蒜 30g，香油 20g，砂仁 7g，味精 2g。

2. 工艺流程

原料的选择和整理→白烧→红烧→成品。

3. 操作要点

(1) 原料的选择和整理　选用符合卫生检验要求的新鲜猪五花三层带皮肉，将肉清洗干净，再切成 13cm 见方的肉块。

(2) 白烧　将肉块放入沸水锅中，撇去油沫，煮 2h，捞出。

(3) 红烧　将煮好的肉块放入烧沸的卤锅中，再加酱油、黄酒、精盐、白糖、大葱、鲜姜、大蒜、五香面、砂仁、味精、橘子皮等，大火烧沸，立即改为微火焖煮，焖煮 1.5h，即好。出锅后，皮朝上放在盘中，抹上香油，即为成品。

二、北京南府苏造肉

“苏造肉”是清代宫廷中的传统菜品。传说创始人姓苏，故名。起初原在东华门摆摊售卖，后被召入升平署作厨，故又名南府苏造肉。

1. 原料配方（按猪腿肉 100kg 计）

猪内脏 100kg，醋 4kg，老卤 300kg，食盐 2kg，明矾 0.2kg，苏造肉专用汤 200kg。

2. 工艺流程

原料处理→煮制→卤制→成品。

3. 操作要点

(1) 原料处理　将猪肉洗净，切成 13cm 方块；将猪内脏分别用明矾、盐、醋揉擦并处理洁净。

(2) 煮制　将猪肉和猪内脏放入锅内，加足清水，先用大火烧开，再转小火煮到六七成熟（肺、肚要多煮些时间），捞出，倒出汤。

(3) 卤制　换入老卤，放入猪肉和内脏，上扣篾垫，篾垫上压重物，继续煮到全部上色，捞出腿肉，切成大片（内脏不切）。在另一锅内放上篾垫，篾垫上铺一层猪骨头，倒上苏造肉专用汤（要没过物料大半），用大火烧开后，即转小火，同时放入猪肉片和内脏继续煨，煨好后，不要离锅，随吃随取，切片盛盘即成。

(4) 老卤制法　以用水 10kg 为标准，加酱油 0.5kg、盐 150g、葱姜蒜各 15g、花椒 10g、八角 10g 烧沸滚，撇清浮沫，凉后倒入瓷罐贮存，不可动摇。每用 1 次后，可适当加些清水、酱油、盐煮沸后再用，即称老卤。

(5) 苏造肉专用汤制法　按冬季使用计，以用水 5kg 为标准，先将火烧开，加酱油 250g、盐 100g 再烧开，即用丁香 10g、肉桂 30g（春、夏、秋为 20g）、甘草 30g（春、夏、秋为 35g）、砂仁 5g、桂皮 4g（春、夏、秋为 40g）、肉果 5g、蔻仁 20g、广皮 30g（春、夏、秋为 10g）、肉桂 5g，用布包好扎紧，放入开水内煮出味即成。每使用一次后，要适当加入一些新汤和香辛料。

三、北京卤瘦肉

1. 原料配方（按 100kg 猪瘦肉计）

食盐 2.5kg，陈皮 0.8kg，酱油 3kg，八角 0.5kg，白糖 2.4kg，桂皮 0.5kg，甘草 0.8kg，丁香 0.1kg，花椒 0.5kg，草果 0.5kg。

2. 工艺流程

原料选择与处理→预煮→卤制→成品。

3. 操作要点

选用合格的无筋猪瘦肉，修整干净，将瘦肉切成长度为 24cm，厚度为 0.8cm，重量约在 250g 的块状。先用开水煮 20min，取出洗干净。将辅料放料袋内煮沸 1h 制成卤汤。然后将预煮过的肉放入卤汤内煮 40min，捞出晾凉后在外面擦香油即为成品。

四、北京卤猪耳

1. 原料配方（按 100kg 猪耳计）

食盐 2.25kg，白糖 1kg，白酒 1kg，花椒 0.15kg，八角 0.25kg，丁香 0.075kg，陈皮 0.05kg，桂皮 0.015kg，小茴香 0.075kg，红曲粉适量。

2. 工艺流程

原料选择与处理→预煮→卤制→成品。

3. 操作要点

（1）原料选择与处理　将猪耳去毛去血污，先放在水温 75～80℃的热水中烫毛，把毛刮去。刮不掉的用镊子拔一两次，剩下的绒毛用酒精喷灯喷火燎毛，再用刀修净，沥去水分。

（2）卤制　先将小茴香、桂皮、丁香、甘草、陈皮、花椒、八角等盛入布袋（可连续用3～4次）内，并与酱油、葱、姜、酱油、白糖、酒、食盐等一起放入锅内，再放入下水，加清水淹没原料。如用老卤代替清水，食盐只需加1.25kg。将不同品种分批下到卤汤锅中，用旺火煮烧至沸后改用小火使其保持微沸状态。煮至猪耳朵全部熟透，猪头肉能插入筷子，在出锅前15min加入味精，出锅即为成品。出锅后，按品种平放在熟肉案上，不能堆垛。下水出锅后即涂上麻油使之色泽光亮。

五、北京卤猪头

1. 原料配方（按100kg猪头计）

（1）腌制盐水配方　水100kg，花椒0.3kg，食盐15kg，硝酸钠0.1kg。

（2）卤汁配方　盐1kg，八角0.2kg，花椒0.2kg，生姜0.5kg，味精0.2kg，白酒0.5kg。

2. 工艺流程

原料处理→腌制→卤制→拆骨分段→装模→冷却定型。

3. 操作要点

（1）原料处理　拔净猪头余毛并挖净耳孔，割去淋巴，清洗后再用喷灯烧尽细毛、绒毛。然后将猪头对劈为两半，取出猪脑，挖去鼻内污物，用清水洗净。

（2）腌制　先将花椒装入料袋放入水内煮开后加入全部食盐，待食盐全部溶化并再次煮开后倒入腌制池（缸）中，待冷却至室温时加入硝酸钠，搅匀，即为腌制液。将处理好的猪头放入池中，并在上面加箅子压住，使猪头不露出水面。这样腌制3～4d即可。

（3）卤制　将腌好的猪头放入锅中，按配方称好配料，花椒、八角、生姜装入布袋中和猪头一起下锅，加水至淹没猪头，煮开后保持90min左右，煮至汁收汤浓即可出锅。白酒在出锅前半小时加入，味精则在出锅前5min加入。

（4）拆骨分段　猪头煮熟后趁热取出头骨及小碎骨，摘除眼球，然后将猪头肉切成三段：齐耳根切一刀，将两耳切下，齐下颌切一刀，将鼻尖切下，中段为主料。

(5) 装模　先将洗净煮沸消毒的铝制或不锈钢方模底及四壁垫上一层煮沸消毒过的白垫布，然后放入食品塑料袋，口朝上。先放一块中段，皮朝底，肉朝上；再将猪耳纵切为3～4根长条连同鼻尖及小碎肉放于中间；上面再盖一块中段，皮朝上，肉朝下。将袋口叠平折好，再将方模盖压紧扣牢即可。

(6) 冷却定型　装好模的猪头肉应立即送入0～3℃的冷库内。经冷却12h，即可将猪头方肉（方腿）从模中取出进行贮藏或销售。在2～3℃条件下，可贮藏1周左右。

六、广州卤猪肉

1. 原料配方（按猪肉100kg计）

老抽20kg，冰糖18kg，绍酒10kg，食盐2kg，桂皮1kg，八角1kg，草果1kg，甘草1kg，花椒0.5kg，丁香0.5kg，山柰0.5kg。

2. 工艺流程

原料选择与整理→预煮→配卤汁→卤制→成品。

3. 操作要点

(1) 原料选择与整理　选用经兽医卫生检验合格的猪肋部或前后腿或头部带皮鲜肉，但肥膘不超过2cm。先将皮面修整干净并剔除骨头，之后将猪肉切成长方块，每块重为300～500g，长27cm、宽3.3cm或6.7cm。

(2) 预煮　把整理好的肉块投入沸水锅内焯15min左右，撇净血污，捞出锅后用清水洗干净。

(3) 配卤汁　将上述香辛料用白纱布包好放入锅内，加清水100kg，小火煮沸1h即配成卤汁。包好的原料还可以留下次再煮，煮成的卤水可以连续使用，每次煮完后，除去杂质泡沫，撇去浮油，剩下的净卤水再加入食盐煮沸后，即可将卤水盛入瓦缸中保存（称卤水缸）。下次卤制时，可以将卤水倒入锅内，并放入上回的辅料再煮，辅料包若已翻煮多次，应投放新辅料包，以保持卤水的质量。卤汁越陈，制品的香味愈佳。

(4) 卤制　把经过焯水的肉块放入装有香料袋的卤汁中卤制，

旺火烧开后改用中火煮制 40～60min。煮制过程需翻锅 2～3 次，翻锅时需叉住瘦肉部位，以保持皮面整洁，不出油，趁热出锅晾凉即为成品。

七、广州卤猪肝

1. 原料配方（按 100kg 猪肝计）

食盐 5kg，姜片 3.5kg，酱油 2.5kg，葱段 1kg，料酒 1kg，味精 0.75kg，香料包 1 个（内装花椒、八角、丁香、小茴香、桂皮、陈皮、草果各适量）。

2. 工艺流程

原料整理→预煮→卤制→成品。

3. 操作要点

(1) 原料整理和预煮　将猪肝按叶片切开，反复用清水冲洗干净。放入烧沸的清水中，加入葱、姜，放入猪肝煮约 3min，捞出。

(2) 卤制　锅内放入清水，加入食盐、味精、料酒、酱油、香料包，大火烧沸 5min，离火，放入猪肝焐至断生（切开不见血水），冷却，浸泡，食用时切片装盘即可。

八、上海卤猪肝

1. 原料配方

猪肝 50kg，盐 600g，酱油 2.5～3.5kg，白砂糖 3～4kg，绍酒 3.5kg，小茴香 300g，桂皮 300g，姜 600g，葱 1.25kg。

2. 工艺流程

原料处理→白煮（卤猪肝时不需要）→卤制→成品。

3. 操作要点

(1) 原料处理　将猪肝置于清水中，漂去血水，修去油筋，如有水泡，必须剪开，并把白色水泡皮剪去；如发现有苦胆，要仔细去除；如有黄色苦胆汁沾染在肝叶上，必须全部剪除。猪肝经过整理并用清水洗净后，用刀在肝叶上划些不规则的斜形十字方块，以使卤汁透入其内部。

(2) 白煮　因内脏品种不同，白煮方法略有不同。猪肚、猪肠由于腥味重，白煮尤为主要。猪肠白煮时，先将水烧开，再倒入原料，再烧开后，用铲翻动原料，撇去锅面浮油及杂物，然后用文火烧，猪肠烧1h，猪肚烧1.5h，即可出锅。然后，将猪肠、猪肚放在有孔隙的容器中，沥去水分，以待卤制。猪心白煮时，要在水温烧到85℃时下锅，不要烧沸。

(3) 卤制　将葱、姜、桂皮、小茴香分装在两个小布袋中，扎紧袋口，连同绍酒、酱油、盐、白砂糖（总配方量的80%）放入锅内，再加入原料重量50%的清水。如用老卤，应视其咸淡程度酌量减少辅料。用文火烧煮，至锅内发出香味时，即可倒入原料进行卤制。继续用文火烧20～30min，先取出一块，用刀划开，查看是否烧熟。待烧熟后，捞出放于有卤的容器中，或者出锅后数十分钟再浸入卤锅中。室内不宜通入大的风，因为卤猪肝经风吹后，表面发硬变黑，不香不嫩。取出锅内一部分卤汁，撇去浮油，置于另一小锅中，加上白砂糖（剩余的20%），用文火煎浓，用于在成品食用或销售时，涂于成品上，以增进成品的色泽和口味。大锅内剩余的卤汁应妥善保管，留待继续使用。

九、上海卤猪心（猪肚、猪肠）

1. 原料配方

猪心（猪肚、猪肠）50kg，盐750g，酱油3kg，白砂糖1.5kg，绍酒1.75kg，小茴香130g，桂皮65g，葱250g，姜130g。

2. 工艺流程

原料处理→白煮（卤猪肝时不需要）→卤制→成品。

3. 操作要点

(1) 原料处理

① 猪心　用刀剖开猪心，使之成为2片，但仍须相连。挖出心内肉块，剪去油筋，用清水洗净。

② 猪肚　将猪肚放于竹箩内，加些盐和明矾屑，用木棒搅拌，或用手搓擦，如数量过多，可使用洗肚机。猪肚内的胃黏液受到摩擦后，会不断从竹箩隙缝中流出，然后取出猪肚，放在清水中漂洗，剪去猪肚上附着的油及污物，再用棕刷刷洗后，放入沸水中浸

烫5min左右，刮清肚膜（俗称白肚衣），用清水洗净。

③ 猪肠 将猪肠翻转，撕去肠上附着的油及污物，剪去细毛，用清水洗净后，再翻转、放入竹箩内，采用整理猪肚的方法，去除黏液，再用清水洗净，盘成圆形，用绳扎牢，以便于烧煮。猪肚、猪肠腥臭味最重，整理时需特别注意去除其腥臭味。

（2）白煮 因内脏品种不同，白煮方法略有不同。猪肚、猪肠由于腥味重，白煮尤为主要。猪肠白煮时，先将水烧开，再倒入原料，再烧开后，用铲翻动原料，撇去锅面浮油及杂物，然后用文火烧，猪肠烧1h，猪肚烧1.5h，即可出锅。然后，将猪肠、猪肚放在有孔隙的容器中，沥去水分，以待卤制。猪心白煮时，要在水温烧到85℃时下锅，不要烧沸。

（3）卤制 将葱、姜、桂皮、小茴香分装在两个小布袋中，扎紧袋口，连同绍酒、酱油、盐、白砂糖（总配方量的80%）放入锅内，再加入原料重量50%的清水。如用老卤，应视其咸淡程度酌量减少辅料。用文火烧煮，至锅内发出香味时，即可倒入原料进行卤制。继续用文火烧20～30min，先取出一块，用刀划开，查看是否烧熟。待烧熟后，捞出放于有卤的容器中，或者出锅后数十分钟再浸入卤锅中。室内不宜通入大的风，因为卤猪肝经风吹后，表面发硬变黑，不香不嫩。取出锅内一部分卤汁，撇去浮油，置于另一小锅中，加上白砂糖（剩余的20%），用文火煎浓，用于在成品食用或销售时，涂于成品上，以增进成品的色泽和口味。大锅内剩余的卤汁应妥善保管，留待继续使用。

十、开封卤猪头

1. 原料配方（按猪头肉100kg计）

酱油4kg，食盐3kg，料酒2kg，肉桂0.3kg，草果0.24kg，花椒0.2kg，生姜1.5kg，荜拨0.16kg，鲜姜0.2kg，山柰0.16kg，丁香0.06kg，八角0.4kg，白芷0.06kg。

2. 工艺流程

选料与处理→煮制→成品。

3. 操作要点

(1) 选料与处理　选用符合卫生检验要求的新鲜猪头作加工原料，把猪头彻底刮净猪头表面、脸沟、耳根等处的毛污和泥垢，拔净余毛和毛根。将猪面部朝下放在砧板上，从后脑中间劈开，挖取猪脑，剔去头骨，割下两耳，去掉眼圈、鼻子；取出口条，用清水浸泡 1h，捞出，洗净，沥去水分。

(2) 煮制　将洗净的猪头肉、口条、耳朵放入开水锅中焯水 15min，捞出，沥干，放入老卤汤锅内，加上其他调味料和香辛料，加水漫过猪头，大火烧开文火煨 2h 左右，捞出，出锅的猪头，趁热拆出骨头，整形后即为成品。

十一、开封卤猪肺

1. 原料配方（按 100kg 猪肺计）

食盐 2.5kg，酱油 2kg，糖色 0.04kg，小茴香 0.034kg，花椒 0.034kg，良姜 0.034kg，桂皮 0.034kg，丁香 0.7kg，八角 0.034kg，草蔻 0.034kg。

2. 工艺流程

原料处理→煮制→卤制→成品。

3. 操作要点

(1) 原料处理　将猪肺用清水洗干净，去血污，使肺白净，剪去淤血异物，捅开小管，放入开水锅焯一下。使肺变色捞出，去掉肺管内膜白皮，用清水冲洗干净。

(2) 煮制　投入沸腾的老汤锅内，加辅料，压锅滗卤，40min 翻 1 次锅，文火煮沸 1h，待熟后捞出晾凉即可。

(3) 卤制　先将小茴香、桂皮、丁香、甘草、陈皮、花椒、八角等盛入布袋（可连续用 3～4 次）内，并与酱油、葱、姜、酱油、白糖、酒、食盐等一起放入锅内，再放入下水，加清水淹没原料。如用老卤代替清水，食盐只需加 1.25kg。将不同品种分批下到卤汤锅中，用旺火煮烧至沸后改用小火使其保持微沸状态。先下猪肺，煮至猪肺全部熟透，在出锅前 15min 加入味精，出锅即为成品。出锅后，按品种平放在熟肉案上，不能堆垛。下水出锅后即涂上麻油使之色泽光亮。

十二、长春轩卤肉

长春轩卤肉的创始人张金生，1925 年于南阳开办“长春轩卤肉馆”。在博采众家之长的思想指导下，他精心研制出具有南北风味而又不失南阳地方风格的名贵佳品——长春轩卤肉。长春轩卤肉以其独特风味驰名豫、鄂、川、陕，成为南阳名吃。

1. 原料配方（按猪肉 100kg 计）

食盐 4kg，草果 0.2kg，冰糖 3kg，陈皮 0.5kg，八角 0.4kg，小磨香油 0.2kg，花椒 0.2kg，豆蔻 0.2kg，砂仁 0.1kg，丁香 0.1kg，良姜 0.2kg，绍酒适量。

2. 工艺流程

选料→制坯→卤煮→涂油→成品。

3. 操作要点

(1) 选料、制坯　选用鲜猪肉，切成重 500g 的块，放入清水中，除去血水，4h 后捞出刮皮，用镊子除去余毛，成肉坯。

(2) 卤煮　辅料中的香辛料装纱布袋，扎好口，放入烧沸的老汤中，略煮 5min，下入肉坯，煮半小时后加入食盐、绍酒等，再以文火炖之，每隔几分钟翻动 1 次，待肉坯七成熟时，下冰糖，再煮至熟。

(3) 涂油　肉坯煮熟，捞出，皮朝上晾凉，将小磨香油涂于皮上。凉透，即为成品。

十三、邵阳卤下水

邵阳卤下水是湖南邵阳市生产的一种卤肉制品，它的品种包括猪头、猪尾及内脏。制作特点是多品种综合卤制。由于品种多，物美价廉，备受欢迎，久销不衰。

1. 原料配方（按原料 100kg 计）

食盐 2.5kg（新卤 4kg），酱油 2kg，白糖 2kg，白酒 2kg，糖色 0.6kg，丁香 0.3kg，桂皮 0.2kg，八角 0.2kg，甘草 0.2kg，肉豆蔻 0.1kg，山柰 0.1kg，陈皮 0.1kg，桂子 0.05kg，小茴

香 0.05kg。

2. 工艺流程

原料选择与处理→卤制→成品。

3. 操作要点

(1) 原料选择与处理　将猪头、猪尾、猪蹄去毛去血污，先放在水温 75～80℃的热水中烫毛，把毛刮去。刮不掉的用镊子拔一两次，剩下的绒毛用酒精喷灯喷火燎毛，再用刀修净。猪头劈半去骨。

猪蹄：从蹄叉分切两面三刀段，每半块再切成两面段；尾巴不切。放入开水锅煮 20min，捞出放到清水中浸泡洗涤。

猪舌：从舌根部切断，洗去血污，放到 70～80℃温开水中浸烫 20min，烫至舌头上表皮能用手指甲扒掉时，捞出用刀刮去白色舌苔，洗净后用刀在舌根下缘切一刀口，利于煮时料味进去，沥干水分待卤制。

猪肚：将肚翻开洗净，撒上食盐或明矾揉搓，洗后在 80～90℃温开水中浸泡 15min，烫至猪肚转硬，内部一层白色的黏膜能用刀刮去时为止。捞出放在冷水中 10min，用刀边刮边洗，直至无臭味、不滑手时为止，沥干水分。用刀从肚底部将肚切成弯形的两大片，去掉油筋，沥去水分。

猪大肠：将猪大肠切成 40cm 长的肠段，翻肠后用盐或明矾揉擦肠壁，将污物除尽。然后用水洗净，放入沸水锅内泡 15min 捞起，浸入冷水中冷却后，再捞起沥干水分。

猪心：将猪心切开，洗去血污后，用刀在猪心外表划几条树叶状刀口，把心摊平呈蝴蝶形。洗净后放入开水锅内浸泡 15min，捞出用清水洗净，沥干水分待卤制。

猪肝：将猪肝切分为三叶，在大块肝表面上划几条树枝状刀口，用冷水洗净淤血。其他两块肝叶因较小，可横切成块或片。洗净的肝放入沸水中煮 10min，至肝表面变硬，内部呈鲜橘色时，捞出放在冷水中，冲洗去刀口上的血渍。

猪腰（肾）：整理方法与猪肝相同，值得注意的是，必须把输尿管及油筋去净，否则会有尿臊气。

沙肝（脾）：整理方法同猪肝。

猪喉头骨（气管）：是一种软脆骨，切开喉管一边，洗去污物，用刀砍数刀，但不要砍断，放入80～90℃温开水里烫5min，然后洗净。

（2）卤制　先将小茴香、桂皮、丁香、甘草、陈皮、花椒、八角等盛入布袋（可连续用3～4次）内，并与酱油、葱、姜、酱油、白糖、酒、食盐等一起放入锅内，再放入下水，加清水淹没原料。如用老卤代替清水，食盐只需加1.25kg。将不同品种分批下到卤汤锅中，用旺火煮烧至沸后改用小火使其保持微沸状态。先下猪蹄，煮30min后下猪头，再煮20min后下猪舌，猪尾，煮40min后下猪心、猪肚、肝、腰、大肠、沙肝、喉骨等。煮至猪肝全部熟透，猪头肉能插入筷子，猪脚骨突出外透，吃起来骨肉易分离时，在出锅前15min加入味精，出锅即为成品。出锅后，按品种平放在熟肉案上，不能堆垛。下水出锅后即涂上麻油使之色泽光亮。

十四、武汉卤猪肝

1. 原料配方（按100kg猪肝计）

盐粒4kg，黄酒2kg，白糖2kg，红曲米1kg，桂皮0.6kg，小茴香0.4kg，味精0.2kg。

2. 工艺流程

原料与处理→预煮→卤制→成品。

3. 操作要点

选用新鲜的猪肝，撕掉胆囊，割去硬筋，用清水将猪肝洗干净，放进沸水锅内文火预煮20min，然后放入装有料袋的老汤锅内，微火煮30min，出锅即为成品。

十五、东坡肉

相传为北宋诗人苏东坡所创制，流行于江浙。苏东坡在烹饪方面颇具心得，曾作诗《食猪肉》介绍他的烹调经验：“慢著火，少著水，火候足时它自美”。用他发明的烧肉方法所制作的产品被后人命名为“东坡肉”，现在成为杭州一道传统名菜。

1. 原料配方（按100kg猪五花肋条肉计）

酱油10kg，绍酒16.7kg，白糖6.7kg，葱结3.4kg，姜块（拍碎）3.4kg。

2. 工艺流程

原料整理→焖煮→蒸制→成品。

3. 操作要点

（1）原料整理　以金华“两头乌”猪肉为佳。将猪五花肋条肉刮洗干净，切成正方形的肉块，放在沸水锅内煮3～5min，煮出血水。

（2）焖煮　取大砂锅1只，用竹箅子垫底，先铺上葱，放入姜块（去皮拍松），再将猪肉皮面朝下整齐地排在上面，加入白糖、酱油、绍酒，最后加入葱结，盖上锅盖，用桃花纸围封砂锅边缝，置旺火上，烧开后加盖密封，用微火焖酥2h后，将砂锅端离火口，撇去油。

（3）蒸制　将肉皮面朝上装入特制的小陶罐中，加盖置于蒸笼内，用旺火蒸30min至肉酥透即成。

十六、卤猪肉

1. 原料配方

猪肉5kg，精盐300g，酱油150g，白糖80g，桂皮40g，大茴香40g，白糖15g，生姜20g。

2. 工艺流程

原料的选择和整理→腌制→卤汁的配制→卤制→成品。

3. 操作要点

（1）原料的选择和整理　选用符合卫生检验要求的鲜猪肉，将猪肉清洗干净，切成750g的方块。

（2）腌制　用盐将肉块充分拌均匀后腌制8～24h，出缸后洗净盐汁，沥干水分。

（3）卤汁的配制　桂皮、生姜、大茴香用纱布包好，与其他配料一起放入锅内，加水5kg，煮沸1h即成卤汁。卤汁可反复使用，卤汁越陈，制品的色、香、味越佳。

（4）卤制　将坯肉放入烧开的卤汁中进行卤制。如食盐老卤汁时，每5kg坯肉添加桂皮、大茴香各5g（随肉入锅）。开锅后再焖煮75min，捞出晾凉即为成品。

（5）成品　成品为长方形块状，每块重约500g，表面颜色暗红，切面呈棕红色。食之咸淡适中，五香甘味浓郁。

十七、卤猪心

1. 原料配方（按100kg猪心计）

食盐1.25kg，花椒0.15kg，酱油2.5kg，桂皮0.15kg，料酒1.5kg，砂仁0.15kg，葱段1.5kg，八角0.15kg，姜片0.75kg，小茴香0.1kg，胡椒0.15kg，丁香0.1kg。

2. 工艺流程

原料处理→卤制→成品。

3. 操作要点

（1）原料处理　原料要选择新鲜猪心，用刀截去心边，劈成两半，抠去淤血，反复冲净心室中血水；洗净后顺刀切成3mm厚的片，放入水锅内，加热烧沸烫透捞出，控净水。

（2）卤制　锅内放入清水，加入全部调味料和香辛料包，烧沸后煮10min，再把猪心放入卤汤内煮制入味后即成。卤制时间不宜过长。食用时切片装盘。

十八、卤猪肘

1. 原料配方（按100kg猪肘计）

食盐2kg，葱段0.6kg，味精0.8kg，猪肉老卤120kg，姜片0.4kg，调料油4kg，料酒2kg。

2. 工艺流程

原料处理→卤制→成品。

3. 操作要点

将猪肘装入盆内，加热水浸泡20min，用刀刮净皮面，洗净沥干。从肘骨上端（大头）将肘骨剔出，肉面剞上交叉刀口。将食盐、味精、料酒、葱段、姜片、调料油装入同一碗内，调和均匀，抹在肘子肉面上，腌渍12h。用棉线绳将猪肘包扎呈球形，放入老卤罐中，用慢火卤熟捞出，去掉绳网，刷一层香油即可。

十九、五香烧肉

1. 原料配方（按100kg猪肉计）

桂皮0.3kg，酱油15kg，山柰0.1kg，花椒0.6kg，小茴香0.1kg，良姜0.2kg，白芷0.2kg，八角0.3kg，草果0.2kg。

2. 工艺流程

选料→整理→上色→煮制→成品。

3. 操作要点

选用猪瘦肉或五花肉，修整干净后，切成15cm的长方块，约重250g，中间划一刀，外面用糖稀涂抹，然后用油炸成红色，再放入汤锅内煮20min，捞出凉透即为成品。

二十、卤猪头仿火腿

1. 原料配方（按100kg猪肉计）

猪头100kg，盐16kg，花椒500g，八角200g，姜500g，味精200g，白酒500g，硝酸钠100g。

2. 工艺流程

原料处理→腌制→煮制→拆骨、分段→装模→冷却定型→成品。

3. 操作要点

(1) 原料处理　将处理干净的猪头，用劈头机劈为两半，取出猪脑，用清水洗刷干净。

(2) 腌制　将处理好的猪头放入腌制池中，在5℃左右，用盐水腌制24h，盐水以淹没猪头为宜，并在上面加箅子压住，不使猪头露出水面。腌制盐水的配制：按每100kg水中加盐15kg、花椒300g、硝酸钠100g，先将花椒装入料袋后，再放在水中煮开，然后加入全部盐；待盐全部溶化并再次煮开后，倒入腌制池（缸），冷却至室温后，加入硝酸钠搅匀，即可使用。

(3) 煮制　将腌制过的猪头放入锅内，加煮汤至淹没猪头，煮开后保持90min左右，煮至汁收汤浓，即可出锅。煮汤配方：按每100kg猪头加盐1kg、花椒200g、八角200g、姜500g、味精200g、白酒500g，且将花椒、八角、姜装入料袋和猪头一起下锅煮，白酒在起锅前0.5h加入，味精在起锅前5min加入。

（4）拆骨、分段　猪头煮熟后趁热取出头骨及小碎骨，摘除眼球，然后将猪头肉切成三段，齐耳根切一刀，将两耳切下，齐下颈处切一刀，将鼻尖切下，中段为主料。

（5）装模　将洗净、消过毒的铝制方模底及两壁先垫上一层消过毒的垫布，然后放入食品塑料袋，口朝上，先放入一块中段，皮朝底、肉朝上，再将猪耳纵切为3～4根长条，连同鼻尖及小碎肉放于中间，上面再盖一块中段，皮朝上、肉朝下，将塑料袋口叠平、折好，再将方模盖压紧扣牢即可。

（6）冷却定型　装好模的猪头肉应立即送入0～3℃的冷库内，经冷却12h，即可将猪头仿腿从模中取出，进行冷藏或销售。

第四节　卤牛肉加工技术

一、广州卤牛肉

1. 原料配方（按100kg牛肉计）

冰糖5kg，高粱酒5kg，白酱油5kg，食盐1kg，八角0.5kg，桂皮0.5kg，花椒0.5kg，草果0.5kg，甘草0.5kg，山奈0.5kg，黄酒6kg，丁香0.5kg，小磨香油、绍酒、食用苏打适量。

2. 工艺流程

原料整理→预煮→卤制→成品。

3. 操作要点

（1）原料整理　选用新鲜牛肉，修去血筋、血污、淋巴等杂质，然后切成重约250g的肉块，用清水冲洗干净。

（2）预煮　先将水煮沸后加入牛肉块，用旺火煮30min（每5kg沸水加苏打粉10g，加速牛肉煮烂）。然后将肉块捞出，用清水漂洗2次，使牛肉完全没有苏打味为止。捞出，沥干水分待卤。

（3）卤制　用细密纱布缝一个双层袋，把固体香辛料装入纱布袋内，再用线把袋口密缝，做成香辛料袋。在锅内加清水100kg，投入香辛料袋浸泡2h，然后用文火煮沸1.5h，再加入冰糖、白酱油、食盐，继续煮半小时。最后加入高粱酒，待煮至散发出香味时即为卤水。将沥干水分的牛肉块移入卤水锅中，煮沸30min后，加入黄酒，然后停止加热，浸泡在卤水中3h，捞出后刷上香油即为卤牛肉。

二、四川卤牛肉

1. 原料配方（按100kg鲜牛肉计）

（1）味精味　白豆油3kg，白胡椒5g，桂皮5g，味精70g（要起锅时再下，下同）。

（2）麻辣味　花椒300g，辣椒400g，芝麻400g，白豆油2kg，味精30g，香油400g，白胡椒5g，桂皮5g。

（3）果汁味　冰糖400g，香菌150g，熟鸡油150g，玫瑰100g，醪糟150g，白豆油3kg。

2. 工艺流程

原料处理→卤制→冷却→产品。

3. 操作要点

（1）原料处理　先将100kg鲜牛肉切成重800～1500g的大块，用清水漂洗干净，然后放入锅中稍煮（加老姜600g，硝石500g），煮开后立即捞起，目的是除去血腥味。在煮时可先在锅底放两把干净谷草，据说可除去鲜牛肉的血污。最后，剔除筋膜。

（2）卤制　首先制备卤汁，凉净水20kg，白豆油3kg，盐2.5kg，小茴香、山柰、八角、花椒、桂皮、姜、胡椒、草果等香料适量装袋，总重量为500～800g，混合煮开熬成卤汁。将不同味别的辅料下到卤汁中，再依次放入煮过的牛肉，急火烧开，小火慢焖30～60min（视牛肉的老嫩）起锅即成不同味别的卤牛肉。

三、观音堂牛肉

观音堂牛肉是河南省三门峡市的传统食品，带浓郁豫西乡土风味。

1. 原料配方（按 100kg 牛肉计）

食盐 6kg，酱油 2kg，陈皮 0.1kg，生姜 0.05kg，丁香 0.05kg，八角 0.1kg，大蒜 0.1kg，砂仁 0.05kg，白芷 0.05kg，硝酸钠 0.04kg，花椒 0.05kg，豆蔻 0.05kg。

2. 工艺流程

原料选择与处理→卤制→成品。

3. 操作要点

（1）原料选择与处理　选用符合卫生检验要求的鲜牛肉作为加工的原料。剔去原料肉的筋骨，切成 200g 重的肉块。在牛肉块中加入食盐、硝酸钠，搅拌搓揉，放入缸中腌制，春秋季节腌制4～5d，夏天 2～3d，冬季 7～10d，每天翻缸上下倒肉 2 次，直到牛肉腌透，里外都透红为止。

（2）卤制　腌好的牛肉放入清水中，浸泡，洗净，放入老汤锅中，加水漫过肉块，旺火烧沸，撇去浮沫，再加入装入香辛料的料包，用文火卤制 7～8h，其间每小时翻动 1 次。熟透出锅即为成品。

四、广州卤牛腰

1. 原料配方（按 100kg 牛肉计）

酱油 4.4kg，白糖 2.2kg，食盐 2.1kg，甘草 0.6kg，陈皮 0.6kg，草果 0.5kg，丁香 0.05kg，八角 0.5kg，花椒 0.5kg，桂皮 0.5kg。

2. 工艺流程

原料整理→焯水→卤制→成品。

3. 操作要点

（1）原料整理　选用新鲜牛肾，撕去外表的一层膜，剔除全部结缔组织，略为切开一部分，再用清水洗净。

（2）焯水　清洗好的牛肾放入 100℃的开水锅中，浸烫 20min，再放入清水中浸泡 10min，以进一步除腥臊味，捞出沥干水分。

（3）卤制　按配方将各种原料放入锅内，其中香辛料用纱布袋装好，待汤沸后撇去浮沫，卤制40min左右后，牛肾继续浸于卤汁中晾凉即可。食用时切片装盘，浇上少许卤汁，涂上麻油即成。

五、五香牛肉

1. 原料配方（按100kg牛肉计）

食盐6kg，鲜姜1kg，草果0.1kg，白糖3kg，硝酸钠0.1kg，花椒0.2kg，八角0.2kg，陈皮0.1kg，丁香0.05kg。

2. 工艺流程

原料整理→腌制→煮制→成品。

3. 操作要点

(1) 原料整理　选用卫生合格的鲜牛肉，剔去骨头、筋腱，切成200g左右的肉块。

(2) 腌制　切好的牛肉块加入食盐、硝酸钠，搅拌均匀，低温腌制12d，其间翻倒几次。腌好的肉块在清水中浸泡2h，再冲洗干净。

(3) 煮制　洗净的肉块放入锅内，加水漫过肉块，煮沸30min，撇去汤面上的浮沫，再加入各种辅料，用文火煮制4h左右。煮制时，翻锅2～3次。出锅冷却后，即为成品。

六、五香卤牛肉

1. 原料配方（按100kg牛肉计）

食盐10kg，葱5kg，姜3kg，白糖2kg，八角0.2kg，酱油6kg，甜面酱6kg，料酒3kg，植物油10kg，小茴香0.2kg，丁香0.2kg，草果0.2kg，砂仁0.2kg，白芷0.2kg，豆蔻0.1kg，桂皮0.2kg，花椒0.2kg。

注：其中花椒、小茴香、丁香、草果、砂仁焙干研成粉末。

2. 工艺流程

原料整理→腌制→卤制→成品。

3. 操作要点

(1) 原料处理　尽量选用优质、无病的新鲜牛肉，如系冻牛肉，则应先用清水浸泡，解冻一昼夜。卤制前将肉洗净剔除骨、皮、脂肪及筋腱等，然后按不同部位截选肉块，切割成每块重约1kg左右。将截选切割的肉块按肉质老嫩分别存放备用。

（2）腌制　将肉切成350g左右的块，用竹签扎孔，将糖、食盐、八角面掺匀撒在肉面上，逐块排放缸内，葱、姜拍烂放入，上压竹箅子，每天翻动1次。腌制10d后将肉取出放清水内洗净，再用清水浸泡2h，捞出沥干水分。

（3）卤制　锅内加入植物油，待油热后将甜面酱用温水化开倒入，用勺翻炒至呈红黄色时兑入开水，加料酒和酱油。汤沸时将牛肉块放入开水锅内，开水与肉等量，用急火煮沸，并按一定比例放入辅料，先用大火烧开，改用小火焖煮，肉块与辅料下锅后隔30min翻动1次，煮2h左右待肉块煮烂，肉呈棕红色和有特殊香味时捞放在箅子上，晾冷后便为成品。

七、炸卤牛肉

1. 原料配方（按100kg牛肉计）

花生油15kg，酱油7.5kg，大葱1.5kg，食盐1.3kg，黄酒1.2kg，陈皮1.2kg，白砂糖1kg，八角0.8kg，小茴香0.8kg，草果0.33kg，姜0.5kg，味精0.2kg。

2. 工艺流程

原料整理和腌制→制卤汁→油炸和卤制→成品。

3. 操作要点

（1）原料整理和腌制　将嫩黄牛肉剔去筋瓣，洗净；把牛肉切成1cm厚的大片，将其肌肉纤维拍松。然后在肉面一侧剞上刀纹（长为牛肉片的2/3），加入酱油2.5kg，食盐0.5kg拌匀，腌渍3h，使其入味。

（2）制卤汁　把陈皮、八角、小茴香、草果洗净，装入纱布袋中扎紧口，放入清水锅中，加入酱油、白糖、食盐、绍酒、葱段（打结）、姜块（拍松），烧沸约20min，再加入味精制成卤汁。

（3）油炸和卤制　炒锅置旺火上，倒入花生油烧至200℃时，投入牛肉片，炸至八成熟时捞出，放入制好的卤汁中，浸卤至肉烂入味。牛肉片经油炸后再卤制，鲜香可口，饱含卤汁且滋味醇厚。冷却后改刀装盘即可供食用。

八、郑州卤炸牛肉

1. 原料配方（按100kg牛后腿肉计）

食盐5kg，大葱2kg，料酒1kg，生姜1kg，红曲米粉1kg，草果0.1kg，八角0.15kg，良姜0.1kg，花椒0.15kg，硝酸钾0.15kg，桂皮0.1kg，丁香0.05kg，香油适量。

2. 工艺流程

选料和处理→腌渍→卤制→油炸→成品。

3. 操作要点

(1) 选料和处理　将牛后腿肉中的骨、筋剔去，切成150～200g的长方形肉块。

(2) 腌渍　用食盐、花椒、硝酸钾把牛肉块搅拌均匀，放入缸内腌渍（冬季5～7d，夏季2～3d），每天翻动1次。待肉腌透发红后捞出洗净，控去水分。

(3) 卤制　把腌透的牛肉放入开水锅内煮30min，同时撇去锅内的浮沫，然后加入辅料（料酒到牛肉卤制八成熟时加），转文火煮到肉熟，捞出冷却。

(4) 油炸　把煮熟的牛肉用红曲米水染色后，放入香油锅油炸，外表炸焦即为成品。

第五节　其他卤肉加工技术

一、洛阳卤驴肉

洛阳卤驴肉又称洛阳“高家驴肉”，已有200多年的历史，是洛阳著名的风味特产。

1. 原料配方（按100kg驴肉计）

食盐6kg，花椒0.2kg，良姜0.2kg，白芷0.1kg，荜拨0.1kg，八角0.1kg，桂子0.05kg，硝酸钾0.05kg，丁香

0.05kg，小茴香 0.1kg，陈皮 0.1kg，草果 0.1kg，肉桂 0.1kg，老汤适量。

2. 工艺流程

选料和处理→卤制→成品。

3. 操作要点

（1）选料和处理 选择新鲜剔骨驴肉，将其切成 2kg 左右的肉块，放入清水中浸泡 13～24h（夏季时间要短些，冬季时间可长些）。浸泡过程中要翻搅，换水 3～6 次，以去血去腥，然后捞出晾至肉块无水即可。

（2）卤制 在老汤中加入清水烧沸，撇去浮沫，将肉坯下锅，煮沸再撇去浮沫，即可将辅料下锅，用大火煮 2h 后，改用小火再煮 4h，卤熟后，撇去锅内浮油，捞出肉块凉透即为成品。

二、河北晋县咸驴肉

晋县咸驴肉是河北省晋县的传统名食，相传已有 1000 多年的历史。

1. 原料配方（按 100kg 驴肉计）

食盐 15kg，白芷 0.5kg，山柰 0.4kg，八角 0.4kg，桂皮 1kg，花椒 0.4kg，大葱 2kg，鲜姜 1kg，小茴香 0.2kg，亚硝酸钾 0.015kg。

2. 工艺流程

选料与处理→卤制→焖煮→成品。

3. 操作要点

（1）选料与处理 选用符合卫生要求的鲜嫩肥驴肉作为加工原料，用清水浸泡 1h 左右，洗涤干净，捞出沥去水分，切成 200～300g 的肉块。

（2）卤制 将驴肉块放入锅中，加清水淹没，撇去浮沫，加辅料包，用旺火烧开 40min，加入亚硝酸钠，将其溶解到汤中，翻锅 1 次。用铁箅子压在肉上，用小火煮 30min，停火，撇去浮油，再焖煮 6～8h 至肉熟透出锅，即为成品。

三、河南周口五香驴肉

1. 原料配方（按100kg驴肉计）

食盐4～10kg，豆蔻0.5kg，花椒0.3kg，硝酸钾0.20～0.3kg，良姜0.7kg，甘草0.2kg，八角0.5kg，山楂0.4kg，丁香0.2kg，陈皮0.5kg，草果0.2kg，肉桂0.3kg。

2. 工艺流程

原料处理→腌制→焖煮→成品。

3. 操作要点

（1）原料处理　将驴肉剔去骨、筋、膜，并分割成1kg左右的肉块。

（2）腌制　夏季采用快腌，即100kg驴肉用食盐10kg、硝酸钾0.3kg、料酒0.5kg，将肉料揉搓均匀后，放在腌肉池或缸内，每隔10h翻1次，腌制3d即成。春、秋、冬季主要采用慢腌，每100kg驴肉用食盐4kg、硝酸钾0.20kg、料酒0.50kg，腌制5～7d，每天翻肉1次。

（3）焖煮　将腌制好的驴肉放在清水中浸泡1h，洗净，捞出放在案板上沥去水分。将驴肉、辅料放进老汤锅内，用大火煮沸2h后改用小火焖煮8～10h，出锅即为成品。

四、内蒙古手扒羊肉

1. 原料配方（按100kg羊肉计）

醋7.5kg，酱油6.5kg，辣椒油5kg，葱段2.5kg，香菜末2.5kg，去皮姜片1.5kg，蒜1kg，食盐0.5kg，黄酒0.5kg，麻油0.5kg，花椒、味精、八角、桂皮、胡椒粉适量。

2. 工艺流程

宰杀与处理→煮制→成品。

3. 操作要点

（1）宰杀与处理　通常选用膘肥肉嫩的羔羊，先拔去胸口近腹部的羊毛，后用刀割开2寸左右的直口，将手顺口伸入胸腔内，摸着大动脉将其掐断，使羊血都流聚在胸腔和腹腔内，谓之“掏心法”。这种杀羊法优于“抹脖杀羊法”，即羊血除散在腔内一部分外，还有少部分浸在肉里，使羊肉呈粉红色，煮出来味道鲜美，易于消化，羊肉干净无损。然后剥去皮，切除头、蹄，除净内脏和腔血，切除腹部软肉。将全羊带骨制成数十块。或选用羊腰窝带骨肉，切成长约13cm、宽2cm的条块，洗净。

（2）煮制　在锅中加入羊肉条块，加足水，先用大火烧开，撇去浮沫，捞出羊肉块，洗净。然后换入适量的清水，再放入洗净的羊肉、八角、花椒、桂皮、葱段、姜片、酒、盐，用大火烧开，盖上盖，转小火焖煮至肉熟烂即成。

草原牧民的做法一般是将羊肉放入不加盐和其他佐料的白水锅内，用大火保持原汁原味，适当控制火候。只要肉已变色，一般用刀割开，肉里微有血丝即捞出，装盘即可。

手抓羊肉的吃法与众不同，煮熟的大块羊肉，放在大木盘里，一手握刀，一手拿肉，用刀割、卡、挖、剔成块，蘸着由香菜末、蒜末、胡椒粉、醋、酱油、味精、麻油、辣椒油等调成的味汁吃。

五、广西灵川狗肉

灵川地处桂林境内，素有“好狗不过灵川”之说。从古至今，灵川人以熏制狗肉佳肴与自然环境的风、湿、寒气候相抗衡，在食用方法上讲究冷热均衡，荤素协调。

1. 原料配方（按10kg狗肉计）

食盐0.2kg，酱油0.6kg，米酒0.5kg，八角、陈皮、桂皮、甘草、花椒、姜块适量。

2. 工艺流程

选狗→宰杀→焖煮→成品。

3. 操作要点

（1）选狗　以毛色论优劣，其顺序为一黄二白三花四黑。即黄狗肉质量最好，白狗肉次之，其余类推。年龄以1岁左右较佳。狗的重量以10kg左右为宜，此时狗的肌肉丰满，肉质细嫩，且以公狗为上品。

（2）宰杀　以木棒敲击狗的鼻梁使之倒地，然后放血刮毛，再用干稻草烧尽细微狗毛。燎尽洗净之后，再将狗开膛取出五脏。若五脏取得完好，一般不用冲洗腹腔，以保持肉味鲜美。砍狗肉时，要刀刀均匀、块块带皮。

(3) 焖煮　锅内加入食用油烧到八成热时倒入狗肉块炒香，至水分炒干时，放入八角、陈皮、丁香、桂皮、甘草、花椒、姜块等，再调入食盐、酱油、米酒等，加清水焖煮。用柴火煮狗肉，煮出来的狗肉味透肌里，浓香一体。一般煮狗肉除用姜片、茶油、三花酒、盐外，还配放草果、八角、丁香、陈皮、桂皮、豆蔻、沙仁、甘草等十余种香辛料，香辛料以纱布包裹。

狗肉上桌前淋少许桂林腐乳汁，撒少许胡椒粉，吃起来更是丰腴爽口，鲜醇可口，满口余香，通体舒泰。

六、江苏徐州沛公狗肉

1. 原料配方（按100kg狗肉计）

甲鱼52kg，酱油8kg，绵白糖8kg，卤水4kg，红曲汁4kg，绍酒4kg，八大味1.6kg，食盐1.2kg，葱段1.1kg，姜片1kg，味精0.08kg。

注：八大味装入布袋里，成香料袋。

2. 工艺流程

整理狗肉、甲鱼→煮制→成品。

3. 操作要点

(1) 整理狗肉　狗肉切成3cm见方的块。加入食盐、绍酒、葱段、姜片、卤水，拌匀，腌2h，再用清水泡1h，再放入沸水锅中，焯过，捞出，洗净，沥水。

(2) 整理甲鱼　甲鱼经宰杀，放血，放入沸水锅中，浸烫，取出，刮去黑釉皮，取下背壳，除去内脏，留蛋。甲鱼肉切成3cm见方的块，放入沸水锅中，焯过，再捞入冷水中，洗净，沥水。

(3) 煮制　净狗肉块放入垫有竹箅的砂锅里，加入清水，漫过狗肉块，再加绍酒、酱油、食盐、绵白糖、葱段、姜片、香料袋，砂锅置火上，烧沸，撇去浮沫，盖上盖，用文火炖至八成熟。再放入甲鱼肉块及其蛋，加盖，炖至酥烂，拣去葱、姜、香料袋，再加味精，即成。

七、洛阳卤狗肉

1. 原料配方（按 100kg 狗肉计）

食盐 5kg，桂皮 0.1kg，陈皮 0.1kg，八角 0.15kg，草果 0.1kg，花椒 0.15kg，丁香 0.3kg，生姜 0.4kg，小茴香 0.15kg，良姜 0.1kg，肉桂 0.3kg。

2. 工艺流程

选料与处理→焯水→煮制→成品。

3. 操作要点

（1）选料与处理　选用符合卫生要求的新鲜狗肉，切成重约 100g 的小块，放到清水中浸泡，反复清洗，去净淤血和腥味，捞出，控去水分。

（2）焯水　把洗净的狗肉放入开水锅中，用大火烧开，撇去浮沫。焯水 30min 捞出，再清洗干净。

（3）煮制　焯过水的狗肉块放入大锅中，加入全部辅料，加水漫过肉面，用旺火烧开后，再次撇去浮沫，用文火煮 2h 左右，肉熟后拆去骨头即为成品。

八、开封五香兔肉

1. 原料配方（按 100kg 兔肉计）

食盐 4.7kg，豆蔻 0.04kg，花椒 0.07kg，丁香 0.03kg，八角 0.07kg，冰糖 0.2kg，小茴香 0.03kg，白糖 0.2kg，猪肥膘 0.33kg，草果 0.07kg，面酱 0.13kg。

2. 工艺流程

选料与处理→煮制→成品。

3. 操作要点

（1）选料与处理　选用生长 5 个月左右的兔子，过老、过嫩、过瘦皆不入选。兔子宰杀时先剥皮取出内脏，挂阴凉通风处风干 7 天。然后放凉水中浸泡洗净，并分部位剁块用开水浸烫后，冲洗干净，沥干水分。

(2) 煮制　将兔肉分层摆放锅内，摆放时在中间留一圆洞，用纱布袋装入香辛料放锅内，并兑入老汤同煮。先用大火煮1h，改用文火煮1～5h。煮熟后待凉捞出，即为成品。

九、龙眼珊瑚鹿肉

龙眼珊瑚鹿肉以鹿肉为主要原料，配以鹌鹑蛋和红萝卜，经油炸、卤煮等工序加工而成，因鹌鹑蛋形如龙眼，红萝卜珠好似珊瑚，故而得名。

1. 原料配方

鹿肉0.75kg，鹌鹑蛋10个，红萝卜0.25kg，猪肉0.5kg，鸡腿骨0.5kg，清油0.3kg，料酒0.2kg，葱段0.1kg，姜0.05kg，酱油0.02kg，食盐0.04kg，白酒0.01kg，味精0.002kg，香油0.002kg，胡椒面0.002kg，干辣椒0.0054kg，花椒0.001kg，水豆粉0.015kg。

2. 工艺流程

原料整理→油炸、卤煮→出锅→成品。

3. 操作要点

(1) 原料整理　选肋条鹿肉，切成4cm见方的块，用水泡洗2次。猪肉切块和鸡骨一起用开水氽，温水泡。鹌鹑蛋开水煮熟去壳，将大的一端切齐。直径2.5cm红萝卜，去皮，切成长2～5cm的段，削成算盘珠形，开水焯熟，清水泡凉，备用。

(2) 油炸、卤煮　锅内油烧至六成热，放入鹿肉，稍炸捞出。先将鸡骨放在锅底，用纱布将鹿肉包成2包，放在鸡骨上，然后再放猪肉，加汤、盐、酱油、料酒、白酒、胡椒面，烧开撇尽浮沫，放入干辣椒、花椒、姜、葱，微火煮至鹿肉熟软为止。挑出锅内干辣椒、姜、葱等，将鹿肉包解开，鹿肉摆在盘中间，鹌鹑蛋、红萝卜珠烧上味，摆在鹿肉周围，将鹿肉原汤下味精、水豆粉，收浓，加香油，浇在鹿肉上即成。鹌鹑蛋、红萝卜珠保持本色，不要浇汁。

第五章

白煮肉制品工艺及配方

第一节　白煮肉类工艺及特点

该类产品的特色是不用酱油，产品皮色洁白，瘦肉红润，一般制成冷盘食用，代表产品有镇江肴肉。有的使用盐、葱、姜和酒等作为调味料，食用时，用酱油、芝麻油、葱花、姜丝、香醋等配成卤汁，浸蘸食用，可冷食也可热食。产品以腿肉、猪头肉、蹄膀和内脏作原料，如白切肉。

白煮肉制品是酱卤肉类未经酱制或卤制的一个特例，是肉经（或不经）腌制，在水（或盐水）中煮制而成的熟肉类制品。白煮制品的主要品种是白水羊头肉、白切肉，还有白切猪头肉、蹄膀、猪舌、猪肚、猪肝、圈子（猪直肠）等。现简要介绍其加工方法如下。

按与酱卤制品相同要求选择原料，清洗整理后把原料肉逐块放入煮锅中，放入凉水，水要淹没肉块，用旺火把火烧开，进行“打泛”，撇净血水浮沫和污物杂质。再改用文火煮 2～3h，至肉熟即可出锅。对带骨原料，如头、蹄等，还需趁热拆骨，不能等凉透后再拆。拆骨时要保持肌肉的部位完整，不能拆碎，拆骨时要注意操作人员的卫生，先洗手消毒，再操作。然后将肉块切成薄的肉片，切片非常讲究刀工，先用小刀选好部位，再用大刀片，刀由里往外推拉切成又大又薄的肉片。再辅以预调制的香料即成。辅料因不同地区及不同产品而异。

第二节　白煮畜肉加工技术

一、白切肉

白切肉又称白煮肉、白片肉、白肉，为北京传统名菜，源于明末的满族，至今约有300多年历史，清朝入关后从宫中传入民间。白切肉是用去骨猪五花肉白煮而成，其特点是肥而不腻，瘦而不柴；蘸上调料，就着荷叶饼或芝麻烧饼吃，风味独特。北京“砂锅居”饭庄制作的白切肉最为著名。

（一）白切肉

1. 原料配方（按100kg猪前后腿肉计）

食盐13～15kg，姜0.5kg，硝酸钠0.02kg，葱2kg，料酒2kg。

2. 工艺流程

原料选择与整理→腌制→煮制→冷却→成品。

3. 操作要点

（1）原料选择　选择卫检合格、肥瘦适度的新鲜优质猪前后腿肉为原料，每只腿斩成2～3块。

（2）腌制　将食盐和硝酸钠配制成腌制剂，然后将其揉擦于肉坯表面，放入腌制缸中，用重物压紧，在5℃左右腌制。2d后翻缸1次，使食盐分布均匀；7d后出缸，抖落盐粒。

（3）煮制　第一次制作时，将葱、姜、料酒和清水倒入锅中，再加入腌制好的肉块，宽汤旺火烧开，煮1h后文火炖熟，捞出即为成品。剩余的汤再烧开，撇去浮油，滤去杂物和葱姜，即为老汤。以后制作使用老汤风味更佳。

（4）冷却　煮熟的肉冷却后可立即销售，也可于4℃冷藏保存。

（二）白切肉家庭制作

1. 原料配方（按1kg猪肉计）

腌韭菜花10kg，酱油50kg，辣椒油30kg，腐乳汁15kg，大蒜泥 10kg。

2. 工艺流程

原料处理→煮制→成品。

3. 操作要点

（1）原料处理　把猪肉（最好是五花肉）横切成 20cm 长、10cm 宽的条块，刮皮洗净。

（2）煮制　将肉块皮向上放入锅里，倒入清水，水面没过肉块 10cm；加盖后旺火烧开，再用文火煮（要保持微沸状态，中途不得添水）2h 左右。煮熟后，先捞出浮油，再捞出肉块晾凉，去皮后切成 10cm 长的薄片；同时把大蒜泥、腌韭菜花、腐乳汁、辣椒油和酱油等调料一并放入小碗内拌匀，用肉片蘸着该调料食用。

二、镇江肴肉

肴肉是镇江著名的传统肉制品，久负盛名，具有香、酥、鲜、嫩四大特色，瘦肉色红，香酥适口，食不塞牙，肥肉去膘，食而不腻。食用时佐以镇江香醋和姜丝，更是别有风味。相传在清代初年即有肴蹄加工，清光绪年间修纂的《丹徒县志》上就有“肴蹄”的记载，故又称水晶肴蹄。又因肴肉皮色洁白，晶莹碧透，卤冻透明，肉色红润，肉质细嫩，味道鲜美，故还有水晶肴肉之称。

（一）方法一

1. 原料配方（按 100 只去爪猪蹄膀计，平均每只重约 1kg）

食盐 13.5kg，八角 0.075kg，姜片 0.125kg，绍酒 0.25kg，葱 0.25kg，明矾 0.03kg，花椒 0.075kg，硝水 3kg。

注：硝水为 0.03kg 硝酸钠拌和于 5kg 水中得到。

2. 工艺流程

原料选择与整理→腌制→煮制→压蹄→成品。

3. 加工工艺

（1）原料选择与整理　一般要求选 70kg 左右的薄皮猪，以在冬季肥育的猪为宜。取猪的前后腿（以前蹄膀制作的肴肉为最好），除去肩胛骨、臂骨与大小腿骨，去爪、去筋、刮净残毛，洗涤干净，然后置于案板上，皮朝下，用铁钎在蹄膀的瘦肉上戳小洞若干。

(2) 腌制　用食盐均匀揉擦整理好的蹄膀表皮，用盐量占6.25%，务求每处都要擦到。然后将蹄膀叠放在缸中腌制，放时皮面向下，叠时用3%硝水洒在每层肉面上。冬季腌制需6～7d，甚至达10d之久，用盐量每只约90g；春秋季腌制3～4d，用盐量约110g；夏季只需腌6～8h，需盐量125g左右。腌制的要求是深部肌肉色泽变红为止。出缸后，用15～20℃的清洁冷水浸泡2～3h (冬季浸泡3h，夏季浸泡2h)，适当减轻咸味，除去涩味，同时刮除皮上污物，用清水洗净。

(3) 煮制　取清水50kg、食盐4kg及明矾15～20g放入锅中，加热煮沸，撇去表层浮沫，使其澄清。将上述澄清盐水注入另一锅中，加入黄酒、白糖，另取花椒、八角、鲜姜、葱分别装在两只纱布袋内，扎紧袋口，放入盐水中，然后把腌好洗净的蹄膀放入锅内，蹄膀皮朝上，逐层摆叠，最上一层皮面向下，并用竹篾盖好，使蹄膀全部浸没在汤中。然后用旺火烧开，撇去浮在表层的泡沫，用重物压在竹盖上，改用小火煮，温度保持在95℃左右，时间为90min，再将蹄膀上下翻换，重新放入锅内再煮3～4h (冬季4h，夏季3h)，用竹筷试一试，如果肉已煮烂，竹筷很容易刺入，这就恰到好处。捞出香料袋，肉汤留下继续使用。

(4) 压蹄　取长宽均为40cm、边沿高4.3cm的平盆，每个盆内平放猪蹄膀2只，皮朝下。每5只盆叠压在一起，上面再盖空盆1只。20min后，将盆逐个移至锅边，把盆内的油卤倒入锅内。用旺火把汤卤煮沸，撇去浮油，放入清水和剩余明矾，再煮沸，撇去浮油，将汤卤舀入盆中，使汤汁淹没肉面，放置于阴凉处冷却凝冻(天热时凉透后放入冰箱凝冻)，即成晶莹透明的浅琥珀状水晶肴肉。煮沸的卤汁即为老卤，可供下次继续使用。镇江肴肉宜于现做现吃，通常配成冷盘作为佐酒佳肴。食用时切成厚薄均匀、大小一致的长方形小块装盘，并可摆成各种美丽的图案。食用肴肉时，一般均佐以镇江的又一名产——金山香醋和姜丝，这就更加芳香鲜润，风味独特。

(二)方法二

1. 原料配方

10只猪蹄膀(约50kg),曲酒(60度)250g,白糖250g,花椒125g,大盐10kg,大料125g,葱段250g,明矾30g,姜片250g,硝酸钠20g。

2. 工艺流程

原料肉的选择与处理→腌制→煮制→压制蹄膀→成品。

3. 加工工艺

(1)原料肉的选择与处理 选择皮薄、活重在70kg左右的瘦肉型猪肉为原料,取其前后蹄膀肘子进行加工,以前蹄膀为最好。将蹄膀剔骨去筋,刮净残毛,洗涤干净。

(2)腌制 将蹄膀皮面朝下置于肉案上,用铁扦在瘦肉上戳若干小洞,用盐均匀揉擦肉的表面,用盐量为肉重的6.25%,力求每处都擦到。擦盐后层层叠放在腌制缸中,皮面向下,叠时用3%硝酸钠水溶液少许洒在每层肉面上。多余的盐洒于肉面上。在冬季腌制6~7d,每只蹄膀用盐量约90g;春秋季腌制3~4d,用盐量110g左右。夏天腌制1~2d,用盐量125g。腌制的要求是深部肌肉色泽变红为止。为了缩短腌制时间,可以改为盐水注射腌制,注射后用滚揉机滚揉,10h就可以达到腌制的要求。

出缸后,用15~20℃的清洁冷水浸泡2~3h(冬季浸泡3h,夏季浸泡2h),适当脱盐,减轻咸味,除去腥涩味,同时刮去皮上的杂物污垢,用清水洗净。

(3)煮制 用清水50kg,加食盐5kg和明矾粉15g,加热煮沸,撇去浮沫,放置使其澄清。取澄清的盐水注入锅中,加60度曲酒250g,白糖250g,将花椒和大料装入香料袋,扎住袋口,放入盐水中,然后把腌好洗净的猪蹄膀50kg放入锅内,猪蹄膀皮朝上,逐层摆叠,最上面一层皮面朝下,上面用铁箅压住,使蹄膀全部淹没在汤中,盖上锅盖。用大火烧开,撇去浮油和泡沫,改用文火煮,温度保持在95℃左右,时间90min,将蹄膀上下翻一次,然后再焖煮4h。煮熟的程度以竹筷很容易插入为宜。捞出香料袋。

（4）压制蹄膀　取长、宽都为40cm，边高4.3cm的平盘（不锈钢模具）50个，每个盘内平放猪蹄膀2只，皮朝下。每5个盘摞在一起，最上面再摞一个空盘。20min后，将盘内沥出的油卤倒入卤汤锅内。用旺火把卤汤煮沸，撇去浮油，放入明矾15g，清水2.5kg，再煮沸，撇去浮油，稍澄清，将卤汤舀入蹄盘，使卤汤淹没肉面，放置于阴凉处冷却凝冻（夏天凉透后放入冰箱凝冻），即成晶莹透明的浅琥珀状水晶肴肉。

（5）成品　皮色洁白，光滑晶莹，卤冻透明，瘦肉色红，香酥适口，肥而不腻，入口鲜美，滑嫩化渣，肉质板实，肉色鲜红，香气特足，脂香醇正。

三、肴肉罐头

1. 原料配方（按100kg猪肉计）

（1）主料配方　食盐3kg，预煮调味料40kg，明矾2～3g，味精50g，亚硝酸钠10g。

（2）预煮调味料配方　花椒0.1kg，八角0.2kg，姜0.5kg，食盐0.5kg，葱1kg，水40kg。

2. 工艺流程

原料选择→腌渍→漂洗→预煮→切块→注汤→密封→杀菌→冷却→成品。

3. 操作要点

（1）原料选择　选择去皮、去骨猪肉为原料，尤以前后腿肉为佳。

（2）腌渍　将食盐和亚硝酸钠（将亚硝酸钠溶于5kg水中）加入猪肉中，拌匀后放入容器，立即于2～6℃冷库内腌渍3～5d。腌后肉色呈鲜红色，气味正常。

（3）漂洗　腌渍后漂洗1h，以洗去污物，然后在沸水中淋浸20min，取出再清洗1次，去除血蛋白、污物等。

（4）预煮、切块　将猪肉与调味料在95～98℃预煮60～70min，取出平铺在工作台面上自然冷却。然后切成厚1～1.5cm、长7～8cm的块形。

（5）注汤　在上述配料预煮汤中加入明矾，澄清汤汁，除去沉淀物后加入味精。然后将肉块放入罐中，注入此汤汁。

（6）密封、杀菌及冷却　密封中心温度不低于75℃，杀菌式（排气）15min—25min—15min/121℃，反压冷却。

四、白切羊肉

（一）白切羊肉一

1. 原料配方（按100kg羊肉计）

窝子酱油8kg，羊筒子骨80根，白糖4kg，鲜姜4kg，黄油2kg，葱1kg，陈皮1kg，香油1kg，八角0.6kg，食盐0.4kg，小茴香0.4kg，桂皮0.4kg，花椒0.4kg，丁香0.1kg。

2. 工艺流程

原料选择及整理→煮制→压制→成品。

3. 操作要点

（1）原料选择及整理　选用符合卫生检验要求的长阳山新鲜羊夹腿肉，然后切成长20cm、宽13cm、厚5cm的长方块，清洗干净。同时将羊筒子骨洗净。

（2）煮制　锅内加100kg清水。将八角、丁香、桂皮、花椒、小茴香、陈皮装进小白布袋中，捆好袋口，做成香料袋。将羊筒子骨放在锅底，香料袋放在筒子骨中间，羊肉放在上面，顺码成梳子背形。生姜拍松，香葱挽结，和食盐、窝子酱油、黄酒、白糖一起放入锅中煮开后，改用微火加盖焖煮40min取出。羊肉不要煮过烂，煮制过程注意保持肉块形状完整。

（3）压制　将煮好的肉块整齐地摆在铺有白布的案子上包好，压上木板，放重物进行压制，约10h即可。食用时将压好的肉块改切成长5cm、宽3cm、厚0.3cm的长方片，码入盘中，叠成元宝形，叠好的羊肉立即刷上小磨香油即可。

（二）白切羊肉二

1. 原料配方（按100kg羊肉计）

白萝卜10kg，陈皮1kg，葱2kg，生姜2kg，料酒2kg，佐料 10kg。

注：佐料由细姜丝、青蒜丝、甜面酱、辣椒酱混合而成。

2. 工艺流程

原料整理→煮制→冻凝→成品。

3. 操作要点

(1) 原料整理　将羊肉切块、洗净，在水中浸泡 2～4h，捞出控水。

(2) 煮制　将羊肉块放入锅中，加清水，放入白萝卜，大火烧开，去掉血污后，捞出羊肉。锅内另换新水，放回羊肉，加入葱段、生姜（拍松)、陈皮等调料，用旺火烧开，撇去浮沫，加入料酒，改为中火煮熟。

(3) 冻凝　将肉捞出，摊于平盘中。将锅中卤汁再次烧开，撇净浮油，留下部分倒入羊肉盘内，晾凉，放入冰箱冷冻。食用时取出切成薄片装盘，蘸佐料吃。

五、佛山扎蹄

佛山扎蹄，又称酝扎猪蹄、佛山酝扎蹄，至今已流传一百多年，以老字号“得心斋”制作为佳品。佛山扎蹄制法特殊，配料考究，以“五香和味、皮爽肉脆”而驰名，是佛山特产之一。佛山扎蹄有两种形式，一是用整只猪蹄酝制而成；一是用猪蹄开皮，抽去脚筋和骨，再用猪肥肉夹着猪精瘦肉包扎在猪蹄皮内酝制。所谓“酝”，就是用慢火煮浸。前者制作工序较少，后者制作工序较多，但两者都为佛山人所喜食。由于后者是用水草扎着来酝制，所以名叫“扎蹄”。

(一) 佛山扎蹄一

1. 原料配方

(1) 精肉片腌制液（按 50kg 精肉计）　食盐 0.75kg，五香粉 0.1kg，白酒（50 度）0.75kg，酱油 2.5kg，白糖 1.5kg。

(2) 扎蹄腌制液（按 50kg 精肉和肥膘计）　酱油 2.5kg，芝麻酱 0.5kg，白糖 1.5kg，五香粉 0.1kg，白酒（50 度）0.75kg。

(3) 煮蹄用配料（按扎蹄生坯40kg计） 食盐2kg，白糖3kg，八角0.2kg，酱油5kg，硝酸钠0.02kg，甘草0.2kg，白酒(50度)1kg，川椒0.1kg，桂皮0.2kg。

2. 工艺流程

原料修整→腌制→扎蹄→煮烧→成品。

3. 操作要点

(1) 原料修整 加工扎蹄的原料有精肉、肥膘和猪蹄皮，其重量比为65∶20∶15，猪蹄皮可用猪皮代替。先将猪蹄刮尽细毛洗净，然后从猪蹄后面开刀，将皮分开，去骨及筋膜，再用刀将皮下脂肪刮尽；精肉去尽筋膜和脂肪，切成0.4cm厚的薄片；肥膘用冷水洗净后用刀切成与精肉一样的薄片待用。

(2) 腌制 先将精肉片腌制配料全部拌匀，然后加精肉片再拌匀，腌制约20min后在烤炉中烤熟。再将肥膘片用盐腌制10h待用，每50kg肥膘片用盐3～3.5kg。将烤熟的精肉片和腌制后的肥膘片与扎蹄腌制液配料全部拌匀，腌制约20min。

(3) 扎蹄 将经扎蹄配料腌制后的精肉片和白膘片分别交错地夹嵌在猪蹄皮中间卷成圆筒形，外用水草或细麻绳绕紧。由于猪蹄皮面积可能较小，中间嵌满肉片后，两边不能合拢，在空档处可用薄竹片或猪皮嵌入，外面再扎水草或细绳，若用大张猪皮，则不存在此问题。

(4) 煮烧 扎蹄生坯40kg入锅，加水100kg及全部配料，用文火焖烧2.5h，出锅即为成品。

(二) 佛山扎蹄二

1. 原料配方

(1) 第一次瘦肉腌制配方（按100kg瘦肉计） 白酒0.4kg，食盐0.25kg，五香0.02kg，白糖0.7kg，酱油0.5kg。

(2) 第一次肥肉腌制配方 白酒0.4kg，食盐0.25kg，五香0.02kg，白糖0.7kg。

(3) 第二次瘦肉腌制配方 白酒0.4kg，白糖0.7kg，五香0.2kg，生抽0.5kg，香油0.15kg。

（4）卤水的配方（按清水 50～70kg 计） 八角 0.2kg，草果 0.2kg，桂皮 0.5kg，汾酒 0.5kg，花椒 0.2kg，小茴香 0.2kg，食盐 3kg，丁香 0.05kg，甘草 0.1kg，莲子 0.2kg。

2. 工艺流程

原料修整→腌制→制陷→煮熟→冷卤浸泡→成品。

3. 操作要点

（1）原料修整 选用肉嫩皮薄、重约 0.5kg 左右猪蹄，去毛、洗净，用刀取出全部骨头、筋络，脚皮不带肉，不破不损，保持完整。夏天还须把脚皮翻转，擦些盐粒，以防变质。按瘦肉 350g、肥肉 200g 的比例，把肥瘦肉切成条状，厚度约 0.3cm，修去筋络、杂质，然后腌制。

（2）腌制 先将腌制配料全部拌匀，然后在第一次瘦肉腌制配料中加瘦肉条拌匀，腌制约 20min 后入烤炉烤至五成熟，取出后加入第二次瘦肉腌制配料再腌制 15min 左右。同时将肥肉腌制待用。腌好后按猪蹄长短切好。

（3）制馅 将以上腌好的肥瘦肉作为馅，瘦肉在底，肥肉在上，一层一层地装满猪蹄皮为止。然后用水草均匀地捆扎 6～7 圈。注意造型美观，不能扎成一头大一头小，要扎牢，避免松散。

（4）煮熟 用稀麻布将八角、小茴香、甘草、草果、桂皮、莲子包成一袋，与扎好的猪蹄一同放入锅内（先放清水），加少许汾酒，用微火煮，待猪蹄转色约七成熟时，用钢针在蹄上戳孔，除去水面杂质，减小火力，烧熟出锅。

（5）冷卤浸泡 将猪蹄浸泡在冷卤内 12h，取出加少量卤汁和芝麻油即可食用。

4. 注意事项

（1）剔猪蹄骨时不要弄破皮，确保皮层完好。

（2）猪蹄皮裹料后，要仔细捆扎，尽量使扎蹄保持原状。

（3）卤制时一定要用慢火，并要在皮层上扎若干小孔，否则皮层遇热后会爆裂。

（4）卤制好的扎蹄须入冰箱冷却后方可除去扎绳、夹板，以保持扎蹄不松散。

第三节 白煮禽肉加工技术

一、南京盐水鸭

（一）方法一

1. 原料配方

肥鸭1只（重约2000g），精盐230g，姜50g，葱50g，大料适量。

2. 工艺流程

原料选择与整理→腌制→烘干→煮制→冷却→包装。

3. 操作要点

（1）原料选择与整理　选用当年健康肥鸭，宰杀拔毛后切去翅膀和脚爪，然后在右翅下开膛，取出全部内脏，用清水冲净体内外，再放入冷水中浸泡1h左右，挂起晾干待用。

（2）腌制　先干腌，即用食盐和大料粉炒制的盐，涂擦鸭体内腔和体表，用盐量每只鸭100～150g，擦后堆码腌制2～4h，冬春季节长些，夏秋季节短些。然后抠卤，鸭子经腌制后，肌肉中的一部分水和余血渗出，留存在腹腔内，这时用右手提起鸭的右翅，用左手食指或中指插入鸭的肛门内，使腹腔内的血卤排出，故称抠卤。再行复卤2～4h即可出缸。复卤即用老卤腌制，老卤是加生姜、葱、大料熬煮加入过饱和盐水而制成。按每50L水加食盐35～37kg的比例放入锅中煮沸，冷却过滤后加入姜片100g、大料50g和香葱100～150g即为新卤。新卤经1年以上的循环使用即称为老卤。复卤即用老卤腌制，复卤时间一般为2～3h。复卤后的鸭坯经整理后用沸水浇淋鸭体表，使鸭子肌肉和外皮绷紧，外形饱满。

（3）烘干　腌后的鸭体沥干盐卤，把鸭逐只挂于架子上，推至烘房内，以除去水汽，其温度为40～50℃，时间20～30min，烘干后，鸭体表色未变时即可取出散热。注意烘炉要通风，温度绝不宜高，否则会影响盐水鸭品质。

（4）煮制　煮制前用6cm长中指粗的中空竹管或芦柴管插入鸭的肛门，再从开口处插入腹腔料，姜2～3片，大料2粒，葱1～2根，然后用开水浇淋鸭的体表，使肌肉和外皮绷紧，外形饱满。然后水中加三料（葱、生姜、大料）煮沸，停止加热，将鸭放入锅中，开水很快进入体腔内，提鸭头放出腔内热水，再将鸭坯放入锅中，压上竹盖使鸭全浸在液面以下，焖煮20min左右，此时锅中水温在85℃左右，然后加热升温到锅边出现小泡，这时锅内水温90～95℃时，提鸭倒汤再入锅焖煮20min左右，第二次加热升温，水温90～95℃时，再次提鸭倒汤，然后焖5～10min，即可起锅。在焖煮过程中水不能开，始终维持在85～95℃。否则水开肉中脂肪熔解导致肉质变老，失去鲜嫩特色。

（5）成品　盐水鸭表皮洁白，鸭体完整，鸭肉鲜嫩，口味鲜美，营养丰富，细细品尝时，有香、酥、嫩的特色。

（二）方法二

1. 原料配方

肥鸭35只，100kg水，食盐25～30kg，葱75g，生姜50g，大茴香15g。

2. 工艺流程

原料鸭的选择→宰杀→整理→干腌→抠卤→复卤→煮制→成品。

3. 操作要点

（1）原料鸭的选择　盐水鸭的制作以秋季制作的最为有名。因为，经过稻场催肥的当年仔鸭，长得膘肥肉壮，用这种仔鸭做成的盐水鸭，皮肤洁白，肌肉娇嫩，口味鲜美，桂花鸭都是选用当年仔鸭制作，饲养期一般在1个月左右。这种仔鸭制作的盐水鸭，更为肥美，鲜嫩。

（2）宰杀　选用当年生肥鸭，宰杀放血拔毛后，切去两节翅膀和脚爪，在右翅下开口取出内脏，用清水把鸭体洗净。

（3）整理　将宰杀后的鸭放入清水中浸泡2h左右，以利浸出肉中残留的血液，使皮肤洁白，提高产品质量。浸泡时，注意鸭体腔内灌满水，并浸没在水面下，浸泡后将鸭取出，用手指插入肛门再拔出，以便排出体腔内水分，再把鸭挂起沥水约1h。取晾干的鸭放在案子上，用力向下压，将肋骨和三叉骨压脱位，将胸部压扁。这时鸭呈扁而长的形状，外观显得肥大而美观，并能在腌制时节省空间。

（4）干腌　干腌要用炒盐。将食盐与茴香按100∶6的比例在锅中炒制，炒干并出现大茴香之香味时即成炒盐。炒盐要保存好，防止回潮。将炒制好的盐按6%～6.5%盐量腌制，其中的3/4从右翅开口处放入腹腔，然后把鸭体反复翻转，使盐均匀布满整个腔体；1/4用于鸭体表腌制，重点擦抹在大腿、胸部、颈部开口处，擦盐后叠入缸中，叠放时使鸭腹向上背向下，头向缸中心尾向周边，逐层盘叠。气温高低决定干腌的时间，一般为2h左右。

（5）抠卤　干腌后的鸭子，鸭体中有血水渗出，此时提起鸭子，用手指插入鸭子的肛门，使血卤水排出。随后把鸭叠入另一缸中，待2h后再1次抠卤，接着再进行复卤。

（6）复卤　复卤的盐卤有新卤和老卤之分。新卤就是用抠卤血水加清水和盐配制而成。每100kg水加食盐25～30kg，葱75g，生姜50g，大茴香15g，入锅煮沸后，冷却至室温即成新卤。100kg盐卤可每次复卤约35只鸭，每复卤1次要补加适量食盐，使盐浓度始终保持饱和状态。盐卤用5～6次必须煮沸1次，撇除浮沫、杂物等，同时加盐或水调整浓度，加入香辛料。新卤使用过程中经煮沸2～3次即为老卤，老卤愈老愈好。

复卤时，用手将鸭右腋下切口撑开，使卤液灌满体腔，然后抓住双腿提起，头向下尾向上，使卤液灌入食管通道。再次把鸭浸入卤液中并使之灌满体腔，最后，上面用竹箅压住，使鸭体浸没在液面以下，不得浮出水面。复卤2～4h即可出缸起挂。

（7）烘坯　腌后的鸭体沥干盐卤，逐只挂于架子上，推至烘房内，以除去水气，其温度为40～50℃，时间约20min，烘干后，鸭体表色未变时即可取出散热。注意煤炉烘炉内要通风，温度决不宜高，否则将影响盐水鸭品质。

（8）上通　用直径2cm、长10cm左右的中空竹管插入肛门，俗称“插通”或“上通”。再从开口处填入腹腔料，姜2～3片、八角2粒、葱1根，然后用开水浇淋鸭体表，使鸭子肌肉收缩，外皮绷紧，外形饱满。

(9) 煮制　南京盐水鸭腌制期很短，几乎都是现作现卖，现买现吃。在煮制过程中，火候对盐水鸭的鲜嫩口味可以说相当重要，这是制作盐水鸭好坏的关键。一般制作，要经过两次“抽丝”。在清水中加入适量的姜、葱、大茴香，待烧开后停火，再将“上通”后的鸭子放入锅中，因为肛门有管子，右翅下有开口，开水很快注入鸭腔。这时，鸭腔内外的水温不平衡，应该马上提起左腿倒出汤水，再放入锅中。但这时鸭腔内的水温还是低于锅中水温，再加入总水量六分之一的冷水进锅中，使鸭体内外水温趋于平衡。然后盖好锅盖，再烧火加热，焖15～20min，等到水面出现一丝一丝皱纹，即沸未沸（约90℃）、可以“抽丝”时住火。停火后，第二次提腿倒汤，加入少量冷水，再焖10～15min。然后再烧火加热，进行第二次“抽丝”，水温始终维持在85℃左右。这时，才能打开锅盖看熟，如大腿和胸部两旁肌肉手感绵软，并油膨起来，说明鸭子已经煮熟。煮熟后的盐水鸭，必须等到冷却后切食。这时，脂肪凝结，不易流失，香味扑鼻，鲜嫩异常。

(10) 成品　煮熟后的鸭子冷却后切块，取煮鸭的汤水适量，加入少量的食盐和味精，调制成最适口味，浇于鸭肉上即可食用。切块时必须晾凉后再切，否则热切肉汁容易流失，鸭肉容易发散、切不成形。

二、盐水鸭家庭制作

1. 原料配方

肥鸭（1只）2kg，食盐100～150g，姜适量，八角适量，葱适量。

2. 工艺流程

原料选择和整理→腌制→烫皮→煮制→成品。

3. 操作要点

(1) 原料选择和整理　选用当年仔鸭，饲养期一般在3～5个月左右，尤其以秋季制作的最为有名。经过稻场催肥的当年仔鸭，长得膘肥肉壮，用这种仔鸭制作的盐水鸭，更为肥美、鲜嫩。颈部切断三管法宰杀放血，60～68℃热水浸烫2min左右，脱毛、齐翅膀处切去两翅，再沿踝关节割下两脚，然后在右翅下横切6～7cm月牙形口，掰断2～3根肋骨，从开口处挖出内脏，拉出气管、食管和血管，用清水把鸭体洗净，再放入12℃以下冷水中浸泡1～2h，浸出肉中残留的血液，使肌肉洁白，挂起晾干。浸泡时，注意鸭体腔内灌满水，并浸没在水面下，浸泡后将鸭取出，用手指撑开肛门排出体腔内水分，然后把鸭挂起沥水约1h。取晾干的鸭体置于案子上，用力向下压，将胸骨、肋骨和三叉骨压脱位，将胸部压扁。此时鸭体呈扁而长的形状，外观显得肥大而美观，并能够节省腌制空间。

(2) 腌制　先用炒盐涂擦鸭体腔和体表，用盐量为100～150g，擦后码堆腌制2～4h，然后用盐卤复腌2～3h即可出缸。

(3) 烫皮　复腌后的鸭坯，用长6cm的空竹管插入肛门，再从开口处填入姜2～3片、八角2粒、葱1～2根，然后用沸水浇淋鸭体表使肌肉和外皮绷紧。

(4) 煮制　在清水中加入葱、姜、八角煮沸，停止烧火，将鸭体放入，待开水进入腹腔后，提起鸭头放出热水，再将鸭体放入锅中灌入热水，盖上锅盖，焖煮20min。然后加热升温到水似开未开时，提鸭倒汤，再入锅焖煮20min后，第二次加热升温至90～95℃，再次提鸭倒汤，再焖5～10min，即可起锅。

三、成都桶子鸭

1. 原料配方

肥鸭100只，食盐2kg，花椒1kg，葱、鲜姜各0.5kg。

2. 工艺流程

原料选择→宰杀→烫皮及腌制→煮制→成品。

3. 操作要点

(1) 原料选择及宰杀　选用新鲜优质当年鸭为原料。采用颈部切断三管法宰杀放血，64℃左右热水中浸烫脱毛，然后在右翅下横切6～7cm左右月牙形口，从开口处挖出内脏，拉出气管、食管和血管，用清水把鸭体洗净。

(2) 烫皮及腌制　剁掉鸭掌和鸭翅，再用开水充分淋浇鸭身内外，使鸭皮伸展。然后把食盐和花椒的混料搓擦鸭身内外，放入容器中腌制约 15h。每 100 只腌鸭配料为食盐 2kg、花椒 1kg、葱、鲜姜各 0.5kg。

(3) 煮制　取一根长约 7cm、直径 2cm 左右的竹管，插入鸭肛门，一半入肛门里一半在外，以利热水灌入体腔。再将生姜 2 片、小葱 3 根、八角 2 颗从右翅下刀口处放入鸭腔。然后锅中加清水，同时放入适量生姜、八角、葱，烧沸后，将鸭放入沸水中浸一下，提起鸭左腿，倒出体腔内水分，再放入锅中，使热水再次进入鸭体腔内。然后加入约占锅内水量 1/3 的凉水，盖上锅盖焖煮 20min 左右。接着继续加热，待水温约 90℃，再一次提起鸭体倒出腔内水分，并向锅中加入少量凉水，然后把鸭放入水中焖煮 15min 左右。再次加热到 90℃左右，立即将鸭取出，冷却后切块即可食用。

四、上海白斩鸡

1. 原料配方

三黄鸡 1 只，黄酒 30mL，酱油 15g，葱末 15g，姜末 15g，蒜茸 15g，白糖 8g，香油 8g，米醋 15g。

2. 工艺流程

原料选择→造型→煮制→冷却→成品。

3. 操作要点

(1) 原料选择　必须选用上海市郊浦东、奉贤、南汇出产的优良三黄鸡，要求体重在 2kg 以上，公鸡必须是当年鸡，母鸡要隔年鸡。因为这一带的鸡多散养，吃活食，光照时间长，肉质鲜嫩，皮下脂肪丰富。

(2) 造型　首先把鸡放在水里面烫一下，把鸡的嘴巴从翅膀下穿过去，这样造型会比较漂亮。

(3) 煮制　锅里放入适量的水，放入姜片，大葱段和黄酒，等到水烫手未开时把鸡烫一下，锅里的水不能沸腾，主要是利用水的热度把鸡浸透、泡熟就可以了，这样鸡肉比较嫩，大约半小时左右就成熟了。

(4) 成品 把煮制好的鸡剁好码盘，食用时，把酱油、姜、葱等辅料混合配成佐料蘸着吃。

五、广东白斩鸡

1. 原料配方（按 100kg 白条鸡计）

食盐适量，花生油 0.6kg，绍酒适量，姜 0.5kg，葱 0.5kg。

2. 工艺流程

原料选择→宰杀→整理→煮制→成品。

3. 操作要点

(1) 原料选择、宰杀及整理 选择体重 1kg 左右的嫩公鸡。宰杀和整理步骤的操作可参照前述操作进行。

(2) 煮制 将洗净的鸡放入锅里，倒入清水（以淹没鸡身为宜），再放进葱、姜若干，用大火烧开，撇去浮沫，再改用小火焖煮 10～20min，加适量盐，待确定鸡刚熟时，关火冷却后，再将鸡捞出，控去汤汁，然后在鸡周身涂上麻油即成。将葱、姜切成细丝并与食盐拌匀，然后用中火烧热炒锅，下油烧至微沸，淋在其上，供佐膳用。食用时斩成小块，蘸着佐料吃。

六、马豫兴桶子鸡

马豫兴桶子鸡是河南省开封市的传统历史名产，创始于北宋年间。清咸丰三年（公元 1853 年），马氏后裔在开封古楼东南角设“马豫兴鸡鸭店”沿袭至今，因其形似圆桶而得名。马豫兴桶子鸡以选料严格、制作精细、味道独特而久负盛誉，历经一百多年而久销不衰。

1. 原料配方（按 100kg 白条鸡计）

葱 5kg，香辛料 2kg，食盐 5kg，花椒 0.5kg，姜 2kg，料酒 3kg。

2. 工艺流程

原料选择→宰杀→整理→煮制→成品。

3. 操作要点

(1) 原料选择　一律选用生长期1年以上，体重在1.2kg以上的活母鸡，要求鸡身肌肉丰满，脂肪厚足，胸肉较厚为最佳。

(2) 宰杀、整理　母鸡宰杀后洗净，剁去爪，去掉翅膀下半截的大骨节，从右翅下开5cm长的月牙口，手指向里推断三根肋骨，食指在五脏周围搅一圈后取出；再从脖子后开口，取出嗉囊，冲洗干净。两只大腿从根部折断，用绳缚住。

(3) 煮制　先用部分花椒和盐放在鸡肚内晃一晃，使盐、花椒均匀浸透。再将洗净的荷叶叠成长7cm、宽5cm的块，从刀口处塞入，把鸡尾部撑起。然后用秸秆一头顶着荷叶，一头顶着鸡脊背处，把鸡撑圆。将白卤汤或老汤烧开撇沫，先将桶子鸡浸入涮一下，紧皮后再下入锅内，放入香辛料（用纱布包住）、料酒、葱、姜。煮沸后小火上焖半小时左右，捞出即成。食用时，把鸡分为左右两片，每片再分前后两部分，剔骨斩块装盘，吃起来脆、嫩、香、鲜具备，别有风味。桶子鸡最好的部位是鸡大腿，味道香，口感好，几个鸡大腿切成细片，是凉菜中的上等品。

七、东江盐焗鸡

1. 原料配方

鸡1只（1.3kg左右），生盐（粗盐）2kg，味精3g，八角粉2g，砂姜粉2g，生姜5g，葱段10g，小麻油适量，花生油适量。

2. 工艺流程

原料选择→宰杀、整理→腌制→盐焗→成品。

3. 操作要点

(1) 原料选择　选用即将开产经育肥后的三黄鸡，体重为1.25～1.5kg。

(2) 宰杀、整理　将活鸡宰杀放净血，烫毛并除净毛，在腹部开一小口取出所有内脏，去掉脚爪，用清水洗净体腔及全身，挂起沥干水分。

(3) 腌制　鸡整理好后，把生姜、葱段捣碎与八角粉一起混匀，放入鸡腹腔内，腌制约1h。在一块大砂纸（皮纸）上均匀地涂上一层薄薄花生油，将鸡包裹好，不能露出鸡身。

（4）盐焗　将粗盐放在铁锅内，加火炒热至盐粒爆跳，取出1/4热盐放在有盖的砂锅底部，然后把包好的鸡放在盐上，将其余3/4的盐均匀地盖满鸡身，不能露出，最后盖上砂锅盖，放在炉上用微火加热10～15min（冬季时间长些），使盐味渗入鸡肉内并焗熟鸡，取出冷却，剥去包纸即可食用。再将小麻油、砂姜粉、味精与鸡腹腔内的汤汁混合均匀调成佐料，蘸着吃。

4. 成品质量标准

成品皮为黄色，有光泽，皮爽肉滑。肉质细嫩，骨头酥脆，滋味清香，咸淡适宜。

八、盐水鹅

1. 原料配方

鹅坯6000g，食盐1000g，姜30g，葱270g，八角30g，小茴香30g。

2. 工艺流程

原料选择和整理→腌制→煮制→成品。

3. 操作要点

（1）原料选择和整理　选用当年的肥鹅，宰杀拔毛后，切去翅膀和脚爪，然后左右翅下开腔，取出全部内脏，把血污冲洗干净，再放入冷水里浸泡0.5～1h，以除去体内残血，浸泡后挂起沥干水分。

（2）腌制　用盐量为净鹅重的1/6，食盐内加少量小茴香，炒干并磨细。先取3/4的盐放入鹅体腔内，反复转动鹅体使腹腔内全部布满食盐。其次把余盐在大腿下部用手向上搓抹，在肌肉与腿骨脱开的同时，使部分食盐从骨与肉脱离处入内，然后把落下的盐分别揉搓在刀口、鹅嘴和胸部两旁的肌肉上。擦盐后的鹅体逐只叠入缸中，经过12～18h的腌制后，用手指插入肛门撑开排出血水。之后将鹅放入卤缸，从右翅刀口处灌入预先配制好的老卤，再逐一叠入缸中，用带孔的竹盖盖上，石块压住，使鹅体全部淹在卤中。根据鹅体大小和不同季节，复卤时间不一样，一般复卤时间可为16～

24h，即可腌透出缸。出缸时要抠卤，放尽体内盐水。

（3）煮制　煮前先将鹅体挂起，用中指粗细 10cm 左右长的芦苇管或竹管插入鹅的肛门，并在鹅肚内放入少许姜、葱、八角，然后用开水浇淋体表，再放在风口处沥干。煮制时将清水烧沸，水中加三料（葱、姜、八角），把鹅放入锅内，放时从右翅开口处和肛门管子处让开水灌入内腔。提鹅放水，再放入锅中，腹腔内再次灌入开水，然后再压上锅盖使鹅体浸入水面以下。停火焖煮 30min 左右，保持水温在 85～90℃。30min 后加热烧到锅中出现连珠水泡时，即可停止烧火，提鹅倒出鹅内腔水，再放入锅中灌水入腔，盖上锅盖，停火焖煮 20min 左右，即可出锅，提腿倒汤，待冷却后切块食用。食用时浇上煮鹅的卤汁风味更佳。

第六章

糟肉制品工艺及配方

第一节　糟肉类工艺及特点

一、糟肉类概述

我国糟肉制品历史悠久，早在《齐民要术》一书中就有关于糟肉加工方法的记载。在我国一些地区，糟肉加工相当流行，并形成了一些著名特产。例如，逢年过节，嵊州人几乎家家户户都有制作糟鸡、糟肉的习俗；安徽古井醉鸡因使用古井贡酒而得名；杭州糟鸡在200多年前的清乾隆食谱中已有记载。到了近代，糟肉逐渐增加了醉白肉、糟鸡、糟鹅、糟菜鸽、糟蹄膀、糟脚爪、糟猪头肉、糟猪肚、糟鱼、糟羊肉等品种，统称糟货。

糟制肉制品加工环节较多，可以采用不同加工原料，按各自的整理方法进行清洗整理，其加工工艺基本相同。糟制肉制品须在低温条件下贮藏，才能保持其鲜嫩、爽口的特色，食用前应先浸在糟卤内，食用时和胶冻同时吃更有滋味。

二、糟肉类操作要点

1. 原料整理

基本要求同酱卤肉。例如方肉选用新鲜的皮薄而又细嫩的腿肉或夹心（前腿）。肋骨横斩对半开，再顺肋骨直切成长×宽为15cm×11cm的长方块，成为肉坯。若采用腿肉，亦切成同样规格。脚爪先刮净绒毛、杂物，洗净，用刀在脚掌上方关节处两根骨头之间开一刀，但不能切断，以免在煮制时受热而断裂。蹄膀、猪头肉、猪舌、猪肚（猪直肠）等，均按酱卤或其他加工方法要求进行清洗和整理。

2. 白煮

将整理好的肉坯，倒入锅内烧煮。水要放到超过肉坯表面，用旺火烧，待肉骨头容易抽出来不粘肉时出锅。出锅后一面拆骨。一面趁热在热坯的两面敷盐。糟鸡在锅内的水烧开后，转小火焖煮约20min后，待鸡腿发松、断血，手指掐入感到松软，翅尖能用手指扳断，鸡颈和鸡脑衔接处的软档用手指揿下发软时，就可以出锅敷盐，鸡肚内亦须敷一些盐。其他产品烧煮方法与此基本相同。

3. 糟卤的制作

糟即酒糟，是制作黄酒剩下的渣滓。由于含有10%左右的酒精和20%～25%的可溶性无氮物，并含丰富的脂肪，所以酒糟同黄酒一样，香味浓郁，味道醇厚，再加入一定量的香味调料加工精制，则香味浓郁，故又名香糟。制作糟货的香糟要求是坛头3年以上的沉香糟，开坛后，糠多泥少，呈深咖啡色，捏在手上干燥，自然松散。这就是常用的绍兴黄酒酒糟。

山东即墨酒糟也很有特色。它是用新鲜的酒糟加上15%～20%预先炒熟的麦，2%～3%的五香粉（茴香、花椒、陈皮、肉桂、丁香），拌匀后装入坛罐内，装一层捣紧一层，再装再捣，然后密封，经过3个月左右就制成香糟了，而且越陈越香。福建红糟是酒糟中另一种别具特色的品种。它是以红曲和糯米酿造而成的。把红曲、酒药碾碎，与糯米饭一起拌匀后倒入坛中，用牛皮纸封口，细麻绳扎紧，外面蒙上塑料薄膜，再封口，然后用细泥加盐及稻壳搅拌上劲，封住坛口，使之不透气，1年后即可使用。红糟质量要求是色泽以玫瑰红为佳，香味扑鼻，颜色深而发紫的次之，呈紫黑色、无糟香而有异味的则不可使用。

与香糟、红糟同样具有香味但已属于制成品的太仓糟油，也是用来制作糟货的主要调料。糟油既不是糟，又不是油，因其香味似酒糟，色泽似油，故名糟油。它的制作方法是：将糯米蒸熟，拌入酒药，入缸发酵，酿成油浆原液，然后贮缸1个月，取榨出的原液，配上研末的丁香、甘草、陈皮、肉桂、花椒、茴香、白芷等香料和盐，最后再掺入适量的糟油“底子”（糟油脚），密封贮存在大缸内，缸上盖以松木圆盖，再涂上桐油封口，以保持良好的密封性能。这样贮存 1 年以上，方为成品。其特点是香味浓郁，除腥提鲜，开胃解乏，久藏不坏，食用方便。

糟卤配制常见的有两种方法：一种叫浸制法，另一种叫吊滴法。浸制法就是把香糟和酒以及各味香料、调料一起拌和均匀，浸泡一段时间，沉淀后倒出污面的卤水即成。吊滴法就是把酒糟和酒以及各味调料、香料拌和均匀后，浸泡一段时间，再倒入布袋中，并将布袋吊起，让卤水一滴一滴地漏下来，再稍加过滤即成。一般配制糟卤以吊滴法效果为好。制作方法如下：糟卤的原料包括香糟、黄酒、食盐、白糖、生姜、葱、花椒、茴香、桂皮、山柰、丁香等。先将香糟从坛里取出，放入盆内捏散，倒入黄酒拌匀，放其余辅料搅拌掺匀，在一般温度下，放入大盆，让糟卤一滴一滴地漏在盆内，然后用网筛过滤，存入瓶内或缸内密封，冷藏备用。

4. 糟制和糟肉贮存

在制糟肉时，先将已经凉透的糟肉坯皮朝外，圈砌在盛有糟卤的容器里，然后放入其他糟货坯。糟鸡坯需对半斩开，皮朝下放在最上面，倒入糟卤。糟货桶须事先放在冰箱或制冷容器内，另用一盛冰的细长桶，置于糟货桶中间，加速冷却，直到糟卤冻结时，才能保证质量，上柜供应。糟肉制品的保管较为特殊，必须放在冰箱中或冷库内冷藏，并且要做到以销定产，快产快销，对于作坊式加工小厂可现切现卖，若有剩余，放入冰箱或制冷容器内冷却保存，第二天洗净糟卤后放在白卤汁内重新烧开，然后再糟制。回汤糟货原已有咸度，用盐可酌减。保存时不能与其他产品混杂，如糟货的温度接近气温，必须重新冰冻，否则会失去其特殊风味。

第二节　糟畜肉加工技术

糟肉制品可以选用不同的原料肉经过熟制后用香糟、糟卤或酒进行糟（醉）制而得。产品色泽洁白，糟香浓郁，味鲜不腻，鲜美可口，为夏季佐餐佳品。在糟肉制作过程中常常用到糟，下面简单介绍一下糟的种类和制作方法。

我国一些地区的农户素有冬酿老酒的习俗，选用自家种的糯谷，碾成糯米，蒸成糯米饭，拌进麦曲，然后放进缸里进行发酵制作米酒。经过一段时间的发酵、开耙，将发酵的酒米饭灌进酒袋里压榨，榨尽酒汁，留在布袋里的就是酒糟。做黄酒剩下的酒糟经加工即为香糟。香糟带有一种诱人的酒香，醇厚柔和。香糟可分白糟和红糟两类。白糟产于杭州、绍兴一带，是用小麦和糯米加酒曲发酵而成，含酒精 26%～30%，新糟色白，香味不浓，经过存放后熟，色黄甚至微变红，香味浓郁。红糟产于福建省，是以糯米为原料酿制而成，含酒精 20%左右，隔年陈糟色泽鲜红，具有浓郁的酒香味者为佳品。为了专门生产这种产品，在酿酒时就需加入 5%的天然红曲米，能增加制品的色彩。山东也有香糟生产，是用新鲜的墨黍米黄酒加 15%～20%炒熟的麦麸及 2%～3%的五香粉制成，香味异常。

陈年香糟是浙江绍兴的传统特产，是制作糟肉制品的理想原料，其香气浓郁，味道甘甜，用它制成的糟制食品味美可口，醇香异常。它是以优质绍兴酒的酒糟为主要原料，通过轧糟机压碎，经过筛后，即可配料制作。其配料为每 100kg 糟加食盐 4kg，花椒 3kg。经充分搅拌后，捣烂；然后，将捣成糊状的酒糟灌入密闭容器内，灌装时，必须边灌边压实；最后把容器密封好，陈酿 1 年左右，即可使用。

一、传统糟肉

1. 原料配方（以 100kg 原料肉计）

原料肉 100kg，花椒 1.5～2kg，陈年香糟 3kg，上等绍酒 7kg，高粱酒 500g，五香粉 30g，食盐 1.7kg，味精 100g，上等酱油 500g。

2. 工艺流程

原料整理→白煮→配制糟卤→糟制→产品→包装。

3. 操作要点

(1) 原料整理　选用新鲜的皮薄而又鲜嫩的方肉、腿肉或夹心

(前腿)。方肉照肋骨横斩对半开，再顺肋骨直切成长 15cm，宽 11cm 的长方块，成为肉坯。若采用腿肉、夹心，亦切成同样规格。

(2) 白煮　将整理好的肉坯，倒入锅内烧煮。水要放到超过肉坯表面，用旺火烧，待肉汤将要烧开时，撇清浮沫，烧开后减小火力继续烧，直到骨头容易抽出来不粘肉为止。用尖筷和铲刀出锅。出锅后一面拆骨，一面趁热在热坯的两面敷盐。

(3) 配制糟卤　陈年香糟的制法—香糟 50kg，用 1.5～2kg 花椒加盐拌和后，置入瓮内扣好，用泥封口，待第二年使用，称为陈年香糟。

① 搅拌香糟　100kg 糟货用陈年香糟 3kg、五香粉 30g、盐 500g，放入容器内，先加入少许上等绍酒，用手边挖边搅拌，并徐徐加入绍酒（共 5kg）和高粱酒 200g，直到酒糟和酒完全拌和，没有结块为止，称糟酒混合物。

② 制糟露　用白纱布罩于搪瓷桶上，四周用绳扎牢，中间凹下。在纱布上摊上表芯纸（表芯纸是一种具有极细孔洞的纸张，也可以用其他韧性的造纸来代替）一张，把糟酒混合物倒在纱布上，加盖，使糟酒混合物通过表芯纸和纱布过滤，徐徐将汁滴入桶内，称为糟露。

③ 制糟卤　将白煮的白汤撇去浮油，用纱布过滤入容器内，加盐 1.2kg、味精 100g、上等绍酒 2kg、高粱酒 300g，拌和冷却若白汤不够或汤太浓，可加凉开水，以掌握 30kg 左右的白汤为宜。将拌和配料的白汤倒入糟露内，拌和均匀，即为糟卤。用纱布结扎在盛器盖子上的糟渣，待糟货生产结束时，解下即作为喂猪的上等饲料。

(4) 糟制　将已经凉透的糟肉坯皮朝外，圈砌在盛有糟卤的容器内，盛放糟货的容器须事先入在冰箱内，另用一盛冰容器置于糟货中间以加速冷却，直到糟卤凝结成冻时为止。

(5) 保管方法　糟肉的保管较为特殊，必须放在冰箱内保存，并且要做到以销定产，当日生产，现切再卖，若有剩余，放入冰箱，第二天洗净糟卤后放在白汤内重新烧开，然后再糟制。回汤糟货原已有咸度，用盐量可酌减，须重新冰冻，否则会失去其特殊风味。

二、糟猪肉

1. 原料配方（以100kg肉坯计）

陈年香糟3kg，食盐1.7kg，炒过的花椒3～4kg，味精0.1kg，料酒7kg，酱油（虾子酱油最好）0.5kg，高粱酒0.5kg，五香粉0.03kg。

2. 工艺流程

原料处理→白煮→制糟→制糟卤→糟制→成品。

3. 操作要点

（1）原料处理　选用新鲜的皮薄且皮面细腻的肋条方肉、前腿肉和后腿肉为原料。方肉对半斩成两片，再顺肋骨斩成宽15cm、长11cm的长方块，成为肉坯。前后腿也斩成类似的大小。

（2）白煮　将肉坯倒入锅内，水放满超过肉坯表面，旺火烧至沸腾，撇去血沫，减小火力，继续烧至骨头容易抽出为止。捞出肉坯，拆骨并在肉坯两面敷盐。

（3）制糟　香糟为小麦酒糟。

① 准备陈糟　香糟50kg，炒过的花椒1.5～2kg，食盐适量，搅拌均匀，放入缸中，用泥封口，待第二年使用，称为陈年香糟。

② 糟酒混合　陈年香糟3kg、五香粉30g、盐500g，放入缸内，搅拌均匀，然后徐徐加酒，边加边搅拌，加至料酒5kg，高粱酒200g。继续搅拌至糟酒完全混合均匀，无结块为止。称糟酒混合物。

③ 制糟露　用白纱布覆盖于搪瓷桶口上，四周用绳扎牢，中间凹下，纱布上放一张表芯纸，将糟酒混合物倒在上面过滤，加盖静置，汁液徐徐滴入桶内，称为糟露。表芯纸是一种具有极细微孔的纸，也可以用滤纸代替。

（4）制糟卤　将白煮肉汤撇去浮油，用纱布过滤倒入容器内，加盐1.2kg、味精100g、酱油500g、料酒2kg、高粱酒300g，总量以30kg左右为宜。搅拌均匀后冷却，倒入糟露内，再搅拌均匀，即为糟卤。

（5）糟制　将凉透的糟肉坯皮朝外圈砌在容器中，倒入已冷却的糟卤，可采用一些方法加速冷却，比如中间放冰桶。待糟卤凝结成冻时为止，大约需要3h，食用时将肉切片，盛在盘内，浇上卤汁食用。

三、糟猪腿肉

1. 原料配方（以100kg猪腿肉计）

食盐4kg，黄酒4kg，麦糟40kg。

2. 工艺流程

原料处理→煮制→涂盐→糟制→成品。

3. 操作要点

（1）原料处理　将准备好的猪腿肉用清水清洗干净，不用切块。把盐粒炒熟备用。其他加工用具均须清洗干净并消毒。

（2）煮制　将洗净后的整块腿肉装入煮制容器内，添足清水，用大火将水烧开，然后改用小火将腿肉煮烂。煮制达到要求后捞出腿肉（保留肉汤备用），趁热在腿肉上涂抹一层盐粒，要抹得均匀，冷却后待用。

（3）糟制　将糟、盐粒、黄酒混合拌匀，装入大袋（布袋或纱布袋均可）中，盖在冷透的肉面上。糟袋内可以多加些黄酒，使酒、糟逐渐流滴在腿肉上，把腿肉连同袋子一起放在密闭容器中，置于低温（10℃以下）条件下，进行糟制，至少要放置7天，7天以后即可食用。食用时，将捞出的腿肉切成小方块或厚片装盘即可。剩下的产品必须继续密封好。

四、上海糟肉

1. 原料配方（以100kg原料肉计）

黄酒7kg，陈年香糟3kg，酱油2kg，食盐1.7kg，花椒0.09～0.12kg，高粱酒0.5kg，五香粉0.03kg，味精0.1kg。

2. 工艺流程

原料处理→白煮→陈糟制备→制糟露→制糟卤→糟制→成品。

3. 操作要点

(1) 原料处理　选用新鲜皮薄的方肉和前后腿肉，将选好的肉修整好，清洗干净，切成长15cm、宽11cm的长方形肉坯。

(2) 白煮　将处理好的肉坯倒入容器内进行烧煮，容器内的清水必须超过肉坯表面，用旺火烧至肉汤沸腾后，撇净血污，减小火力继续烧煮，直至骨头容易抽出时为止，然后用尖筷子和铲刀把肉坯捞出。出锅后一面拆骨，一面在肉坯两面敷盐。肉汤冷却后备用。

(3) 陈糟制备　每100kg香糟加3～4kg炒过的花椒和4kg左右的食盐拌匀后，置于密闭容器内，进行密封放置，待第二年使用，即为陈年香糟。

(4) 制糟露　将陈年香糟、五香粉、食盐搅拌均匀后，再加入少许上等黄酒，边加边搅拌，并徐徐加入高粱酒200g和剩余黄酒，直至糟、酒完全均匀，没有结块时为止。然后进行过滤（可以使用表芯纸或者纱布等过滤工具），滤液称为糟露。

(5) 制糟卤　将白煮肉汤，撇去浮油，过滤入容器内，加入食盐、味精、上等酱油（最好用虾子酱油）、剩余高粱酒，搅拌冷却，数量掌握在30kg左右为宜，然后倒入制好的糟露内，混合搅拌均匀，即为糟卤。

(6) 糟制　将凉透的肉坯，皮朝外，放置在容器中，倒入糟卤，放在低温（10℃以下）条件下，直至糟卤凝结成胶冻状，3h以后即为成品。

五、北京香糟肉

1. 原料配方（以100kg原料肉计）

酱油10kg，酒糟泥10kg，白酒4kg，白糖4kg，生油3kg，食盐1.5kg，姜1.2kg，味精0.28kg，香油0.3kg。

2. 工艺流程

原料处理→香糟制备→糟醉→成品。

3. 操作要点

(1) 原料处理　以带皮五花猪肉为原料肉，切成长10cm、宽

3.3cm、厚0.7cm的肉块，浸入清水中，除尽血水，用清水洗净，捞出后控干水分。

（2）香糟制备　在锅内放入花生油1kg，大火烧热，然后放入姜末0.5kg，炒出香味，接着在锅内放入酒糟泥10kg，进行煸炒，边炒边加入白糖3kg、食盐0.5kg、白酒4kg、花生油2kg，再用小火炒约1h，至无酸味为止，即成香糟，包装后备用。

（3）糟醉　将除净血水的猪肉放入锅中，加清水（以没过猪肉为准），用旺火烧开后改用小火进行煮制1.5h左右，然后加入酱油、白糖、食盐、姜、香油、味精和用纱布袋包好的香糟包，继续焖煮1h左右，煮到汁浓、肉酥、皮烂为止，此时即可出锅，晾凉后，即成香糟肉。此产品可以直接食用，贮存时须放置于低温条件下。

六、苏州糟肉

1. 原料配方（以100kg原料肉计）

高粱酒0.2kg，陈年香糟2.5kg，黄酒5kg，食盐1kg，葱1kg，生姜0.8kg，酱油0.5kg，味精0.5kg，五香粉0.1kg。

2. 工艺流程

原料处理→煮制→糟制→成品。

3. 操作要点

（1）原料处理　选用皮薄而又细嫩的新鲜方肉、前后腿肉作为原料。将选好的方肉或腿肉修整好，清洗干净后，切成长15cm、宽11cm的长方肉块，待用。

（2）煮制　将处理好的肉块倒入容器内进行烧煮，容器内的清水必须超过肉坯表面，用旺火烧至肉汤沸腾后，撇净血污，然后减小火力继续烧煮约45～60min，直至肉块煮熟为止，然后用尖筷子和铲刀把肉坯捞出。

（3）糟制　首先将配料混合均匀，过滤制成糟露或糟汁，直至糟、酒完全均匀，没有结块时为止。然后过滤，滤液即为糟露。然后，将烧煮好的肉块置于糟制容器中，倒入糟露，密封糟制4～6h即成。

此产品最好采用真空包装，贮藏温度要低，最好置于 0～4℃条件下。

七、白雪糟肉

1. 原料配方（以 100kg 猪臀肉计）

食盐 5kg，料酒 5kg，姜 2.5kg，白糟 25kg，味精 0.1kg，葱适量。

2. 工艺流程

原料处理→煮制→腌制→糟制→蒸制→成品。

3. 操作要点

(1) 原料处理　选用新鲜、卫检合格的猪臀肉作原料，剔除多余的肥膘，用清水洗净；将葱切成段，把姜拍松成块状，待用。

(2) 煮制　把洗净的猪臀肉放入煮制锅内，加入清水，清水以浸没肉为度，投入葱段和姜块，用旺火烧至肉汤沸腾后，撇净血污，然后减小火力，淋入料酒，用小火焖煮 20min 左右后，取出。

(3) 腌制　把煮制好的猪臀肉晾凉后，用刀切成小方块，放入容器内，加入食盐，搅拌均匀，腌制 20min 左右。

(4) 糟制　在腌制好的肉块中加入白糟拌匀，低温条件下密闭放置 24h 左右，然后加入味精，上笼蒸熟。出笼后，待其冷却凉透后，即可食用。

八、济南糟蒸肉

1. 原料配方（以 100kg 猪肉计）

植物油 100kg，酱油 14.67kg，姜丝 0.8kg，香糟 4.13kg，清汤 4.13kg，食盐 0.13kg，葱丝 0.13kg。

2. 工艺流程

原料处理→腌制→炸制→糟制→蒸制→成品。

3. 操作要点

(1) 原料处理　选用剔骨猪肋肉作为原料，将选好的原料刮洗干净后，切成长 10cm×宽 1.5cm 的片状。

(2) 腌制 将处理好的猪肉片和40g食盐一起调拌均匀，进行腌制20min左右。腌制结束后取出，沥去水分。

(3) 炸制 把油炸锅置于旺火上，将植物油烧至七成热（200℃左右），放入肉片，炸制6min左右，至肉片呈黄色时，捞出，沥去油，皮面朝下呈马鞍状摆放在盛器内，撒上葱、姜丝。

(4) 糟制、蒸制 把香糟加入到清汤中搅拌均匀，过滤，在滤液中加入酱油、食盐90g搅匀，再浇在肉上。然后用旺火蒸制2.5h左右，即为成品。

九、糟猪肋排肉

1. 原料配方（以100kg猪肋排肉计）

香糟13.33kg，清汤100kg，黄酒13.33kg，葱2.67kg，姜2kg，食盐2.67kg，花椒0.27kg，白糖0.67kg，味精0.27kg，八角0.67kg，桂皮0.67kg。

2. 工艺流程

原料处理→煮制→腌制→制卤汁→制糟卤→糟制→成品。

3. 操作要点

(1) 原料处理 原料肉可以采用猪肋排肉等。将准备好的猪肋排肉清洗干净，按肋骨横斩对开，再顺肋骨直斩成长15cm、宽10cm的长方块，成为肉坯（如是腿肉、夹心肉须切成15cm×10cm规格的小块），用清水漂洗干净，整理好备用。

(2) 煮制、腌制 在煮制容器内加水（以淹没猪肉为度），放入猪肉、葱、姜，旺火烧开，撇去浮沫，用小火烧至猪肉八九成熟，即容易抽出骨头时关火，捞出，抽去肋骨，同时趁热在肉坯上面撒上适量食盐，腌制约0.5h。

(3) 制卤汁 先将煮制后汤汁中的浮油和杂质撇去，然后加八角、桂皮、花椒、食盐、白糖、味精等辅料，搅拌均匀后用旺火烧沸，小火烧煮3～5min，倒入容器内冷却备用。

(4) 制糟卤 在盛器中放入香糟，加黄酒，搅拌均匀，过滤除去糟渣，即为香糟卤。再按1∶1的比例加入冷却好的卤汁，调匀备用。

(5) 糟制　将煮熟的原料肉放入盛器内，倒入糟卤，密封好，在0～10℃条件下放置4h左右，即为成品。食用时，将捞出的肉切成小方块或厚片装盘，浇上适量糟卤即可。

十、醉肉

1. 原料配方（以100kg猪肉计）

香糟10kg，黄酒10kg，大曲酒5kg，鲜姜2.5kg，大葱2.5kg，食盐2kg，白糖1kg，桂皮0.5kg，花椒0.5kg，味精0.5kg。

2. 工艺流程

原料处理→焯水→煮制→去骨→加料→醉制→冷却→成品。

3. 操作要点

(1) 原料处理　选用卫检合格的猪方肋作为原料，刮尽原料皮面的余毛，不切块，清洗干净后待用。

(2) 焯水　将修割好的方肉放进沸水中焯5min左右后捞出，用清水洗净后进行煮制。

(3) 煮制　煮制时容器中的水要浸没肉块，旺火煮沸后，改用小火焖煮3h左右，捞出肉块，肉汤不要倒掉，备用。

(4) 去骨　将焖熟后的方肉趁热抽去肋骨，然后均匀地在肉面上擦些食盐，切成约20cm见方的大块腌制5min左右。

(5) 醉制　醉制时首先是制糟卤，即在肉汤中加入糖、葱、姜汁、味精，香糟搅拌均匀，煮沸，冷却后加入大曲酒和黄酒，搅拌均匀，过滤所得滤液即为糟卤。将切好的肉块浸没在糟卤液中进行密封，糟制3h以上，即可食用。

十一、安徽酒醉白肉

1. 原料配方（以100kg猪臀肉计）

食盐6kg，鲜姜（去皮拍松）1kg，古井贡酒1kg，葱结1kg，味精0.1kg，花椒0.3kg，清汤适量。

2. 工艺流程

原料处理→煮制→醉制→成品。

3. 操作要点

(1) 原料处理 选用新鲜猪臀肉，刮净残毛和污物，再用清水洗净，沥去水分，切成10cm见方的肉块备用。

(2) 煮制 将洗净的猪臀肉放入锅里，加清水旺火烧煮，清水的量要足以淹没肉块，待肉汤沸腾后，撇净血污和浮沫，减小火力继续烧煮，直至肉煮熟为止，把肉坯捞起，撕去猪皮。

(3) 醉制 在锅内加水、食盐、味精、葱结、姜块、花椒等，用旺火烧开，冷却后即为卤汁。把卤汁倒入可密封的容器中，然后放入肉块、古井贡酒，密封好，醉制约4h，即为成品。食用时取出醉制好的肉块，切成片状，装盘，浇上少许卤汁，即可。

十二、糟醉扣肉

1. 原料配方（以100kg肋条方肉计）

白糖10kg，香糟10kg，黄酒10kg，大曲酒5kg，大葱5kg，酱油3kg，食盐1kg，味精0.5kg，鲜姜3kg。

2. 工艺流程

原料处理→焯水→拆骨→涂酱油→炸制→切块→油炸→糟制→蒸制→成品。

3. 操作要点

(1) 原料处理 选用皮薄肉嫩的猪肋条方肉，去毛洗净后待用。将方肉在沸水中焯5min捞出，趁热拆骨，并在皮面上均匀涂抹酱油。

(2) 炸制 将焯水冷却后的方肉在温油（油温100℃左右）中炸至皮面起泡后捞出。冷却后切成长6cm×宽1cm的肉块，再次进行油炸1min左右后出锅，皮面向下按顺序摆齐，放入容器内。

(3) 糟制 将香糟加入大曲酒、黄酒中，搅成糊状，过滤所得滤液即为糟卤。然后再把白糖、味精、食盐、酱油及葱、姜汁等其他辅料加入到糟卤中拌匀，浇在肉块上，放入蒸箱旺火蒸制约2h至肉酥为止。

十三、济南糟油口条

1. 原料配方（以100kg猪舌计）

清汤100kg，香油12.6kg，葱丝4kg，姜丝4kg，香糟3.2kg，料酒3.2kg，食盐2kg，五香粉3.2kg，味精0.6kg。

2. 工艺流程

原料处理→煮制→切片→糟制→成品。

3. 操作要点

（1）原料处理　选用新鲜猪舌，从舌根部切断，洗去血污，放到70～80℃温开水中浸烫20min左右，烫至舌头上的表皮能用指甲扒掉时，捞出，然后用刀刮去白色舌苔，洗净后用刀在舌根下缘切一刀口，利于煮制时入味，沥干水分，待用。

（2）煮制　把洗净处理好的猪舌放入锅内，再加入葱、姜丝、五香粉、食盐、清汤，用旺火烧开后，改用小火烧煮，保持锅内汤体微沸，直至熟烂，即可出锅。煮制好的猪口条出锅后，沥去汤汁，再切成长5cm、厚0.2cm、宽2cm的片状。

（3）糟制　先将香油烧至七八成热时（200℃左右），放入香糟，炸为油糟待用。然后将味精、料酒、清汤，放在盛器内，搅拌均匀，再把油糟倒入，捞去糟渣，最后放入猪舌，浸泡约30min后，捞出，即为成品。

十四、香糟大肠

1. 原料配方（以100kg猪大肠计）

味精0.33kg，鲜姜1.67kg，食盐3.33kg，大葱1.67kg，黄酒6.67kg，香糟3.33kg，白糖5kg，大蒜末3.33kg，胡椒粉0.11kg。

2. 工艺流程

原料处理→煮制→油煸→糟制→成品。

3. 操作要点

（1）原料处理　选用肥嫩猪大肠，翻肠后用食盐揉擦肠壁，除尽黏附的污物。然后用清水洗净，放入沸水内泡15min左右后捞起，浸入冷水中冷却后，再捞起沥干水分。

（2）煮制　将清洗干净的大肠放入锅内，加水淹没大肠，然后放入葱、姜、黄酒、香辛料，大火烧开后，用文火煮制约4h直至肠熟烂，即可出锅。

（3）油煸　取出煮制好的大肠切成斜方块（10cm左右），再与蒜末一起用油煸炒一下，再加入香糟、黄酒、白糖、食盐、鸡汤等，用温火煮制20min左右，即为成品。

十五、糟八宝

1. 原料配方（以100kg猪八宝计）

香糟15kg，大葱4kg，黄酒2.5kg，鲜姜2kg，香油2.5kg，食盐1kg，味精0.3kg。

2. 工艺流程

原料处理→焯水→煮制→冷却→制糟卤→糟制→成品。

3. 操作要点

（1）原料处理　选用等量的猪内脏八样：猪肺、猪心、猪肠、猪肚、猪腰、猪爪、猪舌、猪肝。猪肺要去除气管，清洗干净，放入沸水中浸泡15min，捞出用冷水清洗干净，沥干水分备用。猪心，将猪心切开，洗去血污后，用刀在猪心外表划几条树叶状刀口，把心摊平呈蝴蝶形。洗净后放入开水锅内浸泡15min，捞出用清水洗净，沥干水分待用。猪大肠的处理同香糟大肠的处理。猪肚，将肚翻开洗净，撒上食盐揉搓，洗后再在80～90℃温开水中浸泡15min烫至猪肚转硬，内部一层白色的黏膜能用刀刮去时为止。捞出放在冷水中10min，用刀边刮边洗，直至无臭味、不滑手时为止，沥干水分。用刀从肚底部将肚切成弯形的两大片，去掉油筋，滤去水分。猪腰（肾）整理方法与猪肝相同，值得注意的是，必须把输尿管及油筋去净，否则会有尿臊气。将猪爪去毛去血污，先放在水温75～80℃的热水中烫毛，把毛刮干净。从猪爪的蹄叉处分切成两块，每块再切成两段，放入开水锅煮制20min，捞出放到清水中浸泡洗涤。猪舌的处理同山东济南糟油口条处理方法。将猪肝切成三叶，在大块肝表面上划几条树枝状刀口，用冷水洗净淤血。其他两块肝叶因较小，可横切成块或片。洗净的肝放入沸水中煮10min，至肝表面变硬，内部呈鲜橘色时，捞出放在冷水中，洗净刀口上的血渍。

(2) 煮制　将除去猪爪和猪肝的6样放入沸水中，加入葱、姜，撇去表面浮沫，加入黄酒，用小火焖煮1h，再放入猪爪和猪肝，焖制3h，至大肠能用筷子插烂时，再改旺火煮，直至汤液变得浓稠为止，捞出八宝冷却好待用。

(3) 糟制　先制作糟卤，即把香糟粉碎后放入黄酒中浸泡4h左右，过滤所得滤液即为糟卤。然后将八宝放入锅中，加入原汤、食盐、味精后，用旺火煮沸然后停火，加入糟卤，晾凉后放置于冷库中1h，待凝成胶冻块时即可。

十六、糟头肉

1. 原料配方（以100kg猪头肉计）

葱结1kg，香糟10kg，黄酒10kg，八角0.2kg，姜1kg，丁香0.2kg，味精0.12kg，花椒0.12kg，桂皮0.12kg，食盐1.4kg，白糖0.6kg。

2. 工艺流程

原料处理→煮制→糟制→成品。

3. 操作要点

(1) 原料处理　将猪头先放在75～80℃的热水中烫毛，刮净猪头上的残毛和杂质，再用清水去血污清洗干净，然后将猪头对半劈开，取出猪脑、猪舌，拆去头骨，洗净放入开水煮20min，去除部分杂质和异味，捞出放到清水中浸泡洗涤，肉汤留着备用。

(2) 煮制　将猪头肉放入水中，大火烧开，撇去浮沫，加入葱结、姜片、黄酒等辅料，改用小火煮制2～3h，直至肉酥而不烂，捞出。

(3) 糟制　先制作糟卤，即把香糟和黄酒、葱、姜、食盐搅拌均匀，过滤，即为糟卤。再把原肉汤撇净浮油，再加入各种香辛料和食盐、白糖、味精，大火烧开2min，离火冷却后倒入做好的糟卤内，搅拌均匀，即为卤汁。最后将猪头肉放入糟卤内浸制3h以上。食用时，取出切块，再浇上卤汁即可。

十七、糟猪尾

1. 原料配方（以100kg猪尾计）

葱3.33kg，味精0.27kg，香糟13.33kg，花椒0.26kg，黄酒13.33kg，桂皮0.65kg，八角0.67kg，食盐5.16kg，姜2.56kg，白糖1.33kg，丁香0.65kg。

2. 工艺流程

原料处理→煮制→制糟卤→糟制→成品。

3. 操作要点

（1）原料处理、煮制　将清洗干净的猪尾放入水中，大火烧开，撇去表面浮沫，放入葱结、姜块，用小火将猪尾烧至酥软，捞出用刀切成长6.5cm左右的段。肉汤留着备用。

（2）制糟卤　糟制时，首先进行制作糟卤，即先把香糟、黄酒和适量冷开水搅拌均匀，然后过滤，所得滤液即为糟卤。

（3）糟制　再在部分原汤中加入花椒、丁香、桂皮、八角、食盐、白糖、味精后，用大火烧开，保持5min后离火冷却。最后倒入糟卤搅拌均匀，放入切好的猪尾，浸渍4h左右，待其入味后，即为成品。

十八、糟猪爪

1. 原料配方（以100kg猪爪计）

香糟50kg，味精1kg，花椒0.1kg，桂皮1.5kg，八角0.5kg，葱2.5kg，白糖1kg，黄酒25kg，食盐6kg，姜2kg。

2. 工艺流程

原料处理→制糟卤→糟制→成品。

3. 操作要点

（1）原料处理　原料处理同糟八宝制作中猪爪的处理。将处理好的原料用清水煮到八成熟时捞出，放在容器内冷却。

（2）糟制　在沸水中加入食盐、白糖、花椒、八角、桂皮、葱、姜，维持2min后倒入容器中，待冷却后再放入香糟，搅拌使其化成糊状，然后过滤，接收并澄清滤液。再在滤液中加入味精、黄酒，制成香糟卤。

再把冷却好的猪爪浸入糟卤中，置于低温条件下糟制4～5h后即可食用。

十九、红糟羊肉

（一）方法一

1. 原料配方（以100kg羊肋条肉计）

清汤133.33kg，花生油100kg（实耗33.33kg），白萝卜66.67kg，黄酒15.67kg，红糟9.33kg，白糖4.67kg，姜3.33kg，淀粉0.67kg，食盐0.93kg，味精0.36kg，葱3.33kg。

2. 工艺流程

原料处理→煮制→糟制→成品。

3. 操作要点

（1）原料处理　选用新鲜优质的羊肋条肉，洗净后切成长5cm、宽3.3cm的肉块。然后把羊肉放入沸水中，加入葱、姜，煮沸5min左右，以除去血污和腥膻味，捞出后，放入清水中洗净，待用。将白萝卜洗净，切成大块，待用。

先把花生油烧至七成热（200℃左右）时，再把羊肉块放入炸制，待表层微黄即可捞出，沥油后待用。

（2）糟制　先把葱、姜、红糟放入花生油中略微煸炒，然后放入羊肉块，加入黄酒、白糖、白萝卜进行煸炒，最后加入清汤、食盐、味精等，用大火烧开，然后改用小火烧煮0.5h左右，烧至羊肉熟烂，拣去葱、姜、萝卜，最后用旺火加水淀粉勾芡，即为成品。

（二）方法二

1. 原料配方（以100kg羊肋条肉计）

山羊肋条肉750g，白萝卜500g，黄酒125g，白糖35g，红糟60g，葱25g，姜25g，精盐7.5g，味精2g，淀粉5g，清汤1000g，花生油适量。

2. 工艺流程

原料的选择与切块→煮制与清洗→油炸→糟制→成品。

3. 操作要点

（1）原料的选择与切块　选用新鲜优质的羊肋条肉，洗净后切成长5cm、宽3.3cm的肉块。

（2）煮制与清洗　把羊肉块放入沸水中，加入葱、姜，煮沸5min左右，以除去血污和腥膻味，捞出后，放入清水中洗净，待用。将白萝卜洗净，切成大块，待用。

（3）油炸　先把花生油烧至七成热（200℃左右）时，再把羊肉块放入炸制，待表层微黄即可捞出，沥油后待用。

（4）糟制　先把葱、姜、红糟放入花生油中略微煸炒，然后放入羊肉块，加入黄酒、白糖、白萝卜进行煸炒，最后加入清汤、精盐、味精等，用大火烧开，然后改用小火烧煮0.5h左右，烧至羊肉熟烂，拣去葱、姜、萝卜，最后用旺火加水淀粉勾芡，即为成品。

（5）成品　色泽淡红，羊肉鲜嫩，口味香浓。

第三节　糟禽肉加工技术

一、福建糟鸡

1. 原料配方（以100kg鸡计）

料酒12.5kg，白糖7.5kg，白醋5kg，高粱酒5kg，食盐2.5kg，味精0.75kg，红糟0.75kg，五香粉0.1kg。

2. 工艺流程

原料处理→煮制→腌制→糟制→成品。

3. 操作要点

（1）原料处理　选用当年的肥嫩母鸡作为原料，将鸡按照常规方法放血宰杀后，煺净毛，并用清水洗净，成为白光鸡。白光鸡经开膛，取净内脏后，再次清水洗净，剁去脚爪，在鸡腿踝关节处用刀稍打一下，便于后续加工操作。

（2）煮制、腌制　将整理好的鸡放入开水中，用微火煮制10min左右，将鸡翻动1次，再煮10min左右，直至看到踝关节有3～4cm的裂口露出腿骨，即可结束煮制。煮制好的鸡体出锅后，冷却大约30min。然后剁下鸡头、翅、腿，再将鸡身切成4块，鸡头劈成两半，翅和腿切成两段。先把味精0.3kg、食盐1.5kg和高粱酒混合均匀后放入密闭容器中，再把切好的鸡块放入，密封腌渍约1h，上下翻倒，再腌制1h左右。

（3）糟制　把余下的味精、食盐、红糟、五香粉和白糖3.5kg加入到12.5kg冷开水中，搅拌均匀。然后把混合汁液倒入腌制好的鸡块中，搅拌均匀后，再糟腌1h左右即可。

食用时把糟好的鸡块取出，抹去红糟，再将大块鸡肉轻轻切成长3cm、宽1.5cm的小块，摆在有配料的盛器中。配料一般由萝卜和辣椒构成。把白萝卜洗干净，去皮，每个切成4块，在萝卜两面划上斜十字花刀，呈桂花状，然后再浸入盐水中约20min以除去苦水，再洗净、控干。辣椒切成丝，与白糖、白醋放入萝卜块中，搅拌均匀，腌渍20min左右。食用时，佐以上述配料。

二、杭州糟鸡

杭州糟鸡是浙江省传统特产，在200多年前的清乾隆食谱中已有记载。产品呈黄红色，皮肉糟软，酒香扑鼻，清淡不腻。

1. 原料配方（以100kg白条鸡计）

酒糟10kg，食盐2.5kg（夏季5kg），50度白酒2.5kg，黄酒2.5kg，味精0.25kg。

2. 工艺流程

原料处理→煮制→擦盐→糟制→成品。

3. 操作要点

（1）原料处理　选用肥嫩当年鸡（阉鸡最好）作为原料。经宰杀后，去净毛、去除内脏备用。

（2）煮制、擦盐　将修整好的白条鸡放入沸水中焯水约2min后立即取出，洗净血污后再入锅，锅内加水将鸡体浸没，大火将水烧沸后，用微火焖煮30min左右，将鸡体取出，冷却，把水沥干。将沥干水的鸡斩成若干块，先将头、颈、鸡翅、鸡腿切下，将鸡身从尾部沿背脊骨破开，剔出脊骨，分成4块，然后用食盐和少量味精擦遍鸡块各部位。

（3）糟制　将1/2配料放在密闭容器的底部，上面用消毒过的纱布盖住，然后放入鸡块，再把剩余的1/2配料装入纱布袋内，覆盖在鸡块上，密封容器。存放1～2d即为成品。

三、河南糟鸡

1. 原料配方（以100kg鸡肉计）

食盐5.5kg，大葱1kg，香糟15kg，鲜姜1kg，花椒0.2kg。

2. 工艺流程

原料选择与修整→煮制→蒸制→糟制→成品。

3. 操作要点

（1）原料选择与修整　最好选用当年肥嫩母鸡作为原料，采用三管切断法将鸡宰杀放血后，煺净毛，用清水洗净。再在鸡翅根的右侧脖子处开一个1～2cm小口，取出鸡嗉囊，再从近肛门处开的3～5cm小口，掏净内脏，割去肛门，用清水冲洗干净后待用。

（2）煮制　将整理好的鸡体放入沸水中用小火煮制2h左右。煮制结束的鸡体出锅后，进行冷却，约需30min，鸡体冷却后，再剁去鸡头、脖子、鸡爪，将鸡肉切成4块。再把鸡肉块放入容器内，加入食盐1.5kg、花椒、葱、姜，放入蒸箱，蒸至熟烂。取出蒸制好的鸡肉，去掉葱、姜，放入密闭容器内，晾凉。

（3）糟制　先制糟卤，即在60～100kg水中加入香糟和余下的食盐、葱、姜、花椒，用大火烧开，维持10min左右，然后进行过滤，滤液即为糟卤。将糟卤倒入密闭容器中淹没鸡肉，密封好容器，鸡肉浸泡12h左右后即为成品。

四、南京糟鸡

1. 原料配方（以100kg鸡肉计）

香糟5kg，绍酒1.5kg，香葱1kg，食盐0.4kg，味精0.1kg，

生姜0.1kg。

2. 工艺流程

原料处理→腌制→煮制→糟制→成品。

3. 操作要点

（1）原料处理　最好选用健康的仔鸡作为原料，一般每只仔鸡的活重为1～1.5kg，然后采用三管切断法将鸡宰杀放血后，煺净毛，用清水洗净。再在鸡翅根的右侧脖子处开一个1～2cm小口，取出鸡嗉囊，再从近肛门处开的3～5cm小口，掏净内脏，割去肛门，用清水冲洗干净后待用。

（2）腌制　先在鸡体内外表面抹盐，腌渍2h。

（3）煮制　腌制后将鸡体放于沸水中煮制15～30min后出锅，出锅后用清水洗净。

（4）糟制　把香糟、绍酒、食盐、味精、生姜、香葱放入锅中加入清水熬制成糟汁。将煮制好的鸡体置于容器内，浸入糟汁，糟制4～6h即为成品。此糟鸡一般为鲜销，须在4℃条件下保存。

五、美味糟鸡

1. 原料配方（以100kg白条鸡计）

香糟10kg，黄酒6.67kg，食盐5.33kg，白糖3.33kg，味精0.33kg，花椒0.33kg，姜0.67kg，大葱1.33kg，桂皮0.33kg。

2. 工艺流程

原料处理→焯水→煮制→糟制→成品。

3. 操作要点

（1）原料处理　最好选用当年肥嫩母鸡作为原料。然后采用三管切断法将鸡宰杀放血后，煺净毛，用清水洗净。再在鸡翅根的右侧脖子处开一个1～2cm小口，取出鸡嗉囊，再从近肛门处开的3～5cm小口，掏净内脏，割去肛门，用清水冲洗干净后待用。最后剁去鸡头、鸡爪、鸡翅，待用。

（2）焯水　将处理好的鸡体放入沸水中焯煮10min左右，取出后，用冷水进行冷却。

（3）煮制 然后再将冷却后的鸡体放入沸水中焖煮20min左右，捞出。

（4）糟制 首先制作糟卤，即在鸡汤中加入香糟卤、葱、姜汁、花椒、桂皮、白糖、味精、食盐，用大火将汤汁烧开，维持10min左右，然后进行过滤，所得滤液即为糟卤。将处理好的鸡体斩下鸡颈，将鸡体切割成两半，每片横向斩成2块，放入容器内，再倒入制备好的糟卤，糟卤需将鸡体淹没，糟制3h左右即为成品。食用时斩块，浇上糟卤汁即可。

六、香糟肥嫩鸡

1. 原料配方（100kg活嫩肥鸡计）

冷开水62.5kg，香糟25kg，黄酒12.5kg，食盐2kg，白糖1.25kg，味精0.3kg，生姜0.75kg，香葱0.25kg，花椒适量。

2. 工艺流程

原料处理→煮制→制糟卤→糟制→成品。

3. 操作要点

（1）原料处理 最好选用当年肥嫩母鸡作为原料，肥嫩鸡宰杀以后，用63～65℃的热水进行浸烫，拔净鸡毛，在鸡肛门处用尖刀开一小口，掏出全部内脏，洗净血水和污物，斩去鸡爪和鸡喙，用小刀割断鸡踝关节处的筋。把洗净的鸡放入沸水中大火煮制5min左右，然后改小火煮制约25min，至鸡体七八成熟时捞出。

（2）糟制 把香糟放在容器内，倒入冷开水，搅拌均匀，然后过滤得香糟卤，待香糟卤沉淀以后，取出上清液，并在其中加入黄酒、食盐、白糖、味精、花椒、香葱、生姜等，制成可使用的香糟卤水。

把煮熟的嫩肥鸡浸没在香糟卤水中，放在低温条件下，大约浸泡4～6h，使卤味渗入鸡肉后，即可取出食用。

七、古井醉鸡

古井醉鸡因制作时使用古井贡酒而得名。古井贡酒产于安徽亳县，为明清两代之贡品，故得此名。现今此酒多次被评为中国名酒，其品质香醇如幽兰，浓郁而甘润，风味独特。用古井贡酒制作的醉鸡，鲜美嫩滑，具有浓厚的古井酒香。

1. 原料配方（100kg 鸡计）

古井贡酒 4kg，葱 2.4kg，姜 2.4kg，花椒 1.6kg，食盐 0.4kg，味精 0.16kg。

2. 工艺流程

原料处理→煮制→醉制→成品。

3. 操作要点

（1）原料处理　选用健康的当年肥嫩母鸡作为原料。采用三管切断法将活母鸡宰杀，放尽血，用 63～65℃的热水烫毛，拔净鸡毛，不要碰破鸡皮。再在鸡翅根的右侧脖子处开一个 1～2cm 小口，取出鸡嗉囊，再从近肛门处开的 3～5cm 小口，掏净内脏，割去肛门，用清水冲洗，沥去水分，放置 7～8h 后使用。

（2）煮制　将鸡放入烧开的沸水中煮制约 10min，捞出后，用清水冲洗干净，剁去鸡头和脚爪。再把鸡体置于水中，水量以将鸡体浸没为好，大火烧开，撇去表面浮沫，转小火炖约 40min，待鸡体达到六成熟时，捞出晾干水分。将鸡身沿背部一剖两半，再把半个鸡身平分两块，鸡身分成四块，置于容器中备用，鸡汤不能倒掉，留着备用。

（3）醉制　先把姜切成片，葱切成象眼块。在容器中放入冷鸡汤、味精、花椒、古井贡酒和葱姜，搅拌均匀后，把处理好的鸡块放入，然后取一重物将鸡块压入汤中，把容器密封好，醉制约 4h。在醉制过程中，切忌打开容器，使酒气外溢，影响风味。

醉制好以后，将鸡块取出，用刀切成长方条形，一只鸡约可切成 16 块；整齐地码放于容器内，形状如馒头。最后蘸上少许醉鸡的卤汁即可食用。古井醉鸡一般做鲜销，也可以在 4℃左右的条件下适当保存或者将醉好的鸡采用真空包装进行保存。

八、浙江五夫醉鸡

1. 原料配方（以 100kg 鸡计）

鲜姜 100kg，食盐 24kg，大葱 20kg，小茴香 1.2kg，黄酒适量。

2. 工艺流程

原料处理→煮制→醉制→成品。

3. 操作要点

(1) 原料处理　选用活重在1.25kg左右的健康的当年鸡作为原料。将鸡采用三管切断法放尽鸡血，然后将鸡体放入63～65℃的热水内浸烫后煺净羽毛，开膛后取出全部内脏，用清水洗净鸡身内外，沥干水分，待用。把葱切成段，姜拍松后切成块，待用。

(2) 煮制　将处理好的白条鸡放锅内，添入清水，以淹没鸡体为度，加入处理好的葱、姜，用大火将汤烧沸，撇去表面的浮沫，再改用小火焖煮2h左右，将鸡体捞出，沥干水分，趁热在鸡体内外抹上一层食盐，要求在刀口、口腔、体腔等部位均匀涂抹，保证食盐涂抹均匀。

(3) 醉制　将擦过食盐的熟鸡晾凉，切成长约5cm、宽约3.5cm的长条块，再整齐地码在较大的容器内（容器要带盖），最后灌入黄酒，以淹没鸡块为度，加盖后置于凉爽处，约48h后即为成品醉鸡。

此产品加工时要求：不加油，不加配料，白水煮鸡，只放葱、姜，不放盐，成熟后抹盐于鸡内外。

九、香糟鸡翅

1. 原料配方（以100kg鸡翅计）

八角0.5kg，桂皮0.5kg，葱3kg，香糟10kg，姜2kg，绍酒10kg，白糖1kg，食盐5kg。

2. 工艺流程

原料处理→煮制→糟制→成品。

3. 操作要点

(1) 原料处理、煮制　将鸡翅清洗干净放入沸水中，煮制10min，然后加入绍酒，煮至断生（指肉的里面不再是血红色），捞出，放凉。

(2) 糟制　在把葱、姜、八角和桂皮放入水中煮沸，然后加入盐、香糟酒、白糖调好口味，断火，待汤汁晾凉后，放入煮好的鸡翅，腌制 24h 即可。

十、糟鸡杂

1. 原料配方（以 100kg 鸡杂计）

香糟 20kg，食盐 3.5kg，姜 2kg，葱 2kg，白糖 1.5kg，丁香 0.5kg，花椒 0.5kg。

2. 工艺流程

原料处理→煮制→制糟卤→糟制→成品。

3. 操作要点

(1) 原料处理、煮制　鸡肫剥去油，撕去硬皮，对半切开。鸡肝去除胆汁。鸡心切去心头。鸡肠剪开去净污物，用盐、醋反复搓洗，净水漂净，去除腥膻味。鸡肾撕去筋膜。鸡杂加工后用清水冲洗干净。将鸡肾、鸡肠放入沸水中，加入葱、姜、黄酒烧开，煮熟后出锅。再把鸡肫、鸡肝、鸡心放入沸水中，当鸡肝、鸡心由红变白时捞出，最后捞出鸡肫。

(2) 糟制　原汤过滤后，加入丁香、花椒、食盐、白糖，煮开后让其自然冷却。冷却后加入香糟和黄酒，搅拌均匀，过滤，所得滤液为糟卤。在糟卤中加入部分原汤搅匀，放入鸡杂，于低温条件下糟制 4h。食用时改刀装盘，浇上糟卤即可。

十一、合肥糟板鸭

1. 原料配方（以 100kg 白条鸭计）

糯米 500kg，白糖 25kg，白酒 15kg，高粱酒 7.5kg，酒曲 5kg，食盐 5kg，味精 1kg，姜、葱适量。

2. 工艺流程

原料处理→煮制→制糟卤→糟制→成品。

3. 操作要点

(1) 原料处理　选用新鲜当年的肥嫩活母鸭作为原料，按常规方法对鸭进行宰杀放血，拔净光鸭身上的绒毛，用清水洗净。再在鸭肛门下方处竖着开一约 3.3cm 的小口，掏出内脏、气管、食管和鸭腹部脂肪，斩去鸭掌、鸭翅，然后用清水洗净血水和污物，沥干水分待用。

（2）煮制　煮制前先把鸭体置于案子上，用力向下压，将胸骨、肋骨和三叉骨压脱位，将胸部压扁。此时鸭体呈扁而长的形状，外观显得肥大而美观，并能够节省腌制空间。然后放进锅中，添足清水，用大火煮制 30min 左右，随后改用中火煮制，至七成熟时捞出。

（3）制糟卤　首先把米粒饱满、颜色洁白、无异味、杂质少的糯米进行淘洗，放在缸内用清水浸泡 24h。将浸好的糯米捞出后，用清水冲洗干净，倒入蒸桶内摊平，倒入沸水进行蒸煮，等到蒸汽从米层上升时再加桶盖。蒸煮 10min 后，在饭面上洒一次热水，使米饭蒸胀均匀。再加盖蒸煮 15min，使饭熟透。然后将蒸桶放到淋饭架上，用冷水冲淋 2～3min，使米饭温度降至 30℃左右，使米粒松散。再将酒曲放入（曲要捣成碎末）米粒中，搅拌均匀，拍于米面，并在中间挖一个上大下小的圆洞（上面直径约 30cm），将容器密封好，缸口加盖保温材料（可用清洁干燥的草盖或草席）。经过 22～30h，洞内酒汁有 3～4cm 深时，可除去保温材料，每隔 6h 把酒汁用小勺舀泼在糟面上，使其充分酿制。夏天 2～3d 即可成糟；冬天则需 5～7d 才能成糟（如制甜酒，则不加盐）。再取煮鸭的汤，加入辅料，煮沸熬制 15min 左右进行冷却，冷却后加入白酒和味精，混匀，再缓缓加入制好的糟中，制成糟卤。

（4）糟制　把煮制七成熟并沥干水分的鸭一层压一层叠入容器中，倒入制好的糟卤，糟卤要以能浸没鸭坯为度，并在鸭腹内放糟，糟制 25～30d 后即成糟板鸭。此产品可存放在密闭容器内，让糟卤淹没鸭体，密封容器口，可保存 1 年以上。

十二、北京香糟蒸鸭

1. 原料配方（以 100kg 鸭子计）

食盐 0.6kg，鸡汤 22.2kg，干香糟 4.4kg，香糟汁 2.2kg，白糖 0.4kg，葱段 2.2kg，料酒 2.2kg，姜片 2.2kg。

2. 工艺流程

原料处理→煮制→糟制→成品。

3. 操作要点

（1）原料处理　选用新鲜当年的肥嫩活母鸭作为原料，按常规方法对鸭进行宰杀放血，拔净光鸭身上的绒毛，用清水洗净。再在鸭肛门下方处竖着开一约 3.3cm 的小口，掏出内脏、气管、食管和鸭腹部脂肪，斩去鸭掌、鸭翅，然后用清水洗净血水和污物，沥干水分待用。

（2）煮制　把干香糟放入容器内，加入料酒和食盐，调成稠糊，均匀涂抹在鸭体内外表面，腌渍 5～6h。腌好的鸭体用清水冲洗干净后，再放入开水里，煮至烂熟，即可捞出。

（3）糟制　将煮好的鸭体捞出放入容器中，加入食盐、香糟汁、白糖、葱段、姜片、鸡汤等，搅拌均匀。然后将盛有鸭体和调料的容器放入蒸箱进行蒸制 1h 左右，取出冷却，即为成品。食用时，可剁成块，或剔骨后再切成片状，即可食用。

十三、江苏糟鸭

1. 原料配方（以 100kg 鸭子计）

香糟 10kg，食盐 5kg，姜片 3.3kg，绍酒 1.7kg，葱段 1.7kg，味精 0.2kg，花椒 0.1kg。

2. 工艺流程

原料处理→煮制→糟制→成品。

3. 操作要点

（1）原料处理　选用新鲜当年的肥嫩活母鸭作为原料，按常规方法对鸭进行宰杀放血，拔净光鸭身上的绒毛，用清水洗净。再在鸭肛门下方处竖着开一约 3.3cm 的小口，掏出内脏、气管、食管和鸭腹部脂肪，斩去鸭掌、鸭翅，然后用清水洗净血水和污物，沥干水分待用。

（2）煮制　把处理好的鸭体放入锅中，加入清水，清水的量要足以淹没鸭体，用旺火将水烧沸，撇去表层浮沫，煮制 10min 左右即可。将煮制好的鸭体出锅，用清水洗净，沥去水分。在煮锅内加入绍兴酒、食盐、姜片和葱结等，再放入洗净的鸭体，用圆盘压住鸭身，盖上锅盖，用小火焖煮至七成熟，即可出锅。煮制好的鸭体出锅后，立即冷却。

（3）糟制　把香糟放入原汤中，搅拌均匀，然后过滤，滤液即为糟卤。取凉透的鸭体，切下鸭头、脖颈，剖开鸭体，剁成4大块，皮朝下一起排在容器中，加入食盐、味精、花椒、葱段、姜片，舀入原汤淹没鸭块，用重物压住鸭块，再倒入糟卤，密封好容器，然后放在4℃左右的低温条件下糟制约6h即为成品。

十四、香糟肥嫩鸭

1. 原料配方（以100kg光肥嫩鸭计）

冷开水66.67kg，香糟33.33kg，葱段1kg，白糖1.67kg，黄酒1.67kg，食盐1.33kg，姜片1kg，味精0.33kg，花椒适量。

2. 工艺流程

原料处理→煮制→制糟卤→糟制→成品。

3. 操作要点

（1）原料处理　最好选用当年肥嫩鸭作为原料，按常规方法对肥嫩鸭进行宰杀放血，拔净光鸭身上的绒毛，制成白条鸭。在鸭肛门处用尖刀开一个小洞，挖出内脏、气管、食管和腹脂，斩去鸭掌、鸭翅，洗净血水和污物，然后进行煮制。煮制时把鸭体放进锅中，添足清水，用大火煮制30min左右，随后改用中火煮制，至鸭体九成熟时捞出。

（2）糟制　把香糟放在一只盛器里，倒入冷开水将其化开，过滤得香糟卤。然后在澄清的香糟卤中加入黄酒、食盐、白糖、味精、花椒、葱段、姜片等制成香糟卤水。最后把鸭体浸入香糟卤水中，糟制4h左右，待糟味渗入鸭体后，即可结束糟制。糟制结束，将鸭体斩成块即可食用。

十五、苏州糟鹅

（一）方法一

1. 原料配方（以100kg太湖鹅计）

陈年香糟2.5kg，大曲酒0.25kg，白酱油0.1kg，黄酒3kg，五香粉 0.05kg，花椒 0.5kg，食盐 0.2kg，姜 1kg，大葱 0.15kg，味精 0.1kg。

2. 工艺流程

原料处理→煮制→糟制→成品。

3. 操作要点

(1) 原料处理　选择活重在 2～2.5kg 的健康太湖鹅作为原料。将鹅宰杀放血后，去净毛和内脏后，用清水洗净，再将洗净的白条鹅放入清水中浸泡 1h 左右，除去血污，使鹅体白嫩。浸泡结束后，将鹅体置于沸水中，淹没鹅体，用大火煮沸 30min 左右，撇去表面的浮沫和血污，再加入葱段、姜片、绍酒，然后改用中小火再煮制 40～50min，刚熟时即可捞出。捞出后，在鹅体上撒一些食盐，然后将鹅斩成鹅头、鹅掌、鹅翅和两片鹅身五部分，把斩好的鹅块放入干净的容器内冷却 1h 左右，将煮鹅原汤另盛于干净的可密封的容器内，撇净浮油和杂质，待用。

(2) 糟制　首先把陈年香糟、黄酒、曲酒、花椒、葱、生姜、食盐、味精、五香粉等加入 50kg 原汤中，加热煮沸，过滤制成糟汁。然后再把糟汁倒入容器中，使糟汁渗入鹅肉中，糟制 4～6h 即为成品。糟鹅既可置于 4℃左右的条件下保藏，也可鲜销。食用时将糟汁浇在糟好的鹅块上。

(二) 方法二

1. 原料配方（以 100kg 太湖鹅计）

太湖鹅 100 只（每只 2～2.5kg），陈年香糟 5kg，葱 3kg，黄酒 6kg，生姜 0.4kg，炒过的花椒 0.05kg，大曲酒 0.5kg，酱油、盐、味精、五香粉各适量。

2. 工艺流程

原料选择与处理→煮制→起锅→糟浸→成品。

3. 操作要点

(1) 原料选择及处理　选择 2～2.5kg 的太湖鹅，要求新鲜健康，然后将鹅宰杀、放血、煺毛、去内脏，冲洗干净后的光鹅放入清水中浸泡 1h 后取出，沥干水分。

（2）煮制 将整理后的鹅坯放入锅内用旺火煮沸，除去浮沫，随即加葱1kg、生姜100g、黄酒1kg，再用中火煮40～50min后起锅。

（3）起锅 在每只鹅身上洒上撒些精盐，然后从正中剥开成两片，头、脚、翅斩下，一起放入经过消毒的容器中约1h，使其冷却。锅内原汤撇去浮油，再加酱油1.5kg、精盐3kg、葱2kg、生姜300g、花椒50g于另一容器中，待其冷却。

（4）糟浸 先配糟汁，用香糟5kg、黄酒5kg和味精、五香粉适量，倒入盛有原汤和其他配料的容器内拌和均匀，煮沸即可。用大糟缸一只，将配好的糟汁倒入缸内，然后将鹅放入，每放两层加大曲酒，放满后所配的大曲酒正好用完，并在缸口盖上一只带汁的双层布袋，袋口比缸口大一些，以便将布袋捆扎在缸口。袋内汤汁滤入糟缸内，浸卤鹅体。待糟液滤完，立即将糟缸盖紧，焖4h即为成品。

（5）成品 皮白肉嫩，香气扑鼻，鲜美爽口，翅膀及鹅蹼各有特色。

十六、香糟鹅掌

1. 原料配方

鹅脚翼500g，黄瓜10g，香糟250g，大葱50g，黄酒250g，盐3g，樱桃10g，姜10g。

2. 工艺流程

原料处理→煮制→糟制→成品。

3. 操作要点

（1）原料处理 将鹅掌刮洗干净，斩去爪尖，用小刀剖开掌骨上侧，切去掌底老茧，黄瓜选择用皮。

（2）煮制 将锅上火，放入适量清水，下鹅掌焯透后用凉水漂凉，将鹅掌置于容器中，加入绍酒10g，葱段，姜片和适量清水，上笼用中火蒸约50min，见鹅掌蒸至酥软时，稍凉，顺着刀缝，剔净鹅掌上的骨节。

（3）糟制 净锅上火，加入鸡清汤，精盐，烧沸后晾凉，加入绍酒250g和香糟搅拌均匀。将鹅掌切成稍粗的丝，整齐地码放于盖碗中，然后盖上纱布，把搅拌好的香糟放入盖碗的纱布中，摊上后再加盖，糟制约3h，揭去纱布和糟渣。取出鹅掌码于盘中，黄瓜皮切成8片秋叶，樱桃一剖两半，点缀于鹅掌四周即成。

4. 注意事项

(1) 宜选用肉质肥厚的新鲜鹅掌，并刮洗洁净。

(2) 鹅掌用旺火蒸至酥软后稍凉，以利剔去掌骨并尽量保持整形。

(3) 香糟宜先装袋，再置于鹅掌上糟制入味。

十七、糟鹅肝

糟鹅肝是经过添加太仓糟油糟制而成，其色泽金黄，香味浓郁，肝肉软嫩，咸香适口，风味别致。太仓糟油是用酒浆配以各种香料入缸封藏数月后制成的液体调味品，具有酱色、糟香等特点，能解腥除异味、提鲜增香、开胃增食。

1. 原料配方（以100kg鹅肝计）

鲜汤130kg，太仓糟油5.17kg，食盐3.33kg，白糖1.33kg，黄酒0.26kg，姜片0.26kg，葱结0.26kg，味精0.39kg。

2. 工艺流程

原料处理→煮制→糟制→成品。

3. 操作要点

(1) 原料处理　选用新鲜的鹅肝，用刀剔除鹅肝上的筋膜，清水浸漂，再放入开水内焯水2min，除去血污和浮沫，捞出用清水洗净。

把鲜汤及适量清水混合，烧开，放入鹅肝煮制，同时放入葱结、姜片和黄酒，撇去血沫，煮至成熟，将鹅肝捞出备用。

(2) 糟制　将原汤冷却过滤，除去杂质，撇去浮油，倒入太仓糟油，再加入食盐、白糖和味精搅拌均匀，制成卤汁。再将鹅肝放入卤汁中糟制约3h，即为成品。食用时，改刀成片或小块，浇上原味卤汁即可。

十八、糟菜鸽

（一）方法一

1. 原料配方（以100kg光鸽计）

黄酒 5kg，香糟 7.5kg，食盐 1.75kg，葱 0.75kg，白糖 0.75kg，姜 0.75kg，花椒 0.25kg，丁香 0.15kg，味精 0.15kg。

2. 工艺流程

原料处理→煮制→糟制→成品。

3. 操作要点

（1）原料处理　将鸽子去尽绒毛，剁去两足，从背脊处剖开，取出内脏，用冷水洗净。然后把洗干净的鸽子放入沸水中，焯水5min左右，以去除血污和异味，捞出后冲洗干净。再把鸽子置于沸水中，撇去血沫，加姜片、葱结、黄酒，用小火烧至鸽子熟透，即可捞出。

（2）糟制　把香糟、黄酒及其余调料、香辛料放入原汤中，用大火烧开，冷却后过滤，制得糟卤。把煮熟的鸽子放入糟卤中糟制4h左右，即为成品。食用时取出改刀或直接装盘均可。

（二）方法二

1. 原料配方

光鸽4只，香糟150g，黄酒100g，葱15g，姜15g，糖15g，花椒5g，盐35g，味精3g，丁香3g。

2. 工艺流程

原料处理→焯水→煮制→糟制→成品。

3. 操作要点

（1）原料处理　将鸽子去尽绒毛，剁去两足，从背脊剖开，取出内脏，用冷水洗净。

（2）焯水　锅内加清水，上火烧开，入鸽子焯水，去除血污和异味，捞出冲洗干净。

（3）煮制　锅洗净，加适量清水，下鸽子，烧开，撇去血沫，加姜片、葱结、黄酒，用小火烧至鸽子熟透起酥，捞出。

（4）糟制　将香糟、黄酒及其余调料、香料一起调制糟卤。原汤加调料烧开冷却，兑入糟卤，放入鸽子浸制 4h，取出直接装盘或改刀装盘，即可食用。

（5）成品　色泽淡雅，香浓味鲜，肉质细嫩，营养丰富。

第七章 蜜汁制品工艺及配方

第一节 蜜汁类工艺及特点

一、蜜汁类概述

在酱卤制品的加工工艺基础上，辅料中加重糖的分量，使产品呈现较强的甜味，即为蜜汁制品。蜜汁制品的质感大多数情况看以原料肉酥烂为特色。为了达到此要求，在生产过程中，对质地坚硬、不易成熟和形态大的原料肉，都要先进行蒸、煮等加工工序，才能进行蜜汁调制；而对质地细嫩、易于成熟和形态小的原料肉，则与调制甜汁同时进行，肉烂汁浓即成。

蜜汁制品的关键技术除常规酱卤制品原料处理和酱卤外，甜汁调制尤为重要。甜汁的特点是汁少黏稠，香甜，色泽透亮，一般都用绵白糖调制。调制方法有如下两种：一种是锅内放少许油，烧热后加糖，用中等火力稍加煸炒，炒至糖色转黄，再加入熬融，改用小火熬至起泡，变稠，即可浇在加工好的原料肉上。色呈牙黄，十分透亮，这种做法类似“溜”。另一种是把糖和水同时入锅，烧开，熬融，撇沫，加入原料肉烧至原料肉酥烂，甜汁变稠，取出原料肉盛入盘内，再将甜汁继续小火熬至浓稠（有的还要勾芡），再浇在原料肉上。

上述两种调制方法均有两个关键，一是在熬糖的过程中，必须用中、小火力（切忌火力过旺），而且自始至终都用勺铲锅搅拌（防止粘锅烧煳），黏性适度。熬得不透黏性不足，浇在原料肉上不明不亮，易于流汤，吃口不爽；熬得过老过于黏稠，色泽深暗，浇在主料上，不但容易粘连在一起，口感较差，有损风味。二是原料肉的预制要十分注意，掌握不好，也加工不成出优质的蜜汁产品。

蜜汁肉制品的烧煮时间短，往往需要油炸，其特点是产品块小、甜味较重，多以带骨制品如猪腿肉、小排、大排、软排和蹄膀为原料制成。蜜汁肉制品表面发亮，多为红色或红褐色，制品鲜香可口，蜜汁甜蜜浓稠。

二、蜜汁类操作要点

蜜汁产品采用猪腿肉、小排、大排、软排和蹄膀为原料制成，其特点是产品甜味较重。下面以蜜汁糖蹄为例介绍。

(1) 原料及整理　选用猪的前后蹄膀，烧去绒毛，刮去污垢，洗净待用。

(2) 白煮　加清水漫过蹄膀，旺火烧沸，煮 15min，捞出洗去血沫杂质，移入另一口锅中蜜制。

(3) 蜜制锅内先放好衬垫物（防止蹄膀与锅底粘连），放入料袋，内装葱、姜、桂皮和八角，然后倒入蹄膀。白烧汤过滤加至与蹄膀相平，加入盐，旺火烧开，加料酒再煮沸，浇入红米粉汁（以肉色呈现樱桃红色为标准）。然后转中火，约烧 3min，加入白糖（或冰糖屑），加盖再烧 30min，烧至汤已发稠，肉八成酥，骨能抽出不粘肉时出锅。

第二节　蜜汁制品加工技术

一、上海蜜汁糖蹄

1. 原料配方（以 100kg 猪蹄膀计）

食盐 2kg，八角 3kg，白糖 3kg，料酒 2kg，姜 2kg，葱 1kg，桂皮适量，红曲米少量。

2. 工艺流程

原料选择与整理→白煮→蜜制→成品。

3. 操作要点

(1) 原料选择及整理　选用猪的前后蹄膀，烧去绒毛，刮去污垢，洗净待用。

（2）白煮　加清水漫过蹄膀，旺火烧沸，煮 15min 后捞出洗去血沫杂质，移入另一口锅中蜜制。

（3）蜜制　锅内先放好衬垫物（防止蹄膀与锅底粘连），放入料袋（内装葱、姜、桂皮和八角），再倒入蹄膀，然后将白汤（白汤须先在 100kg 水中加盐 2kg 烧沸）加至与蹄膀相平。用旺火烧开后，加入料酒，再煮沸，将红曲米水均匀地浇在肉上，以使肉体呈现樱桃红色为标准。然后转中火，约烧 3min，加入白糖（或冰糖屑），加盖再烧 30min 至汤已收紧、发稠，肉八成酥，骨能抽出不粘肉时出锅。控干水放盘，抽出骨头即为成品。

二、老北京冰糖肘子

1. 原料配方（按 100kg 去骨猪蹄膀计）

酱油 10kg，料酒 10kg，姜 2kg，葱 1kg，蒜 1kg，淀粉适量，蜂蜜适量，花生油适量，冰糖适量。

2. 工艺流程

原料处理→油炸→蜜制→成品。

3. 操作要点

（1）原料处理　将肘子用火筷子叉起，架在火上烧至皮面发焦时，放入 80℃温水中泡透，用刀刮净焦皮，见白后洗净，用刀顺骨劈开至露骨，放入汤锅中，煮至六成熟捞出，趁热用净布擦干肘皮上面的浮油，抹上蜂蜜，晾干备用。

（2）油炸　炒锅内放入花生油，用中火烧至八成热时，将猪肘放入油内，炸至微红、肉皮起皱纹或起小泡时捞出，然后用刀剔去骨头，从肉的里面划成核桃形的块（深度为肉的 2/3）。

（3）蜜制　将肘子皮朝下放入容器内，然后放入碎冰糖、酱油、绍酒、清汤、葱结、姜等，上笼旺火蒸烂取出，扣在盘内，将汁滗入锅内，再加入少许清汤，用水淀粉勾芡成浓汁，加入花椒油，淋在肘子上面即成。

三、冰糖肘子家庭制作

1. 原料配方

去骨猪蹄膀 500g，冰糖 100g，姜 10g，葱 5g，酱油 5g，蒜 5g，料酒 5g，食盐适量。

2. 工艺流程

原料处理→预煮→蜜制→成品。

3. 操作要点

(1) 原料处理　将猪蹄膀刮洗干净，用刀在内侧软的一面剖开至刀深见大骨，再在大骨的两侧各划一刀，使其摊开，然后切去四面的肥肉成圆形。

(2) 预煮　将蹄膀放入开水锅里，煮 10min 左右至外皮紧缩。

(3) 蜜制　炒锅内放一只竹箅子，蹄膀皮朝下放在上面，加水淹没，再加入料酒、酱油、食盐、冰糖、葱和姜。旺火烧开，加盖后小火再烧半小时，将蹄膀翻身，烧至烂透，再改用旺火烧到汤水如胶汁。将蹄膀取出，皮朝下放入汤碗，拣去葱、姜，把卤汁浇在蹄膀上即可食用。

四、蜜汁小肉（小排、大排、腩排）

1. 原料配方（按 100kg 猪腿肉、猪小排、猪大排或猪腩排计）

白糖 5kg，酱油 3kg，食盐 2kg，绍酒 2kg，酱色 0.50～1kg，红曲米 0.2kg，味精 0.15kg，五香粉 0.1kg。

2. 工艺流程

原料选择及处理→腌制→油炸→蜜制→成品。

3. 操作要点

(1) 原料选择及处理　加工蜜汁小肉选用去皮去骨的猪腿肉，切成约 2.5cm 见方的小块；加工蜜汁小排选用去皮的猪炒排（俗称小排骨）斩成小块；加工蜜汁大排选用去皮的猪大排骨，斩成薄片；加工蜜汁软排选用去皮的猪腩排（即方肉下端软骨部分），斩成小块。

(2) 腌制　将整理好的原料放入容器内，加适量食盐、酱油、黄酒，拌和均匀，腌制约2h，捞出，沥去辅料。

（3）油炸　锅先烧热，放入油，旺火烧至油冒烟，把原料分散抖入锅内，边炸边用笊篱翻动，炸至外面发黄时，捞出沥去油分。

（4）蜜制　将油炸后的原料倒入锅内，加上白汤（一般使用老汤）和适量食盐、黄酒，宽汤烧开，约5min即捞出；然后转入另一锅紧汤烧煮，加入糖、五香粉、红曲米及酱色，翻动，烧沸至辅料溶化、卤汁转浓时，加入味精，直至筷子能戳穿时即可。锅内卤汁撇清浮油，倒入成品上即可食用。蜜汁小肉的卤呈深酱色，俗称“黑卤”，可长期使用，夏天须隔天回炉烧开。

五、蜜汁排骨

（一）蜜汁排骨一

1. 原料配方（按100kg猪大排计）

白糖20kg，梅子10kg，花生油10kg，玉米淀粉5kg，食盐0.2kg。

2. 工艺流程

原料处理→油炸→烧煮→蜜制→成品。

3. 操作要点

（1）原料处理　将猪排骨剁成4cm长的段，加入食盐和硝水15g，待肉变红时，用水稍加冲洗，沥去水分，加入淀粉拌匀；将青梅切成1cm见方的丁备用。

（2）油炸　炒锅放旺火上，加入花生油，烧至七成热，将排骨下入炸至外层起壳时捞出。

（3）烧煮　将排骨倒入锅内，加水淹没，旺火烧开后转小火烧至六成烂时，捞出排骨，用水洗净。

（4）蜜制　将洗净的排骨放入锅内，加水烧开，再加白糖和青梅丁，烧至糖汁变稠时翻炒几下，即可出锅。

（二）蜜汁排骨二

1. 原料配方（按100kg猪大排计）

卤汁50kg，红曲米8kg，料酒3kg，白糖10kg，植物油20kg，酱油 5kg，糖色 1kg，食盐 1kg，味精 0.6kg。

2. 工艺流程

原料处理→腌制→油炸→蜜制→成品。

3. 操作要点

(1) 原料处理、腌制　将排骨洗净，斩成小块，加入料酒、食盐、酱油拌匀，进行腌制，夏天腌 3h 左右，冬天腌 1d 左右。

(2) 油炸　再将植物油烧热至冒烟，放入排骨炸至表面金黄，捞出沥油。

(3) 蜜制　然后将油炸后的排骨倒入锅内，加入老卤、白糖、红曲米水、糖色、黄酒及酱油，烧至排骨入味时，用大火收汁，不时翻动，加入味精，即可捞出装盘。将浮油锅内撇清，余卤浇在排骨上，冷却后即可食用。

六、上海蜜汁小肉和排骨

1. 原料配方

原料肉 5kg，白糖 250g，酱油 150g，精盐 100g，黄酒 100g，红曲米 10g，味精 8g，五香粉 5g，酱色 25～50g。

2. 工艺流程

原料的选择和整理→腌制→油炸→蜜制→成品。

3. 操作要点

(1) 原料的选择和整理

① 小肉　选用去皮去骨的腿肉，切成 2.5cm 见方的小块。

② 小排　将猪小排切成小块。

③ 大排　将猪大排切成薄片（一节一块）。

④ 软排　选用去皮的猪腩排（即方肉下端软骨部分），切成小块。

(2) 腌制　将整理过的原料置于容器内加适量的盐、酱油、黄酒，拌和均匀，腌制约 2h。

(3) 油炸　锅先热油，将油倒入，用旺火烧至六七成热见冒烟时，把原料捞起沥去配料后分散投入锅内，边炸边用笊篱翻动，炸至外面发黄时捞出沥油。

（4）蜜制　将油炸后的原料肉倒入锅内，加上白汤（一般使用老汤）和适量的盐、黄酒，烧开5min后即捞出。再放入有少量汤的锅中，加糖、五香粉、红曲米、糖油（糖油制法：用白糖、植物油在锅中拌炒，待溶化发黑变黏后加水烧开而成。糖油可代替酱色），用铲刀翻动，烧至配料溶化、卤转浓时加入味精，到原料肉用尖筷能戳动时即为成品。

（5）成品　蜜汁小肉的卤呈深酱色，俗称“黑卤”。味道深入肉内，具有浓郁的酱香味，食之咸淡适度，肥而不腻，瘦而不柴，肉质松嫩酥润。

七、上海蜜汁蹄膀

1. 原料配方

猪蹄膀5kg，冰糖屑或冰糖150g，精盐100g，姜100g，黄酒100g，葱50g，桂皮15g，小茴香5g，红曲米少量。

2. 工艺流程

原料选择和整理→煮制→成品。

3. 操作要点

（1）原料选择和整理　选择符合卫生检验要求的猪蹄膀，先将蹄膀刮洗干净，倒入沸水中焯15min，捞出洗净血沫杂质。

（2）煮制　锅内先放衬垫物，加入姜、葱、桂皮、小茴香，再倒入蹄膀、汤（白汤每50kg加盐500g，须先烧开），旺火烧开后加入黄酒，再烧开，将红曲米粉汁均匀地浇在肉上，直至肉体呈现樱桃红色为止。再转用中火，烧约45min，加入冰糖屑或者白糖加盖再烧30min，烧到汤发稠、肉八成酥、骨能抽出不粘肉时出锅，平放盘中，抽出骨头，即为成品。

（3）成品　酥润浓郁，皮糯肉烂，入口即化，肥而不腻，色泽鲜艳。

八、蜜汁叉烧

“叉烧”是从“插烧”发展而来的。插烧是将猪的里脊肉加插在烤全猪腹内，经烧烤而成。但一只猪只有两条里脊，难于满足消费者需要。于是人们便想出插烧之法。但这也只能插几条，更多一点就烧不成了。后来又改为将数条里脊肉串起来叉着来烧，久而久之插烧之名便被叉烧所替代。插在猪腹内烧时用的是暗火，以热辐射烧烤而熟；叉着烧时是用明火直接烤熟的，但这样全瘦的里脊肉显得干枯，故后来便将里脊肉改为半肥瘦肉，并在肉表面抹糖，使其在烧烤过程中有分解出来的油脂和糖来缓解火势而不致干枯，且有甜蜜的芳香味。

1. 原料配方 [按 100kg 猪肉（肥瘦比为 3∶7）计]

糖浆 10kg，白糖 6.3kg，汾酒 3kg，食盐 1.5kg，浅色酱油 3kg，深色酱油 0.4kg，豆酱 1.5kg。

糖浆制法：用沸水溶解麦芽糖 30 份，冷却后加醋 5 份、绍酒 10 份、淀粉 15 份搅成糊状即成。

2. 工艺流程

原料处理→腌制→烤制→成品。

3. 操作要点

(1) 原料处理、腌制　将猪肉去皮后切成长 36cm、宽 4cm、厚 2cm 的肉条，放入容器中，加入食盐、白糖、深色酱油、浅色酱油、豆酱、汾酒拌匀，腌制约 45min 后，用叉烧环将肉条穿成排。

(2) 烤制　将肉排放入烤炉，烤时两面转动，用中火烤约 30min 至瘦肉部分滴出清油时取出，约晾 3min 后用糖浆淋匀，再放回烤炉烤约 2min 即成。

九、蜜汁火方家庭制作

"蜜汁火方"是用冰糖浸蒸的蜜汁类制品，它选用浙江特产金华火腿中质地最优的中腰峰雄片制成，再辅以武义宣平特产白莲子，缀上青梅、樱桃，色彩艳丽，食之回味无穷。

1. 原料配方

带皮熟火腿肉 400g，冰糖 150g，绍酒 75g，通心白莲 50g，淀粉 15g，糖桂花 2g，冰糖樱桃 5 颗，蜜饯青梅 1 颗。

2. 工艺流程

原料处理→蒸制→蜜制→成品。

3. 操作要点

(1) 原料处理　将通心莲放在50℃的热水中浸泡后上蒸笼，旺火蒸酥待用。用刀刮净火腿皮上的细毛和污渍，洗净，然后将火腿肉面朝上放在砧板上，切成小方块，深度至肥膘一半，但要皮肉相连。

(2) 蒸制　将火腿小方块放在容器中用清水浸没，加入绍酒25g、冰糖25g，上蒸笼用旺火蒸1h，至火腿八成熟时，滗去汤水，再加入绍酒25g，冰糖75g，用清水浸没，放入蒸熟的莲子；再上蒸笼用旺火蒸1.5min，将原汁滗入碗中，待用。将火方扣在高脚汤盘里，围上莲子，缀上樱桃、青梅。

(3) 蜜制　炒锅置旺火，加冰糖25g，倒入原汁煮沸，撇去浮沫，把淀粉用清水25g调匀，勾薄芡，浇在火方和莲子上，撒上糖桂花即可。

十、冰糖肉方

1. 原料配方（按100kg原料肉计）

冰糖33kg，绍酒3.33kg，葱3.33kg，白糖2kg，姜2kg，食盐1.33kg，味精0.67kg。

2. 工艺流程

原料处理→煮制→切块→复煮→蜜制→成品。

3. 操作要点

(1) 原料处理、煮制　将猪五花肉刮去皮层污物，洗净用洁布抹去水分，把铁叉平插入肉中，用微火将肉皮燎至呈金黄色，放入开水锅中煮10min，再用凉水冲泡20min取出，用小刀将皮上的黄色浮皮轻轻刮掉，但不要刮破皮面。

(2) 切块、复煮　把刮好的猪肉放在砧板上，用刀切成2.5cm见方的块，深度到肉皮处为止，使每块肉都连在肉皮上，然后放入沸水锅中煮10min，捞出洗净。

(3) 蜜制　把冰糖用开水溶化后倒入锅中，随即加入肉方，并用竹垫托住，放入冰糖汁中，再加味精、绍酒、葱段、姜片，用旺火烧沸，即改用微火炖到八成烂。将炒锅置小火上，放入白糖，炒至起泡发红时，倒入炖肉方的锅中，继续用微火炖至皮肉酥烂时，将肉方取出，再将原汤汁收稠，浇在肉方上即为成品。

十一、糖酥排骨

1. 原料配方（按 100kg 猪排骨计）

白糖 6kg，黄酒 2kg，丁香 0.13kg，鲜姜 1.3kg，葱 3kg，酱油 2.5kg，八角 0.2kg，味精 0.2kg。

2. 工艺流程

原料选择、修整→焯水→油炸→煮制→成品。

3. 操作要点

（1）原料选择　选用经卫生检验合格的猪肋条排骨，排骨中骨肉比例为 1∶2。

（2）原料修整　把选好的排骨修割掉血块、血污、碎板油及脏物等，用砍刀将排骨剁成 3cm 方形小块，洗涤干净，捞出控净水分。

（3）焯水　将洗净的小块排骨与清水共同下锅煮，撇净浮沫，待煮锅内水沸腾后即把排骨捞出，倒在筛子上控净水分。

（4）油炸　把植物油加热到 180℃左右，将排骨块放入炸制，并用铁笊篱或铁勺经常翻动，使排骨块炸得均匀，约炸 10min 至排骨块呈明亮的黄色时即可，控净油。

（5）煮制　在煮锅中加入清水，把全部辅料（味精暂不加）和炸好的排骨倒入锅内煮制。煮时要掌握好火候，还要经常翻动，开锅后再用小火煮 60min。待排骨全熟（肉不能烂，且不能脱骨）时加入味精拌匀后把排骨捞出，把锅中剩下的较浓稠的汤汁浇在排骨上拌均匀即为成品。

第八章

糖醋制品工艺及配方

糖醋肉制品的制作方法与酱制品基本相同，但需在配料中加入糖和醋，使制品具有甜酸味。糖醋肉制品色泽艳红，酸甜可口，深受人们喜爱。

第一节　糖醋猪肉制品加工

一、哈尔滨糖醋排骨

1. 原料配方（按100kg猪排骨计）

酱油10kg，白糖9kg，醋8kg，淀粉4kg，绍酒4kg，葱1kg，姜0.5kg，食盐0.8kg，桂皮0.2kg，味精0.2kg。

2. 工艺流程

原料选择及处理→挂糊→油炸→熟制→成品。

3. 操作要点

（1）原料选择及处理　要求用猪肋条排骨和脆骨，排骨中骨肉比例为1∶2。然后把选好的排骨剁成2～3cm大小的块，用凉水洗净捞出，放在筛子里控尽水分。

（2）挂糊　取白糖2kg、食盐、绍酒2kg、葱末、姜末、淀粉，装入容器内调好，然后把控尽水的排骨块倒进去，搅拌均匀，使每块排骨都挂上面糊。

（3）油炸　把油加热到180℃左右，将排骨块投入锅内炸。油炸时需不断翻动排骨块，使其炸得均匀，约10min左右，排骨外面呈深黄即可捞出。

(4) 熟制　把酱油、醋、白糖7kg、绍酒2kg、桂皮、清水2kg调和好，再放入炸好的排骨块，搅拌均匀后下锅煮，开锅后，火力要适当减弱，并要经常翻动，防止糊底。汤快收尽时加入味精，略炒后盛出，即为成品。

二、上海糖醋排骨

1. 原料配方（按100kg猪排骨计）

食盐1～1.5kg，料酒3～4kg，香醋4～5kg，白糖4～5kg，酱油6～7kg，淀粉1.5 kg。

2. 工艺流程

原料选择及处理→油炸→红烧→成品。

3. 操作要点

(1) 原料选择及处理　选择骨肉比为1∶2的猪排骨为原料，然后将其斩成均匀的小块，并用水洗净。

(2) 油炸　将洗净的排骨肉放入干净容器中，加入适量的淀粉、酱油、糖和料酒，调和均匀后，在170℃左右的油锅中炸3～5min。

(3) 红烧　将油炸好的排骨放在锅内，加入酱油、料酒、食盐和香醋等辅料，加入少量水，用紧汤烧煮方法旺火烧沸，20～30min后，加入白糖，继续烧10min，使糖溶化，出锅即为成品。注意烧沸后要不断用铲上下翻动。

三、湖南糖醋排骨

1. 原料配方（按100kg猪排骨计）

食盐1.5kg，白糖10kg，香醋0.5kg，味精0.2kg，辣椒粉0.3kg。

2. 工艺流程

原料选择与处理→腌渍→油炸→煮制→成品。

3. 操作要点

(1) 原料选择与处理　选用猪大排，将软骨逐根切开，再横切成四方块，每块大小为1～1.3cm。

(2) 腌渍　将剁好的排骨按比例配盐，充分拌匀，腌渍 8～12h（夏季腌 4h），至肉发红为止。

(3) 油炸　把茶油烧开（温度 110～120℃），把骨坯投入茶油锅内炸（以 4 份油 1 份骨为宜），炸成金黄色时捞出。

(4) 煮制　在锅内放至 4～5kg 清水，把辣椒放锅里煮出辣味，再放糖和味精。炖出糖汁后，把炸好的排骨全部倒入锅内充分拌匀，再把醋倒在排骨上拌 1min 出锅即为成品。

四、猪糖醋里脊

1. 原料配方（按猪里脊肉 100kg 计）

面粉 40kg，湿淀粉 16kg，白糖 10kg，酱油 10kg，绍酒 6kg，芝麻油 4kg，葱 2kg，熟菜油 300（约耗 20）kg，食盐 0.4kg。

2. 工艺流程

原料处理→油炸→烧制→成品。

3. 操作要点

(1) 原料处理　将猪里脊肉切成 0.5cm 厚的大片，用刀轻轻排剁一下，改成骨牌块入容器中，放入绍酒和食盐拌匀。湿淀粉 10kg 和面粉拌匀待用；酱油、白糖、绍酒、醋、湿淀粉 6kg、水 10kg 混合成糖醋汁待用。

(2) 油炸　炒锅置中火烧热，下菜油烧至六成热（约 150℃）时，将挂好糊的肉块入锅炸 1min 捞出，待油温升至七成热（约 175℃时），复炸 1min，捞出沥油。

(3) 烧制　锅内留底油，放入葱段，煸出香味，肉块下锅，迅速将调好的汁冲入锅内，待芡汁均匀地包住肉块时淋麻油出锅即为成品。

五、牛糖醋里脊

1. 原料配方（按牛里脊肉 100kg 计）

食盐 1kg，蒜 2.5kg，酱油 2.5kg，鸡蛋 37.5kg，醋 12.5kg，淀粉 20kg，白糖 50kg，面粉 5kg，葱 1.25kg，味精 0.5kg，姜 1.25kg，花生油 37.5kg。

2. 工艺流程

原料处理→油炸→烧制→成品。

3. 操作要点

（1）原料处理　淀粉加水适量搅匀成湿淀粉待用；里脊肉剔去筋膜，切成长3cm、宽0.2cm的大片，放入容器中，然后用0.5kg食盐及味精煨味；鸡蛋打入碗中，调打均匀，放入面粉、湿淀粉，调为全蛋糊；将白糖、食盐0.5kg、酱油、醋、牛肉汤和湿淀粉调和均匀待用。

（2）油炸　炒锅置于旺火上，热锅注入花生油，六成油温时，将牛里脊肉在全蛋糊中挂匀后逐片下油锅中炸至金黄色时，捞出沥油。

（3）烧制　热锅内留油适量，下葱姜蒜煸炒出香味后，将前述白糖、食盐、酱油、醋、牛肉汤和湿淀粉的混合液倒入，锅中沸涨、起小花时用勺推动，随后倒入炸制的里脊肉，淋入明油，即为成品。

六、糖醋猪肘

1. 原料配方（按带骨猪蹄膀100kg计）

米醋35kg，食盐2.6kg，酱油11kg，红糖11kg，黑胡椒0.8kg，月桂适量，蒜茸适量。

2. 工艺流程

原料处理→烧煮→成品。

3. 操作要点

（1）原料处理　将水、米醋、月桂、蒜茸、红糖、食盐和黑胡椒粒放入锅内，搅拌使糖、盐溶化，然后放入猪蹄膀浸泡入味。

（2）烧煮　旺火烧锅，水开后转用文火烧1.5h，如果中途汤水耗干，可添加开水再烧。然后放入酱油，加上锅盖，煮到用小刀尖刺肉不费劲刺穿时，再烧30min即可出锅。取出后去掉猪蹄膀上的胡椒粒和月桂，浇上剩余的汤汁即为成品。

第二节　糖醋禽肉、鱼肉制品加工

一、新型糖醋肉鸭

1. 原料配方

肉鸭 100kg，食用醋 30kg，食盐 2.5kg，酱油 10kg，白砂糖 10kg，黑胡椒 0.8kg，月桂适量，蒜茸适量。

2. 工艺流程

肉鸭→清洗→分割→腌制→上色→煮制→烘干→冷却→包装→检验→成品。

3. 操作要点

(1) 原料选择　选购健康、体壮，经屠宰放血完全的肉鸭，体重 2.0kg 左右。符合兽医卫生和食品卫生。

(2) 分割　去掉内脏、筋膜，并洗净滤干，切去头、腿、胸肉、翅（另行加工成其他产品），将余下胴体分割成 4～6cm 大小块（带骨皮），除去不完整皮、筋膜、碎骨等。

(3) 腌制　采用湿腌法。加入发色剂、发色助剂、改良剂、食盐、葡萄糖等配成腌液，刚好淹没肉块，用乳酸调节 pH 值在 5.6～6.0 之间，置于 3～5℃低温下腌制。

(4) 上色、煮制　135～140℃沸油（以猪油为佳）中加入白砂糖，炒至微黄时倒入已预煮好的肉块，拌至色泽微黄，均匀无泡时出锅。然后清水中加入破碎姜块、白砂糖、食盐与已上色肉块一并煮制。起锅前 10min 左右加入醋、黄酒等共煮入味。

(5) 包装　入烘房或烘箱烘干，冷却至室温时用复合袋真空包装，即为成品。

二、糖醋脆皮鱼

1. 原料配方

鲜鱼 1000g，植物油 70g，酱油 45mL，料酒 20mL，醋 50mL，胡椒粉 2.5g，盐 6g，味精 2g，糖 100g，葱花 10g，姜米 5g，蒜泥

15g，淀粉 15g。

2. 工艺流程

原料处理→油炸→勾芡→成品。

3. 操作要点

(1) 原料处理　将鱼去鳞、鳃，净膛洗净，两面打成牡丹花刀，用葱、姜（拍碎）、盐、料酒、胡椒粉腌入味后拣除葱、姜，用水淀粉挂糊，干淀粉拍好。

(2) 油炸　油烧至 7 成热时，鱼下锅炸熟，取出。待油热至 8 成时将鱼复炸至酥脆装盘。

(3) 勾芡　锅留底油，下葱花、姜米、蒜泥、酱油、盐、料酒、胡椒粉、味精、糖、醋，待汁开时勾芡，冲入沸油，将汁浇匀在鱼身上即成。

(4) 成品　金红色、外脆里嫩，酸甜咸鲜。

三、糖醋鱼

1. 原料配方

黄鱼（也可用草鱼，鲤鱼等）750g，白糖 125g，醋 50g，金糕，青梅各 5g，葱 10g，姜 10g，盐 3g，料酒 15g，酱油 10g，油，淀粉，姜汁各适量。

2. 工艺流程

原料处理→油炸→调汁→成品。

3. 操作要点

(1) 原料处理　将鱼去鳞、鳍、腮，内脏洗净，鱼身两侧每隔 2cm 切一刀至鱼骨，然后顺骨切 1.5cm，使鱼肉翻起。

(2) 油炸　金糕、青梅切小丁用开水略烫；起锅放油烧 7～8 成热，投入挂淀粉的鱼微火炸透，捞入盘中。

(3) 调汁　锅留底油烧热，加入葱、姜末爆香，葱、姜末捞出，放入酱油、白糖、盐、料酒、醋、姜，烧开淋水淀粉制成糖醋汁，浇在炸好的鱼上，在撒青梅，金糕丁即可。

第九章

酱卤食品包装

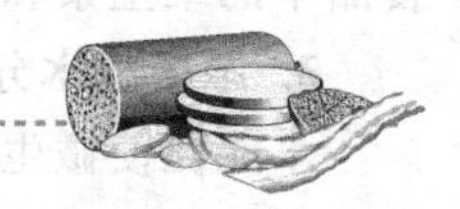

第一节 包装原理

一、包装目的

包装主要是为了保证产品的完整性，避免在运输销售途中的物理、化学及微生物学的污染或损害；增加肉制品美观，便于携带，易引起消费者的购买欲望；延长食品贮存期，用包装手段来阻止产品的化学变化和微生物污染。

二、环境因素对肉制品品质的影响

肉制品的品质包括肉制品的色香味和营养价值、应具有的形态、重量及应达到的卫生指标。肉制品是一种最易受环境因素影响而变质的商品。肉制品从加工出厂到消费的整个流通环节是复杂多变的。因生物、化学、物理因素的影响而变质，这些因素对肉制品品质直接和间接的影响规律是我们对食品进行保护性包装设计的重要依据。

1. 光对肉制品品质的影响

光促使肉制品中油脂的氧化反应而发生氧化酸败，引起食品变色、光敏感维生素破坏和蛋白质的变性。要减少或避免光线对食品品质的影响，通过包装直接将光线遮挡、吸收或反射回去，减少或避免光线直接照射食品，同时防止某些有利于光催化反应的因素，如水分、氧气等透过包装材料，从而起到间接的防护效果。

2. 氧对肉制品品质的影响

氧与肉制品的颜色变化有密切的关系，氧使肉制品中的油脂发生氧化，这种氧化在低温条件下也会发生，油脂氧化产生的过氧化物，不但使食品失去食用价值而且产生异臭和有毒物质，氧也能使食品中的维生素和多种氨基酸失去营养价值。

3. 湿度或水分对肉制品品质的影响

水能促使微生物繁殖，能助长油脂氧化，促褐变和色素氧化，水的存在将使一些食品发生某些物理变化，如受潮继而发生结晶，使食品干结硬化或结块，有的食品因吸湿而失去脆性和香味等。对于干燥肉制品来说，控制环境湿度是保证肉制品品质的关键。

4. 温度对肉制品品质的影响

引起食品变质主要是由于生物性和非生物性两个方面的因素，温度对这两方面因素都有很显著的影响。为了有效地减缓温度对肉制品品质的不良影响，现代食品工业中采用食品冷链技术和食品流通中的低温防护技术，可延长肉制品的保质期。

三、包装肉制品的质量变化及其控制

包装食品的质量变化主要是食品生物性质和化学性质的变化。化学性质的变化主要是由于色素、油脂、维生素等物质的氧化或因还原糖、还原酮、氨基酸以及蛋白质的参与而引起的非酶促褐变，这些化学反应的结果将导致食品色香味的变化和营养价值的下降，甚至产生有毒物质。除此之外，塑料包装材料的异臭成分对包装食品的污染及食品本身的物性变化也会导致食品质量变化。

第二节　包装技术

一、防潮包装

为防止空气中水蒸气对产品的损害采用防潮包装。

1. 隔潮性包装材料

不能透过或难以透过水蒸气的材料称为隔潮性包装材料，对于隔潮包装选择包装材料与密封性是两个关键因素。

隔潮性包装材料中，玻璃、金属和一定厚度的铝箔的透湿量可

以认为是零。一些复合材料，特别是含铝箔的复合材料、涂蜡纸，高分子的 HDPE、PP、PVDC 等复合材料是较好的隔潮性包装材料。

2. 吸湿性材料——干燥剂

(1) 常用干燥剂　硅胶是常用干燥剂，硅胶质粒硬、吸水强、无毒无味，可以反复使用，还可通过颜色变化显示水分含量，硅胶用 40% $CoCl_2$ 溶液浸泡，干燥后制成变色硅胶，硅胶水分含量 >40%时变红，干燥时变蓝。除硅胶外，还有 $CaCl_2$、活性氧化铝、分子筛等干燥剂。

(2) 干燥剂使用方法　干燥剂在使用前应充分干燥，且必须与隔潮材料、密封容器配合使用；干燥剂的包装应是透湿的，并标明使用干燥剂，以防误食。

二、真空包装

真空包装是比较典型的除氧方法，真空包装的基本原理是为了使制品和包装袋紧贴到一起，在密封室内使其完全排除空气，但当其恢复到正常大气压条件下时，制品的容积就收缩，使包装物的真空度变得比密封室内的真空度还低。真空包装方法有间歇式和连续式。

制袋用真空包装机：是指把制品装入袋状的肠衣中，然后在真空室内抽去空气，再进行热封的装置。使用较为广泛的是间歇式真空包装机，但也有在真空室下部装有传送带的可移动式和有两个真空室的回转移动连续式真空包装机。

真空拉伸包装：真空拉伸包装机必须使用成型模具，先把薄膜加热，而后再用成型模具冲成容器的形状，再进行真空包装。拉伸包装使用的膜为伸拉膜，分软膜和硬膜，此膜具有成型性优良、透明度高、可阻隔氧气，耐热、密接性、平整性、防雾性优良，易开封等特点。这种膜配以热成型包装机，不但可包装固体、液体、软物体、易碎品等，还可进行真空软膜包装、硬膜充气包装、泡罩包装等。使用时卫生、高效、节省人工，而且成本较低。适合拉伸包装的产品有块状制品、切片制品、法兰克福肠类制品、维也纳香肠等。这种包装已成为今后食品包装的潮流。目前主要用0.25～0.5mm厚的塑料片材（PE、PP、PVC、PS）和少量的复合材料片材。封盖材料用PE、PP、KPVC或铝箔、纸与PE复合等，一般在盖材上先印好商标和标签。

真空贴体包装：这种包装形式是利用制品代替包装模子，包装外形就是制品的实际形状。这种包装真空度好，还可以抑制从产品中析出的汁液，保存效果较好。这种包装有连续式和间歇式两种，适合于包装火腿、培根、香肠等，在对形状不规则的肉制品包装时，更能体现出它的优势。

真空包装的优点：脱氧对产品具有保护作用；真空包装后再灭菌不易破袋。其缺点是外形不美观。真空包装要求包装物具有极好的阻气性及一定的机械强度。对于卤肉、火腿、粮食食品、调味料等都可采用真空包装，而对于弹性大的食品及易碎的膨化食品、多孔食品是不利的（孔中存有气袋）。

在真空条件下，使在杀菌时未被完全杀灭的嗜氧菌孢子不能生长。这类包装需较高的气密性，有时还需具有避光性，因而都采用复合材料，目前最常用也最有效的复合材料是PVDC（聚偏二氯乙烯）。它具有热收缩、高气密性、柔软、易封口等特性，用该材料包装后的产品经高温杀菌后可使产品贮存期延长到6～24个月，若经巴氏杀菌，在0～4℃可贮存4～6个月。

三、气调包装

气调包装（Modified Atmosphere Packaging）可定义为“在能阻止气体进出的材料中调节食品的气体环境的技术”。气调包装的一个重要特征是在贮藏初始调节包装内的气体组合，抑制食品腐败和变质，以维持食品质量或延长其保存期。例如将袋内空气抽出后再充入N_2或CO_2气体，其目的是抑制厌氧微生物生长。

经真空包装，因内外压力不平衡而使被包装的物品受到一定的压力，容易黏结成块，酥脆易碎的食品如油炸土豆片等易被挤碎，形状不规则的食品抽真空后，起皱而不美观，带尖角的食品易刺破包装袋，使用气调包装就可以解决真空包装的这些缺点，使包装物内外压力趋于平衡，从而保护袋装食品，包装物也美观。气调包装适合于维也纳香肠、法兰克福香肠的包装。

1. 氮气（N_2）

只起惰性充填作用，没有杀菌作用，氮气不与食品发生化学作用，也不被食品吸收，对于极易氧化变质的食品，N_2 可置换其中的 O_2，能有效延缓食品氧化变质，保全食品质量。

2. 二氧化碳（CO_2）

CO_2 在空气中的正常含量为 0.3%，CO_2 在低浓度下能促进许多微生物的繁殖，但在高浓度下却能阻碍微生物的繁殖。包装物内二氧化碳的含量为 10%～40%时对微生物有抑制作用。大于 40%时，有明显的灭菌作用，另外，CO_2 易形成弱酸，易改变食品风味。

3. 氧气（O_2）

作为充填气体一般不单独使用，常与 CO_2、N_2 混合成理想气体，用于生鲜食品的充气包装，其作用是维持生鲜食品内部细胞一定的活性，延缓其生命过程，保持一定程度的生鲜状态，并应采用适当的包装材料和包装方法。

四、使用脱氧剂的包装

在短时间内，利用有机或无机物质与包装环境空气中的氧发生化学反应，形成不可逆稳定的化合物，从而去掉容器中氧气的包装称为使用脱氧剂的包装技术，一般应在 24～48h 内脱出氧气，以维持袋内氧气浓度在一定极限浓度之下，防止褪色、氧化，抑制细菌繁殖。使用脱氧剂去氧的优点如下。

(1) 不需特殊的设备，操作方便，使用灵活，除氧彻底。

(2) 可以克服真空包装对强度差的食品的破坏，没有机械上的冲击。

(3) 对于松软、不能抽真空的食品，可有效地去掉 O_2。

(4) 脱氧剂可以缓慢吸收 O_2，持久性脱氧。

目前，市场上大部分脱氧剂为粉末袋装，国外有药片状或其他形式，制成糊状或液体，或将高渗透材料（如一种泡沫塑料或纸类）浸入脱氧剂中，失去水分后，有效物就会留在材料上。应用片状、粒状或粉末状脱氧剂应注意，使用脱氧剂的食品包装材料必须是高阻氧性材料（PVA、EVOH、PVDC），应尽量减少包装空间，节省脱氧剂。使用脱氧剂时要求具有一定的温度、湿度，尤其是温度条件要求严格，一般为4～40℃，一般不能冷冻，冷冻会使脱氧剂失活，而且低温造成的失活是不可逆的，因此，一般不应用在冷冻食品中。

脱氧剂一般分为催化剂型、无机型、有机型和光敏型。常用的脱氧剂有加氢催化剂型（铂、钯、铑）、有机脱氧剂（如葡萄糖及抗坏血酸等）、铁系脱氧剂及连二亚硫酸盐系脱氧剂等，除以上几种脱氧剂外，近年来又研制了新型脱氧剂，如光敏型脱氧剂等。

五、热收缩包装

采用热收缩塑料薄膜裹包产品或包装件，然后加热至一定温度使薄膜自行收缩紧贴裹住产品或包装件的一种包装方法称为热收缩包装。热收缩包装的主要特点如下。

（1）能适应各种大小及形状的物品包装。

（2）对食品可实现密封、防潮、保鲜包装，对产品的保护性好。

（3）利用薄膜的收缩性，可实行集合包装，对自选、超市销售有利，而且减少碰撞，避免损伤。

（4）透明性包装膜除起到保护作用外，还增加了外观光泽，提高了商品的外观装潢效果和促销功能。

（5）包装紧凑，方便贮运，包装材料轻且用量少，包装费用低。

（6）包装工艺及设备简单，且通用性强，便于实现机械化包装操作，包装强度低。常用收缩膜材料有PVC、PE、PP以及PVPC、PS、EVA及发泡PE、PS等。收缩膜有两种性能影响包装质量，即热收缩性能及热封性能，应根据被包装物的特点选择不同收缩率及强度的包装膜。

第三节 酱卤肉制品包装材料

一、植物性辅料

在香肠生产中，常添加一些植物性辅料，其中以淀粉的应用最为广泛。研究表明，将淀粉加入肉制品中，对肉制品的保水性和肉制品的组织结构均有良好的作用。淀粉的这种作用是由于在加热过程中淀粉颗粒吸水膨润、糊化造成的。淀粉颗粒的糊化温度比肉中蛋白质的变性温度高，因此淀粉糊化时，肌肉蛋白质的变性已经基本完成，并形成了网状结构，此时淀粉颗粒夺取了存在于网状结构中结合不够紧密的水分，并将其固定，因而使制品的保水性提高；同时，淀粉颗粒因吸水而变得膨润而富有弹性并起到黏合剂的作用，可使肉馅黏合、填塞孔洞，使产品富有弹性，切面平整美观，具有良好的组织形态。

另外，在加热煮制时，淀粉颗粒可以吸收熔化成液态的脂肪，从而减少脂肪的流失，提高成品率。不过，添加大量淀粉的肉制品在低温贮藏时极易产生淀粉的老化现象。

二、肠衣

香肠加工过程中，肠衣主要起加工模具、容器及商品性能展示的作用。肠衣直接与肉基接触，首先必须安全无毒、肠衣中的化学成分不向肉中迁移且不与肉中成分发生反应；其次，肠衣必须有足够的强度，以达到安全包裹肉料、承受灌装压力、经受封口与扭结应力的作用；再次，肠衣还需具有一定的收缩和伸展特性，能容许肉料在加工和贮藏中的收缩和膨胀；最后，肠衣还需具有较强的冷、热稳定性，在经受一定的冷、热作用后，不变形、不起皱、不发脆、不断裂。除此之外，根据产品特点，有的肠衣需要有一定的气体通透性，有些肠衣则需要有较好的气密性。

肠衣主要分为两大类，即天然肠衣和人造肠衣。过去灌肠制品的生产，都是使用富有弹性的动物肠衣，随着灌肠制品的发展，动物肠衣已满足不了生产的需要了，因此世界上许多国家都先后研制了人造肠衣。

（一）天然肠衣

即动物肠衣，动物从食管到直肠之间的胃肠道、膀胱等都可以用来做肠衣，其具有较好的韧性和坚实性，能够呈受一般加工条件下所产生的作用力，具有优良的收缩和膨胀性能，可以与包裹的肉料产生基本相同的收缩与膨胀。常用的天然肠衣有牛、羊、猪的小肠、大肠、盲肠，猪直肠，牛食管，牛、猪的膀胱及猪胃等。刮除黏膜后经盐腌或干燥而制成。天然肠衣是可食的，可透水透氧，进行烟熏，具有良好的柔韧性，是传统的肠类制品的灌装材料，但它的直径和厚度不完全相同，有的甚至弯曲不齐，对灌制品的规格和形状有不良影响。此外，如果保管不善也会遭虫蛀，出现穿孔、异味、哈喇味，也不能在自动灌肠机上进行自动扭节和定量灌装，需花费很多人工用线绳分节。

天然肠衣一般采用干制或盐渍两种方式保藏。干制肠衣在使用前需用温水浸泡，使之变软后再用于加工；建议在使用盐渍肠衣前用清水充分浸泡清洗，除去肠衣内外表面的残留污物及降低肠衣含盐量。

现将常用的猪、羊、牛小肠，猪、牛大肠和猪膀胱的要求列出，供选择。

1. 猪小肠

品质要求：清洁，新鲜，无异味，呈白色、乳白色、黄白色、灰白色等。

分路标准：按直径分成七个路。一路直径 24～26mm；二路直径 26～28mm；三路直径 28～30mm；四路直径30～32mm；五路直径 32～34mm；六路直径 34～36mm；七路直径 36mm 以上。

扎把要求：小把每把 2 根，每根长 5～12m，节头不超过 3 个，每节不得短于 1m；大把每把长 91.5m，节头不超过 18 个，每节不得短于 1.37m。装箱要求，每桶 600 把，1300 根。

2. 猪大肠

品质要求：清洁，新鲜，无杂质，气味正常，毛圈完整，呈白色或乳白色。

分路标准：按直径分成三个路。一路直径 60mm 以上；二路直径 50～60mm；三路直径 45～50mm。

扎把要求：每根长 1.15～1.5m，每把 5 根。每桶装 100 把，500 根。

3. 羊小肠

品质要求：肠壁坚韧，无痘疔，新鲜，无异味，呈白色、青白色或灰白色、青褐色。

分路标准：按其直径分成六个路。一路直径 22mm 以上；二路直径 20～22mm；三路直径 18～20mm；四路直径 16～18mm；五路直径 14～16mm；六路直径 12～14mm。

扎把要求：按每根 31m，3 根 1 把，总长 93m，节头不超过 16 个，每节不得短于 1m。每桶 500 把，1500 根。

4. 牛小肠

品质要求：要求新鲜，无痘疔、破洞，气味正常，呈粉白色或乳白色、灰白色。

分路标准：按其直径分成四个路。一路直径 45mm 以上；二路直径 40～45mm；三路直径 35～40mm；四路直径 30～35mm。

扎把要求：每根长 25m 节头不超过 7 个，每节不得短于 1m。每桶装 200 把，总长 5000m。

5. 牛大肠

品质要求：清洁，无破洞，气味正常，呈粉白色或乳白色、灰白色、黄白色。

分路标准：按肠衣直径大小分成四个路。一路直径 55mm 以上；二路直径 45～55mm；三路直径 35～45mm；四路直径 30～35mm。

扎把要求：按每根 25m，节头不超过 13 个，每节不短于 0.5m 扎把。每桶 150 把，总长 3750m。

6. 干制猪膀胱

品质要求：清洁，无破洞，带有尿管，无臊味，呈黄白或黄色、银白色。

分路标准：按折叠后长度分为四个路。一路 35cm 以上；二路 30～35cm；三路 25～30cm；四路 15～20cm。

扎把要求：按每 10 个扎为 1 把，每箱装 200 把，2000 个。盐渍肠衣最佳贮存温度为 0～10℃。肠衣桶应横倒放在木架上，每周翻动 1 次，使桶内卤水活动，保证肠衣质量。定期抽查，如有盐卤漏失、盐蚀变质等情况出现，应及时进行处理。干制肠衣的贮存，应以防虫蛀、鼠咬、发霉变质为中心，贮存库须保持干燥通风，温度最好保持在 20℃以下，相对湿度 50%～60%，要专库专用，要避免高温、高湿，不要与有特殊气味的物品放在一起，以防串味。

在加工香肠制品之前，应按产品的规格要求，选择对路的肠衣，在每批产品中，务求肠衣规格一致，粗细相同。肠衣选择后进行浸泡清洗。浸泡清洗的目的是洗去肠衣表面的污物，使盐渍肠衣脱盐，干制肠衣吸水浸软，以便挑选使用：盐渍肠衣应内外翻转洗涤，干肠衣则不用翻转清洗内面。凡用牛大肠制成的大口径直形灌肠，必须将牛大肠肠衣，按成品规定的长度，并考虑烘烤、煮制、烟熏后长度的收缩程度，将肠衣剪断，并用线绳结紧其一端。牛大肠在烘烤、煮制、烟熏时收缩率为 10%～15%。

天然肠衣通常用木桶保存，温度一般在 3～10℃，应尽可能避免放在潮湿处，最好不放在氨制冷的冷库内。盐渍肠衣在使用前，要在清水中反复漂洗，充分除去肠衣表面上的盐分及污物。干制肠衣则应用温水浸泡，使其变软后使用。

（二）人造肠衣

人造肠衣主要包括胶原肠衣、纤维素肠衣和塑料肠衣。近年来，人造肠衣发展迅速，主要原因是人造肠衣卫生、尺寸规格符合标准，可以保证定量填充；方便印刷、价格低廉、使用中损耗较小。包装材料的材质、特性直接影响被灌装肉馅料的保质期，在大批量生产中，可以有效地降低生产成本。近年来国产塑料材料的种类很多，引进国外的包装材料和设备较多，对肉制品加工业的进步起到重要的作用，缺点是不能食用。

1. 胶原肠衣

胶原肠衣是以家畜的皮、肠、腱等作为原料，经石灰水浸泡、水洗，稀盐酸膨润，用机械破坏胶原纤维，经均质变为糊状，然后用高压喷嘴制出各种尺寸的肠衣，经干燥而成。

胶原肠衣透气性好、可以烟熏和蒸煮、规格统一、品种多样、卫生、比天然肠衣结实、适合机械化生产和打卡、可大量生产。胶原肠衣分为可食及不可食两种，可食的适于制作维也纳香肠、早餐肠、热狗肠及其他各种蒸煮肠；不可食的胶原肠衣较厚，且直径较大，主要用于风干肠生产。

套缩的胶原肠衣在使用前不用浸泡，打开包装即可使用。普通型胶原肠衣需要在灌装前进行浸泡，即在20～25℃，10%～15%盐水中浸泡5～15min。随着盐水浓度增加，肠衣柔韧性和打卡性会得到提高。灌肠时，相对湿度应保持在40%～50%，以防肠衣干裂，热加工时，同样应注意干裂问题。

2. 纤维素类肠衣

(1) 纤维素肠衣　纤维素肠衣是用短棉绒、纸浆作为原料制成的无缝筒状薄膜。这种肠衣具有韧性、收缩性、着色性，肠衣规格统一、卫生，具有透气透湿性，可烟熏，表面可以印刷，机械强度好，适合高速灌装和自动化连续生产。

此种肠衣不可食。在使用前不需要进行处理，可直接灌装。主要用于制作热狗肠、法兰克福肠等小直径肠类。熟制后用冷水喷淋冷却，然后去掉肠衣，再包装。

(2) 纤维肠衣　纤维肠衣是用纤维素黏胶再加一层纸张加工而成。机械强度较高，可以打卡；对烟具有通透性，对脂肪无渗透；不可食用，但可烟熏，可印刷；在干燥过程中自身可以收缩。这种肠衣在使用之前应先浸泡（印刷的浸泡时间应长些），应填充结实（填充时可以扎孔排气），烟熏前应先使肠衣表面完全干燥，否则烟熏颜色会不均匀，熟制后可以喷淋或水浴冷却。这种肠衣适用于加工各式冷切香肠、各种干式或半干式香肠、烟熏香肠及熟香肠和通脊火腿等。

（3）纤维涂层肠衣　纤维涂层肠衣是用纤维素黏胶、一层纸张压制，并在肠衣内面涂上一层聚偏二氯乙烯而成。此种肠衣阻隔性好，在贮存过程中可防止产品水分流失，加强了对微生物的防护；收缩率高，外观饱满美观，可以印刷；但不能烟熏、不可食用。使用前应先用温水浸泡，灌装时应填充结实（不能扎孔），可以蒸煮达到所需的中心温度，然后用冷水喷淋或水浴冷却。适用于各类蒸煮肠。使用此种肠衣的产品，不需要进行二次包装。

（4）玻璃纸肠衣　玻璃纸是一种再生胶质纤维素薄膜。玻璃纸具有吸湿性、阻气性、阻油性、易印刷、可与其他材料层黏合、强度较高等特点。将玻璃纸卷成筒状，糨糊黏结，用小线绳将一端系上，即成玻璃纸肠衣，这种肠衣成本比天然肠衣低，性能比天然肠衣好，只要操作得当，几乎不出现破裂现象。

3. 塑料肠衣

（1）聚偏二氯乙烯肠衣　利用氯乙烯和偏二氯乙烯共聚物制成的筒状或片状的肠衣。其特点是无味无臭，很低的透水、透气、透紫外光性能，具有一定的热收缩性，可耐121℃湿热高温，可以印刷，机械灌装性能好，安全卫生，因此，这类肠衣已被广泛应用。聚偏二氯乙烯肠衣适合于高频热封灌装生产的火腿、香肠（如火腿肠、鱼肉肠等）。生产这种肠衣的厂家以日本的吴羽化学、旭化成，美国的陶氏为代表。这种肠衣也大量用于高温灭菌制品的常温保藏。

（2）聚酰胺肠衣　聚酰胺肠衣也称尼龙肠衣，是用尼龙加工而成的单层或多层肠衣。单层产品具有透气、透水性，一般用于可烟熏类和剥皮切片肉制品。多层肠衣具有不透水、不透气，可以印刷，不被酸、油、脂等腐蚀，不利于真菌和细菌生长，在蒸煮过程中还可以收缩，具有较强的机械强度和弹性，可耐高温杀菌等特性。使用前应先用30℃水浸泡，灌装时要填充结实（不可扎孔），蒸煮后可喷淋或水浴冷却。适用于制作各种熟制的香肠、黑香肠、肝香肠、头肉肠、快速切片肠、鱼香肠等。

（3）聚酯肠衣　聚酯肠衣不透气、不透水；可以印刷；具有很高的机械强度；不被酸、碱、油脂、有机溶剂所侵蚀；易剥离。分为收缩性和非收缩性两种。收缩性的肠衣，热加工后能很好地和内容物黏合在一起，可用于非烟熏、熏煮香肠类、禽肉卷、熏煮火腿、切片肉类、新鲜野味、鱼等的包装及深冻食品的包装等。此外，还有专门用于包装烤制肉制品的聚酯膜，如用于烤鸡的包装膜。薄膜也可用于微波食品、半成品的包装等。聚酯肠衣使用前不需要水浸，灌装时要灌结实，但不能扎孔；灌装后，为了保证肠衣收缩，应把肠放入95℃以上的热水中保持几秒钟。熟制时温度80～85℃，熟制后应喷淋或水浴冷却。非收缩性的肠衣主要用于包装生鲜肉类和生香肠等不需加热的肉品。

三、包装袋

1. 真空袋

主要用于中式香肠、中式腊肉、非蒸煮型的生肉制品，或牛肉干、肉脯等产品的包装，材质为PA/PE（尼龙聚乙烯）、PA/Al/PE。一般PA（尼龙）薄膜层厚度约15μm，PE（聚乙烯）层40～60μm，Al（铝箔）约7mm。

2. 蒸煮袋

能用于121℃杀菌的软包装食品用的四方袋，它分为透明袋和铝箔袋，普通型和隔绝型。目前蒸煮袋使用的包装材料见表9-1。

表9-1 蒸煮袋类型及结构

形态	类型	材料构成
透明袋	普通型	PE/CPP(聚酯/聚丙烯)(12μm/70μm) PET/SPE(聚酯/特殊聚乙烯)(12μm/70μm) PA/CPP(尼龙/聚丙烯)(15μm/70μm) PET/PA/CPP(聚酯/尼龙/聚丙烯)(12μm/15μm/70μm)
	隔绝型	PA/PVDC(或 PE-EVOH)/CPP(15μm/15μm/50μm) (尼龙/聚偏二氯乙烯或乙烯-乙烯醇共聚物/聚丙烯) PET/PVDC(或 PE-EVOH)/CPP(12μm/15μm/50μm) SPA/CPPZ(特殊尼龙/聚丙烯)(15μm/70μm)
铝箔袋	隔绝型	PET/Al/CP 聚酯/铝箔/聚丙烯(12μm/9μm/70μm) PA/Al/CPP 尼龙/铝箔/聚丙烯(15μm/9μm/70μm)

续表

形态	类型	材料构成
深拉伸透明	普通型	盖:PET/CPP(聚酯/聚丙烯) OPP/CPP(拉伸聚丙烯/未拉伸聚丙烯) 底:CPP/PA(聚丙烯/尼龙)
	隔绝型	盖:PET/PVDC或PE-EVOH共聚物/CPP聚酯/聚偏二氯乙烯或乙烯-乙烯醇共聚物/聚丙烯 (OPP/PVDC或PE/EVOH共聚物)/CPP拉伸聚丙烯/聚偏二氯乙烯/或乙烯-乙烯醇共聚物/未拉伸聚丙烯 底:(CPP/PVDC或PE-EVOH共聚物)/PA 聚丙烯/聚偏二氯乙烯(或乙烯乙烯醇共聚物)尼龙
透明盘	普通型	聚丙烯单体
	隔绝型	盘:CPP/PVDC/CPP(聚丙烯/聚偏二氯乙烯/聚丙烯) 盖:PET/PVDC/CPP(聚酯/聚偏二氯乙烯/聚丙烯)
铝箔盘	隔绝型	盘:CPP/Al/外面保护层(聚丙烯/铝箔/外面保护层) 盖:外面保护层/Al/CPP(外面保护层/铝箔/聚丙烯)
圆筒状	隔绝型	PVDC薄膜单体(聚偏二氯乙烯单体)

第十章 酱卤食品质量控制

酱卤肉制品的加工关键在于煮制和调味，煮制加工环节直接影响产品的口感和外形，必须严格控制温度和加热时间。调味是一个重要过程，应用科学配方，选用优质配料，形成产品独特风味和色泽。

目前，为了保证产品的质量，酱卤肉制品的加工沿用传统的中式加工与先进的西式工艺相结合，严格按照工艺流程，采用注射、滚揉、低温蒸煮等先进工艺制作，融浓郁的中式风味与鲜嫩的西式肉质于一体，采用连续机械化工业生产，实行 HACCP 管理，控制工艺参数进行加工制作，加工完毕后及时真空包装。其产品既保留了传统的酱卤肉制品的色、香、味，又具有肉质嫩滑、易于咀嚼、利于消化吸收、贮藏时间较长等特点。酱卤肉制品适宜现做现卖和短时冷藏运销。

第一节 生产过程管理

一、选料

各种酱卤肉制品的质量好坏，均与选料有密切的关系。因此，酱卤肉制品的加工需要严把原材料质量关，防止劣质原材料进入生产。供酱卤肉制品用的原料包括原料肉和加工所用的辅料等。原材料按照品质管理标准的要求制定详细的原材料质量指标、检验项目、抽样及检验方法等并严格执行，同时要做好原始记录。每批原料及包装需经检验合格后，方可使用。准许使用的原材料，应遵循先进先出的原则。食品添加剂应设专柜贮放，由专人负责管理，注意领取材料程序正确，对使用的种类、批准文号、进货量及使用量建立专册记录。

酱卤肉制品用的原料肉，应来自健康牲畜，经兽医检验合格的，质量良好、新鲜的肉或畜禽副产品等。凡热鲜肉、冷却肉或解冻肉都可用来加工，但不同的产品又有具体的要求，需要根据产品的不同要求选择合适的原料肉。任何原料肉都应保持肉质新鲜，无污物和杂质，同时生产用水必须符合卫生要求，并定期进行质量检测，所有的辅料也必须符合相关国家标准要求。

二、酱汁和卤汤的调制

酱卤肉制品加工中所用的酱汁和卤汤的调制是影响产品质量的关键环节，要求应用科学配方，选用优质配料，形成产品独特风味和色泽。生产酱、卤产品时，老汤十分重要，老汤时间越长，酱、卤产品的风味越好。第一次酱、卤产品时，如果没有老汤，则要对配料进行相应的调整。

老汤反复使用后会有大量沉淀物而影响产品的一致性，必须经常过滤以保持老汤清洁。在工业化生产中，可以借助过滤或净化机械完成净化过程。此外，每次使用时应撇净浮沫，使用完毕应清洁并烧开。通常老汤每天都要使用，长时间不用的老汤应冷冻贮藏或定期煮开，以防止腐败变质。

三、酱卤肉制品煮制时的质量管理

煮制加工环节直接影响产品的质量，必须严格控制温度和加热时间。根据生产企业的特点，制定生产过程中的检验指标和检验标准、抽样及检验方法，并保证在各生产环节严格执行。配制原料要有良好的外观性状，无异味，并严格按照配方准确称量。对半成品的各项指标也要进行准确检验，以便及时发现存在的问题。生产过程要严格控制时间、温度、压力、酸碱度等理化指标，防止食品受微生物污染而腐败变质。

食品企业必须建立相应的质量管理机构，专门负责生产全过程的质量监督管理，要求食品企业，贯彻预防为主的原则，实行全过程的质量管理，消除生产不合格产品的种种隐患，做到“防患于未然”，确保食品安全。

四、成品包装

生产出来的酱卤肉制品，一般采用真空包装的方式进行。为了延长产品的货架期，常与低温贮藏方式联合使用。真空包装是指除去包装袋内的空气，经过密封，使包装袋内的食品与外界隔绝。在真空状态下，好气性微生物的生长减缓或受到抑制，减少了蛋白质的降解和脂肪的氧化酸败。另外经过真空包装，使乳酸菌和厌气菌增殖，从而延长产品的贮存期。

第二节　生产过程质量控制

一、原料质量控制

原料管理是整个质量管理的基础，关系到产品的发色和出品率。主要检查的指标包括原料肉的新鲜度、保水力、卫生状况、温度、pH 值等，并应进行微生物的检查。通过对以上这些指标进行评价分析，确定原料肉的加工用途（适合做哪种产品）。同时，对辅料添加物、包装材料等进行同样的检查，并建立原料管理制度，严格出入手续，检验证明登记造册，手续齐全。

在肉品加工过程中，要达到很好的质量控制效果，除了严格进行工艺控制外，对原料肉的控制是相当重要的一环。

1. 原料处理过程管理要求

原料处理在卫生管理方面是极为重要的工序。这是因为在进行胴体或购进肉处理时，都离不开与手接触，这时就有可能受到细菌的高度污染，为了将细菌污染控制在最小限度内，应做到以下三点。

（1）经常保持处理场所的设备、器具的清洁。

（2）绝大部分细菌在低温下不会增殖，因此需将肉温控制在

10℃以下。

（3）因为在一定时期内防止细菌增殖比较容易，超过一定期限则难以控制，所以要尽量缩短原料处理时间。

2. 原料处理过程注意事项

（1）使用卫生的原料肉。

（2）原料搬运时尽可能利用机械完成，搬运车和冷藏库最好为密闭式，保管原料用冷库需保持清洁，库内温度、湿度要稳定，原料肉受冷要充分，尤其注意不要将热肉搬进库内，并定时做好温度记录。仪表要经常校正。

（3）解冻时严格按工序执行并及时清理包过冻结肉的纸箱及包装膜等杂质。

（4）原料冷藏室和处理室要邻近，处理室和加工室要远离。

（5）机械、器具要专物专用，若需它用，则必须先进行清洗、消毒。原料冷藏车和处理室入口处最好设置装有清洗杀菌液的设施，车辆出入时需从杀菌液中通过。另外，原料处理人员不得进入肉制品加工室。

（6）处理室要经常保持低温。

（7）分割修整时，要做到作业台按原料种类实行专用，若需处理其他原料，使用前必须进行清洗和消毒。

3. 添加物和辅料及水质应注意事项

（1）确定购买品种和购买商店。对天然的或合成的添加物和辅料要熟悉其使用目的和作用，以及对卫生和制品质量会产生哪些有益影响，若认为有必要使用，应该先做使用实验再确认是否购买，不要轻信厂家的广告宣传。购入添加剂和辅料要选择信誉高的厂家或商店。

（2）添加物的品质必须稳定、安全。购入的添加物和辅料应检查包装器外部有无成分表示，包装是否完整，并进行微生物检查。

（3）保管设施应整洁、卫生、便于温度控制、降低细菌和灰尘的散落率。

（4）记录每天使用量。

（5）采购员和肉制品直接制造者要加强联系。

（6）保持配料室的卫生。

（7）香肠加工用水硬度不能过高，最好使用软水或去离子水，因为水中某些离子，会对氧化有促进作用。

4. 原料水和冰的安全

生产用水（冰）的卫生质量是影响食品卫生的关键因素。食品加工企业的一个完整的SSOP计划，首先要考虑与食品接触或与食品接触物表面接触的水（冰）的来源与处理应符合有关规定，并要考虑非生产用水及污水处理的交叉污染问题。

（1）食品加工厂须采用符合国家饮用水标准的水源。对于自备水源，要考虑水井的周围环境、井深度，污染等因素的影响。对两种供水系统并存的企业，采用不同颜色的管道加以区分，防止生产用水与非生产用水相混淆。对贮水设备（水塔、储水池、蓄水罐等）要定期进行清洗和消毒。无论是城市供水还是储备水源都必须有效地加以控制，有“合格证明”后方可使用。

（2）对于公共供水系统须提供供水网络图，并清楚地标明出水口的编号和管道的区分标记。合理设计供水、废水和污水管道，防止饮用水与污水的交叉污染及虹吸倒流造成的交叉污染。检查时，水和下水道应追踪至交叉污染区和管道死水区。

（3）水管龙头要有真空排气阀、水管离水面两倍于水管直径或有其他阻止回流的保护装置，以避免产生负压的脏水被回吸入饮用水中。

（4）定期对大肠杆菌和其他影响水质的成分进行分析。企业至少每月要进行1次微生物监测，每天对水的pH值和余氯进行监测，当地主管部门对水的全项目的监测报告每年2次。水的监测取样，每次必须包括总的出水口，1年内做完所有的出水口。

（5）对于废水的排放，要求地面应有一定的坡度易于排水；加工用水、台案或清洗消毒池的水，不能直接流到地面；地沟（明沟、暗沟）要加箅子（易清洗、不生锈），水流向要从清洁区到非清洁区，与外界接口要防异味、防蚊蝇。

（6）当冰与食品或食品表面相接触时，制冰用水必须符合饮用水标准，制冰设备要卫生、无毒、不生锈，贮存、运输和存放的容器要卫生、无毒、不生锈。制冰机内部应定期检验，以确保清洁并不存在交叉污染。若发现加工用水存在问题，应终止使用，直到问题得到解决。水的监控、维护及其他问题的处理都要记录下来并保存。

二、生产期间质量控制

生产和流通过程的质量管理要遵照《食品卫生法》和相应的产品标准法规来实施。只有满足法律法规的要求，并努力谋求产品质量稳定，才会得到消费者的信赖。因此，每道加工工序都要实行严格的管理。从选择原料到加工过程中每一个细节的质量控制都将直接影响产品的最终质量，任何一个细节的影响未被消除，都将最终表现出来而影响产品的品质。而且在生产过程中，每道加工工序在工艺上的执行情况都或多或少地影响产品最后的质量，如果对某个加工工序控制不好，就会出现“出汗”、发黏、发霉、切片松散、颜色不均、灰心、黑皮、酸败变质、质保期短等不同的质量问题。所以，在设定各个工艺条件及确定与下一道工序的连接条件时，必须注意工艺管理要点。

1. 分割过程

(1) 加工室内温度需保持在10℃左右为宜，最高不可超过18℃。

(2) 加工室、机械和器具结构应有耐久性，并且易于清洗，不易产生肉屑、脂肪屑等残留物。

(3) 高处理能力的机械，需要有对应容量的容器。最好是不使用容器，而使用不与外界接触的连续作业式机械、器具或管道。

(4) 机械器具类和地面、墙壁应经常保持清洁。

(5) 原料处理、调味、香辛料、食品添加剂和辅料室应与加工室分开，搬入加工室的添加剂类和辅料不应超过1天的用量，淀粉、大豆蛋白在添加前，要通过筛网过滤，香辛料要充分混合。

(6) 斩拌或混合好的肉馅要及时灌装，灌装后的肉馅要检查是否密实及是否有肉馅露出。

(7) 斩拌或混合用原料摆放要有秩序，斩拌或混合时遵守“先进先出”的原则，并严格控制原辅料的温度，一般在斩拌或混合前：腌制肉（原料肉不腌）0～4℃，肥膘−2～−1℃，蛋白粉、淀粉及香料在15℃以下。

（8）加工室内人员不能戴首饰上岗，以免异物落入肉馅，同时上岗前不能涂抹化妆品。

2. 腌制过程

（1）防止中毒性细菌和腐败菌进入肉中。

（2）使用卫生的腌制剂和机械。机械类和腌制容器每使用1次都要进行清洗，并且应注意腌制库的卫生管理。

（3）腌制库要保持清洁，温度控制要适当。

（4）亚硝酸钠及硝酸钠等辅料的添加要准确，分散要均匀，最好先用少部分水溶解后再加入。

3. 熟制过程

（1）充分干燥，特别是烟熏炉用过之后，在进入第二批产品之前一定要将烟熏室内的空气排净。

（2）烟熏室（包括蒸煮间）应与加工室分开，烟熏室和蒸煮间需排气通畅。烟熏室和蒸煮间与加工车间要用风幕加以隔离。

（3）烟熏室要及时清洗。

（4）时常检查烟熏状态，即烟熏温度和烟浓度、时间等。同时注意装入量及产品摆放形式。

4. 熟制过程

（1）加热（蒸煮）要充分。

（2）正确把握各种制品的加热温度和时间。

（3）容量和温度的均等化及其装置的检查。每次装入的产品数量要稳定，并经常检查烟熏或蒸煮设备各部件是否工作正常。

（4）为有效监视蒸煮设备的工作状态，可对各烟熏或蒸煮设备另设传感线路，所有传感线路与中心电脑相连，并设专人监视烟熏或蒸煮设备的工作状态。

（5）冷却用水应使用低温流动水，并应保持清洁，最理想的冷却水温度应低于10℃。

（6）对利用聚酰胺或塑料肠衣制成的低温香肠，可采用以下渐进式加热工序。

① 香肠的起始加热阶段　将加热室的温度调校到55～60℃，相对湿度100%，时间20～40min（视香肠直径而定）。

② 快速升温阶段　将加热室的温度提升到80℃使热力快速穿过香肠内部25～45℃的温度，维持20～40min，相对湿度为100%。

③ 长热处理阶段　将加热室的温度降至75～78℃进行蒸煮，直至香肠中心温度达到72～74℃。

④ 巴氏杀菌阶段　进一步将加热室的温度降到72℃蒸煮10min。

(7) 结扎生产出的半成品要及时装篮摆放，产品规格要一致，不准混装。传送带及操作台的死角所滞留的半成品要及时清理，不能滞留时间过长。

(8) 半成品摆满一车后，要推到专放区，不能拉到杀菌间停放，以防升温，半成品停放时间不能超过20min。

(9) 半成品要按先后顺序进锅（炉），入锅前半成品中心温度不能超过15℃，入锅（炉）后要及时升温，升温时间为12～15min，恒温时允许温度波动±0.5℃。

(10) 蒸煮后，应对香肠进行及时冷却（喷淋）10～20min。然后进行充分冷却，直至香肠中心温度降至0～10℃，最终产品应在（4±2)℃下贮存。高温火腿肠要求降至37℃以下。

5. 包装过程

(1) 与食品保存性密切相关，所以，在包装时，尽可能做到逐根检查结扎是否结实、严密，是否有可能受到污染。

(2) 经常保持包装机械的清洁，保持制品容器的卫生，并且要求包装操作人员熟悉包装机械特征，避免发生机械故障，降低次品率。尽可能一次包装成功，坚决杜绝多次反复包装。

(3) 保证其他材料的清洁、卫生操作，特别应注意不可有导致制品污染的物品进入包装室内。

(4) 保存中，制品的搬运保管要讲究卫生，不要使制品产生温度差。

6. 成品管理

对最终产品的微生物含量、理化指标、感官质量等进行检查，并应制定出详细的产品企业标准。

（1）肉制品包装应在无菌室或低温条件下进行，为防止灰尘或空气污染，多使用空气清洁机或空气过滤器，使室内处于无菌状态。包装人员为了避免人的皮肤与产品直接接触，手上需戴乳胶手套，进入包装室时要先对工作服、长筒靴等进行消毒。使用的包装材料应按照工艺设计要求选定的材料使用，不得随意更换取代。

（2）包装要注意质量，要逐根、逐块检查包装的效果，即检查结扎是否结实，或密封是否严密。不要绝对相信包装机，若包得不结实或密封不好漏气、或包装后没有按工艺要求的储存温度去储存等，已包装的制品仍然会腐败变质。

（3）经常保持包装机械、盛装产品的容器、包装材料的清洁、卫生。包装操作人员要熟悉包装设备的性能特征，避免发生机械事故，降低次品率，尽可能做到一次包装成功。要认真擦拭机械，要认真检查清理包装机器四周的污染源，要检查润滑系统，防止润滑油混入到食品中，要检查用于包装的各种材料用具、标签、操作台等的卫生，防止对产品的污染。

（4）熟肉制品应与生的腌制品分库保管，防止互相影响质量。熟肉制品入库之前，应在晾肉间晾去表面水分，减少入库后库温上升，防止墙壁、顶板滋生霉菌。

（5）对包装后的每批进行检验，看是否有漏气、破袋等残次品入箱，是否有带水、带油等产品入箱，是否有色泽不均一、贴标不规范、成形差等感官质量不合格产品入箱。

（6）对已经确认的合格产品，要监督车间放入合格证，并监督车间将包装纸箱封好、封严。

（7）按正规的生产工艺及卫生要求生产的香肠制品在20℃以下温度可以储存数月。高档灌肠制品及西式火腿类小包装，从成品到售出都必须冷藏于0～5℃，否则不能保证质量。含水量多，含淀粉量多的中低档制品，在0～5℃，储存期不超过3d。

（8）对最终产品的微生物、添加物含量、营养价值（或主要成分含量)、感官质量和理化指标等进行检查，尽可能根据产品分类确定工厂产品质量标准。

三、流通过程质量控制

对从工厂的成品库到最终消费者之间的产品的贮藏、运输及销售条件处理好坏（特别是温度、湿度和二次污染的可能性）进行管理，至少应确定一定的基准和允许范围。

1. 贮藏

成品入库，首先进行抽检，其次按照生产批次、日期分别存放。同时要注意做到：

① 仓库应采用机械通风，通风面积与地面面积之比不小于1∶16。

② 仓库内物品与墙壁间距离不少于30cm，与地面距离不少于10cm，与天花板保持一定的距离并分垛存放。

③ 根据码垛要求，监督操作人员垫好后将不同品种、不同日期产品分类码放整齐。

④ 仓库要保持清洁，库内不得存放退货及杂物，必须做到无尘土、无蚊蝇、无鼠害、无霉斑。

⑤ 对仓库必须采取严格的卫生措施，以减少微生物污染食品的机会，延长食品的保藏期，保证食品的卫生质量。

2. 运输过程注意事项

对于经检验合格出厂后的肉制品，要加强运输检验，保证冷链运输，保证运输器具的安全卫生，特别要把好冷库关，防止肉品在贮存过程中的二次污染。及时按要求的贮存条件进行贮运销售，而且应尽量缩短产品的周转时间与环节，使产品在较短的时间内销售到终端消费者，从而确保产品的质量。

（1）装卸货物要注意卫生，尽量缩短装卸时间，如有可能，货台最好设计成不会产生与外界空气直接接触的结构，并应经常保持运输车辆、货台等的清洁。

（2）运输车的装载方法及温度管理要恰当，制品在发送时应注意：

① 尽量使用纸箱，若使用聚乙烯容器，需每天进行清洗、消毒，以防止对制品及车内造成污染。

② 使用冷藏车（制品的保存温度在10℃以下），车内安装隔栅，以避免制品等装载过高（防止制品冷却不完全或压坏），并有利于冷气流通（防止产生白毛），尽量安装风幕（车用）。

③ 加快装卸货的速度，缩短开门时间，发送货人员应尽快将产品搬入冷藏库内。

④ 运输车内应始终保持低温。

⑤ 经常对运输车、容器、设施等进行清洗、消毒，保证运输车、容器、设施的卫生。

⑥ 生产者与销售者应经常沟通。

3. 销售管理注意事项

销售是流通的终端。此时的食品质量水平才能说明生产企业是否具有向消费者提供符合质量要求的产品的能力。一方面，不要销售超过保藏期的食品；另一方面，注意食品销售过程中的卫生管理、防止食品污染。

销售管理人员的职责是指导商店的销售工作，因此必须掌握专业知识和卫生知识，如果由于零售店操作不当而造成产品质量问题，不要盲目退货，而应认真查找原因，检查项目包括：

（1）冷藏柜的设置场所是否正确。

（2）陈列的商品是否事先进行了预冷。

（3）装入量是否超过设计能力。

（4）是否执行了商品先入先出的原则。

（5）对陈列商品的灯光照明是否过强。

（6）是否定期检查柜内温度。

（7）除霜是否充分。

（8）清扫是否彻底。

四、生产设施管理

对建筑物、机械器具、给排水、排烟、污水处理等与生产有关的一切设施都应实行管理，才能保证产品的质量。而且，特别应注意做好安全防范工作，做到安全第一、预防为主。

1. 厂房、车间布局要合理

厂房的设计应符合国家有关设计规范规定，设置安全警示标志，使安全意识深入人心，能够防止动物和昆虫的进入，并具备相应的照明、取暖、通风、降温和给排水设施，室内墙、柱、地面应该耐清洗消毒。

加工车间是清洁区，要求室温保持在0～4℃，应便于清洗、消毒，并有防止蚊、蝇、鼠及其他害虫进入的措施。而原料肉处理间和辅料间相对来说是次清洁区，为了减少交叉污染，原料肉处理间、辅料间与加工间应分开。

2. 设施应配套

肉制品加工中各种加工设备的摆放应与生产工序相协调，尽量缩短搬运距离。大型的加工机械需要与其配套的设备相匹配。配套设备及工具应与先进的加工设备相配套，这样才能生产出高质量的产品。另外，为方便各种设备的清洗，应配备高压水枪，常备肥皂及洗洁精。相同的作业尽可能一次完成，避免反复操作，增加污染机会和劳动强度。

3. 清洗

每班工作前要把工具、用具、机器、设备认真清洗，严防灰尘、杂质混入。每班生产完毕，地面、工具、用具、机械、设备要彻底清洗，重点应放在灌肠机、拌馅机和斩拌机下侧不易看到的地方，以免泄漏在这些地方附着的残留物，机器表面的水珠和油迹要擦净。班与班之间应建立交接制度。

第三节 HACCP及卫生消毒与管理

一、HACCP的产生与发展

HACCP是“危害分析关键控制点”的英文缩写，是一种食品安全保证体系，由食品的危害分析（Hazard Analysis，HA）和关键控制点（Critical Control Point，CCP）两部分组成。1959年美国皮尔斯柏利（Pillsbury）公司与美国航空和航天局（NASA）的纳蒂克（Natick）实验室在联合开发航天食品时，形成了 HACCP 食品质量管理体系。1971 年皮尔斯柏利公司在美国食品保护会议（National Conference on Food Protection）首次提出了 HACCP，几年后美国食品与药物管理局（FDA）采纳并作为酸性与低酸性罐头食品法规的制定基础。1974 年以后，HACCP 的概念已大量出现在科技文献中。目前，HACCP 在美国、日本、欧盟已被广泛加以应用，并正在被推向全世界，将成为国际上通用的一种食品安全控制体系。

我国从 1990 年开始在食品加工业中进行 HACCP 的应用研究，制定了“在出口食品生产中建立 HACCP 质量管理体系”的规则及一些在食品加工方面的 HACCP 体系的具体实施方案。在应用 HACCP 对乳制品、熟肉、饮料、水产品和水果等进行质量监督管理时，取得了较显著的效果。

二、HACCP 对肉制品安全和质量的控制

1. 组建 HACCP 工作小组

HACCP 工作小组应包括负责产品质量控制、生产管理、卫生管理、检验、产品研制、采购、仓储和设备维修各方面的专业人员，并应具备该产品的相关专业知识和技能。工作小组的主要职责是制订、修改、确认、监督实施及验证 HACCP 计划，负责对企业员工进行 HACCP 培训；负责编制 HACCP 管理体系的各种文件等工作。

2. 产品描述

对产品的描述应包括产品名称（说明生产过程类型）、产品的原料和主要成分，产品的理化性质（包括水分活度 A_w、pH 值等）及杀菌处理（如热加工、冷冻、盐渍、熏制等）、包装方式、销售方式和销售区域，产品的预期用途和消费人群、适宜的消费对象、食用方法、运输、贮藏和销售条件、保质期、标签说明等，必要时，还要包括有关食品安全的流行病学资料。

3. 绘制和验证产品的工艺流程图

HACCP 工作小组应深入生产线，详细了解产品的生产加工过程，在此基础上绘制产品的生产工艺流程图，制作完成后需要现场验证流程图。流程图应明确包括产品加工的每一个步骤，以便于识别潜在的危害。

4. 危害与危害分析

危害是指在食品加工过程中，存在的一些有害于人类健康的生物、化学或物理因素。对食品的原料生产、原料成分、加工过程、贮运、市场和消费等各阶段进行危害分析，确定食品可能发生的危害及危害的程度，并提出控制这些危害的防护措施。危害分析是 HACCP 系统方法的基本内容和关键步骤。

进行危害分析时，应采用分析以往资料、现场实地观测、实验室采样检测等方法，了解食品生产的全过程，包括：食物原料和辅料的来源；生产过程及其生产环境可能存在的污染源；食品配方或组成成分；食品生产设备、工艺流程、工艺参数和卫生状况；食品销售或贮藏情况等。然后对各种危害进行综合分析、评估，提出安全防护措施。危害分析时要将安全问题与一般质量问题区分开。应考虑涉及安全问题的危害包括如下几点。

（1）生物性危害　食品中的生物性危害是指生物（包括细菌、病毒、真菌及其毒素、寄生虫、昆虫和有害生物因子）本身及其代谢产物对食品原料、生产过程和成品造成的污染，可能会损害食用者的健康。

（2）化学性危害　食品中的化学性危害是指化学物质污染食品而引起的危害。可分为以下几类：天然的化学物质（组胺）、有意加入的化学品（香精、防腐剂、营养素添加剂、色素）、无意或偶然加入的化学品（化学药品、禁用物质、有毒物质和化合物、工厂润滑剂、清洗剂、消毒剂等生产过程中所产生的有害化学物质）。

（3）物理性危害　物理性危害在食品生产过程中的任一环节都有可能产生，主要是一些外来物，如玻璃、金属屑、小石子和放射线等因素。

5. 关键控制点的确定

关键控制点是指能对一个或多个危害因素实施控制措施的环节，它们可能是食品生产加工过程中的某一些操作方法或工艺流程，可能是食品生产加工的某一场所或设备。在危害分析的基础上，应用判定树或其他有效的方法确定关键控制点，原则上关键控制点所确定的危害是在后面的步骤不能消除或控制的危害。关键控制点应根据不同产品的特点、配方、加工工艺、设备、GMP 和 SSOP 等条件具体确定。一个 HACCP 体系的关键控制点数量，一般应控制在 6 个以内。

6. 建立关键限值（CL）

每个关键控制点会有一项或多项控制措施，确保预防、消除已确定的显著危害或将其降至可接受的水平。每一项控制措施要有一个或多个相应的关键限值。关键限值的确定应以科学为依据，可来源于科学刊物、法规性指南、专家、试验研究等。用来确定关键限值的依据和参考资料应作为 HACCP，方案支持文件的一部分。通常关键限量所使用的指标，包括温度、时间、湿度、pH 值、水分活度、含盐量、含糖量、可滴定酸度、有效氯、添加剂含量及感官指标，如外观和气味等。

7. 建立监控程序

要确定控制措施是否符合控制标准，是否达到设定预期控制效果，就必须对控制措施的实施过程进行监测，建立从监测结果来判定控制效果的技术程序。一个监控系统的设计必须确定如下几点。

（1）监控内容　通过观察和测量来评估一个 CCP 的操作是否在关键限值内。

（2）监控方法　设计的监控措施必须能够快速提供结果。物理和化学检测能够比微生物检测更快地进行，是很好的监控方法。

（3）监控设备　温湿度计、天平、pH 计、水分活度计、化学分析设备等。

（4）监控频率　监控可以是连续的或非连续的，如有可能，应采取连续监控。

（5）监控人员　可进行 CCP 监控的人员包括：流水线上的人

员、设备操作者、监督员、维修人员、质量保证人员等。负责监控CCP的人员必须接受有关CCP监控技术的培训，完全理解CCP监控的重要性，能及时进行监控活动，准确报告每次监控工作，随时报告违反关键限值的情况，以便及时采取纠偏活动，如图10-1所示。

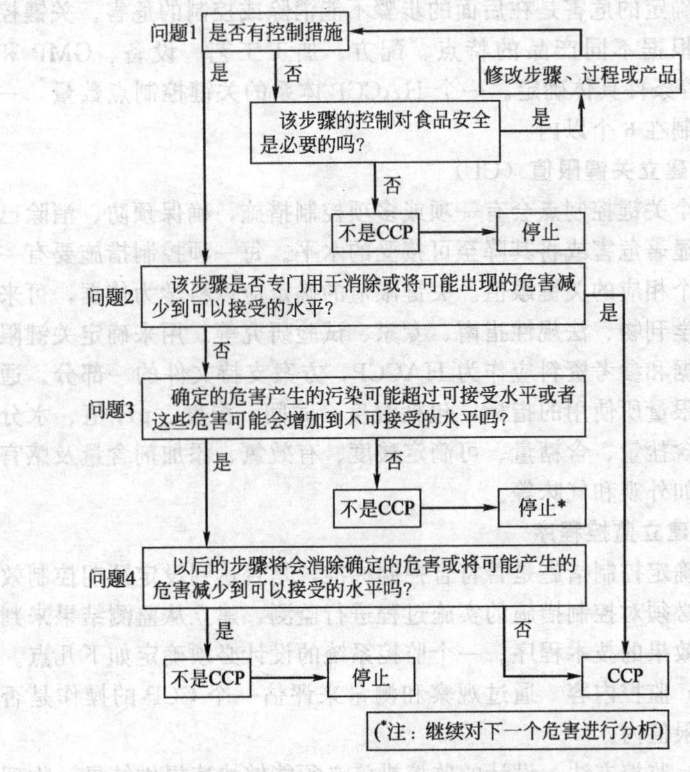

图10-1 关键控制点判定树

监测结果需详细记录，作为进一步评价的基础。

8. 建立修正措施

如果监测结果表明生产加工失控或控制措施未达到标准时，则必须立即采取措施进行校正，这是CCP系统的特性之一，也是HACCP的重要步骤。校正措施依CCP的不同而不同。

9. 建立验证程序

验证的目的是要确认HACCP系统是否能正常运行。验证工作可由质检人员、卫生或管理机构的人员共同进行，验证程序包括对CCP的验证和对HACCP体系的验证。

（1）CCP的验证　CCP的验证包括监控设备的校准，以确保采取的测量方法的准确度，再复查设备的校准记录，设计检查日期、校准方法以及试验方法；然后有针对性地采样检测；最后对CCP记录进行复查。

（2）HACCP体系的验证　验证的频率应足以确认HACCP体系可有效运行，每年至少进行一次或在系统发生故障时、产品原材料及加工过程发生显著改变时或发现新的危害时进行。检查产品说明和生产流程图的准确性；检查CCP是否按HACCP的要求被监控；监控活动是否在HACCP计划中规定的场所执行；监控活动是否按照HACCP计划中规定的频率执行；当监控表明发生偏离关键限制的情况时，是否执行了纠偏行动；设备是否按照HACCP计划中规定的频率进行了校准；工艺过程是否在既定关键限值内操作；检查记录是否准确和是否按照要求的时间来完成等。

10. 建立HACCP记录管理系统

一般来讲，HACCP体系须保存的记录应包括如下几方面。

（1）支持文件，包括书面的危害分析工作单和用于进行危害分析和建立关键限值的任何信息的记录。支持文件也可以包括：制订抑制细菌性病原体生长的方法时所使用的充足的资料，建立产品安全货架寿命所使用的资料以及在确定杀死细菌性病原体加热强度时所使用的资料。除了数据以外，支持文件也可以包含向有关顾问和专家进行咨询的信件。

（2）HACCP计划，包括HACCP工作小组名单及相关的责任、产品描述、经确认的生产工艺流程和HACCP小结。HACCP小结应包括产品名称、CCP所处的步骤和危害的名称、关键限值、监控措施、纠偏措施、验证程序和保持记录的程序。

（3）HACCP计划实施过程中发生的所有记录。

（4）其他支持性文件，例如验证记录，包括HACCP计划的修订等。

三、常用卫生消毒方法

（1）漂白粉溶液　适用于无油垢的工器具、操作台、墙壁、地面、车辆、胶鞋等。使用浓度为0.2%～0.5%。

（2）氢氧化钠溶液　适用于有油垢沾污的工器具、墙壁、地面、车辆等。使用浓度为1%～2%。

（3）过氧乙酸　过氧乙酸是一种新型高效消毒剂，适用于各种器具、物品和环境的消毒。使用浓度为0.04%～0.2%。

（4）蒸汽和热水消毒　适用于棉织物、空罐及重量小的工具的消毒。热水温度应在82℃以上。

（5）紫外线消毒　适用于加工、包装车间的空气消毒，也可用于物料、辅料和包装材料的消毒，但应考虑到紫外线的照射距离、穿透性、消毒效果以及对人体的影响等。

（6）臭氧消毒　适用于加工、包装车间的空气消毒，也可用于物料、辅料和包装材料的消毒，但应考虑到对设备的腐蚀、营养成分的破坏以及对人体的影响等。

四、肉品企业卫生要求

肉品企业卫生要求严格，某熟肉制品厂把卫生管理归为四勤劳、四经常、四分开、四消毒：①个人卫生（四勤劳）：勤洗手、剪指甲，勤洗澡、理发，勤洗衣服、被褥，勤换工作服。②车间卫生（四经常）：地面经常保持干净，室内经常保持无苍蝇，工具经常保持整洁，原料经常注意清洁、不得接触地面。③加工保管（四分开）：生与熟分开（人员、工具、场所），半成品与成品分开，高温肉与低温肉分开，食品与杂品分开。④防止食品污染（四消毒）：班前、便后洗手消毒，拣拿物品前洗手消毒，工具、容器洗刷消毒，污染产品回锅消毒。具体详细要求如下：

1. 食品接触表面的清洁和卫生

保持食品接触表面的清洁是为了防止污染食品。

（1）设备的设计和安装应无粗糙焊缝、破裂和凹陷，不同表面接触的地方应具有平滑的过渡。设备必须用适于与食品表面接触的材料制作，要耐腐蚀、光滑、易清洗、不生锈。多孔和难以清洁的木头等材料，不应被用做食品接触表面。

（2）食品接触表面在加工前和加工后都应彻底清洁，并在必要时消毒。加工设备和器具首先须进行彻底清洗，再进行冲洗，然后进行消毒。加工设备和器具清洗消毒的频率为：大型设备在每班加工结束之后；工具每2～4h，加工设备、器具（包括手）被污染之后应立即进行。器具清洗消毒的注意事项：固定的场所或区域；推荐使用热水，但要注意蒸汽排放和冷凝水；流动水要注意排水问题；注意科学程序，防止清洗剂、消毒剂的残留。

（3）手套和工作服也是食品接触表面，每一个食品加工厂应提供适当的清洁和消毒的程序。不得使用线手套。工作服应集中清洗和消毒，应有专用的洗衣房，洗衣设备及其能力要与实际相适应，不同区域的工作服要分开清洗，并且每天都要进行清洗消毒，不使用时它们必须贮藏于不被污染的地方。

（4）要检查和监测难清洗的区域和产品残渣可能出现的地方，如加工台面下或钻在桌子表面的排水孔内等，它们是产品残渣聚集、微生物繁殖的理想场所。在检查时，如果发现问题应采取适当的方法及时纠正。记录包括检查食品接触面状况；消毒剂浓度；表面微生物检验结果等。记录的目的是提供证据，证实工厂消毒计划是否充分。

2. 防止交叉污染

交叉污染是通过生的食品、食品加工者或食品加工环境，把生物或化学的污染物转移到食品的过程。此方面涉及预防污染的人员要求、原材料和熟食产品的隔离和工厂预防污染的设计。

（1）人员要求　皮肤污染也是一个相关点。未经消毒的裸露皮肤表面不应与食品或食品接触表面接触。适宜地对手进行清洗和消毒能防止污染。个人物品也能从加工厂外引入污染物和细菌导致污染，需要远离生产区存放。在加工区内不允许有吃、喝或抽烟等行为发生。

（2）隔离　防止交叉污染的一种方式是工厂的合理选址和车间

的合理设计布局。工厂的选址、建筑设计应符合食品加工厂要求，厂区周围环境无污染，锅炉房设在厂区下风处，垃圾箱应远离车间，并根据产品特点进行产品的流程设计。

(3) 工厂预防污染　卫生死角、加工车间地面以及加工设备是肉制品加工厂引起交叉污染的主要来源。应该及时清理卫生死角并消毒；对车间地面要按时清理，防止产品掉到地上；加工设备在加工后要及时清理，以防止交叉污染。食品加工的表面必须维持清洁和卫生。接触过地面的货箱或原材料包装袋，要放置到干净的台面上，或因来自地面或其他加工区域的水、油溅到食品加工的表面而污染。

若发生交叉污染，要及时采取措施防止再发生；必要时停产直到改进；如有必要，要评估产品的安全性；记录采取的纠正措施。记录一般包括：每日卫生监控记录，消毒控制记录、纠正措施记录。

3. 操作人员洗手、消毒和卫生间设备的维护

手的清洗和消毒的目的是防止交叉污染。一般的清洗方法和步骤为：清水洗手、皂液洗手、用水冲净、用消毒液消毒、用清水冲洗、干手。手的清洗和消毒台要有足够的数量并设在方便之处，也可采用流动消毒车，但它们与产品不能离得太近，以免构成产品污染的风险；需要配备冷热混合水，皂液和干手设施。手的清洗台的建造需要防止再污染，水龙头应为非手动式。检查时应该包括测试一部分的手清洗台是否能良好工作。清洗和消毒频率一般为：每次进入车间时，加工期间每 30min 至 1h 进行 1 次。

卫生间的设施要求：卫生、进入方便和易于维护，能自动关闭；位置与车间相连接，门不能直接朝向车间，通风良好，地面干燥，整体清洁；数量要与加工人员相适应；使用蹲坑厕所或不易被污染的坐便器；清洁的手纸和纸篓；洗手及防蚊蝇设施；进入厕所前要脱下工作服和换鞋；一般情况下，要达到三星级酒店的水平。检查应包括每个工厂的每个厕所的冲洗。

4. 防止外部污染

可能产生外部污染的原因如下。

(1) 有毒化合物的污染　非食品级润滑油、燃料污染、杀虫剂和灭鼠剂可能导致产品污染；不恰当地使用化学品、清洗剂和消毒剂可能会导致食品外部污染，如直接的喷洒或间接的烟雾作用。当食品、食品接触面、包装材料暴露于上述污染物时，应被移开、盖住或彻底地清洗；员工们应该警惕来自非食品区域或邻近加工区域的有毒烟雾。

(2) 因不卫生的冷凝物和死水产生的污染　缺少适当的通风会导致冷凝物或水滴滴落到产品、食品接触面和包装材料上；地面积水或池中的水可能溅到产品、产品接触面上，使得产品被污染，如脚或交通工具通过积水时会产生喷溅。水滴和冷凝水较常见，且难以控制，易造成霉变。

一般采用的控制措施有：顶棚呈圆弧形；良好的通风；合理地用水；及时清扫；控制车间温度稳定等。包装材料的控制方法常用的有：通风、干燥、防霉、防鼠；必要时进行消毒；内外包装分别存放。食品贮存时，物品不能混放，且要防霉、防鼠等。化学品要正确使用和妥善保管。工厂的员工必须经过培训，达到防止和认清这些可能造成污染的间接途径。任何可能污染食品或食品接触面的掺杂物，建议在开始生产时及工作时间每 4h 检查 1 次，并记录每日的卫生控制情况。

5. 有毒化合物的正确标记、贮存和使用

食品加工中的有害有毒化合物主要包括：洗涤剂、消毒剂、杀虫剂、润滑剂、试验室用药品（如氰化钾）、食品添加剂（如亚硝酸钠）等。所有这些物品都需要有适宜的标记并远离加工区域，应有主管部门批准生产、销售、使用的证明；主要成分、毒性、使用剂量、有效期和注意事项要有清楚的标识；要有严格的使用登记记录和单独的贮藏区域，如果可能，清洗剂和其他毒素及腐蚀性成分应贮藏于密封的贮存区内；要由经过培训的人员进行管理。

6. 员工健康状况的控制

食品加工者（包括检验人员）是直接接触食品的人，其身体健康及卫生状况直接影响着食品的卫生质量。管理好患病或有外伤或其他身体不适的员工，他们可能成为食品的微生物污染源。对员工的健康要求一般包括：不得患有碍食品卫生的传染病（如肝炎、肺结核等）；不能有外伤，不得化妆，不可佩戴首饰和带入个人物品；必须具备工作服、帽、口罩、鞋等，并及时洗手消毒；应持有效的健康证，制订体检计划并设有体检档案，包括所有和加工有关的人员及管理人员，应具备良好的个人卫生习惯和卫生操作习惯；涉及有疾病、伤口或其他可能成为污染源的人员要及时隔离；食品生产企业应制订卫生培训计划，定期对加工人员进行培训，并记录存档。

7. 预防和清除鼠害、虫害

虫害的防治对食品加工厂是至关重要的。害虫的灭除和控制包括加工厂（主要是生活区）的全范围，甚至包括加工厂周围，重点是厕所、下脚料出口、垃圾箱周围、食堂、贮藏室等。去除任何产生昆虫、害虫的滋生地，如废物、垃圾堆积场地、不用的设备、产品废物和未除尽的植物等吸引虫子的因素。安全有效的害虫控制必须由厂外开始。厂房的窗、门和其他开口，如开的天窗、排污洞和水泵管道周围的裂缝等不能进入加工设施区。

采取的主要措施包括：清除滋生地和预防进入的风幕、纱窗、门帘，适宜的挡鼠板、翻水弯等；还包括产区用的杀虫剂、车间入口用的灭蝇灯、粘鼠胶、捕鼠笼等，但不能用灭鼠药。家养的动物不允许在食品生产和贮存区域活动。由这些动物引起的食品污染构成了同有害动物和害虫引起的类似风险。

第四节　酱卤食品保鲜技术与常见问题防治处理

一、酱卤肉制品保鲜技术

酱卤肉制品属于熟肉制品，通常保质期很短，严重限制了其工业化生产和远距离流通。近年来，人们应用现代食品加工和保鲜技术延长酱卤肉制品货架期方面进行了大量研究，其中真空包装和微波杀菌技术结合可有效延长产品货架期。例如，真空包装南京盐水鸭通常货架期为 7d，包装后进行微波杀菌，可以使货架期延长为

15d。目前，一些公司在真空包装和微波杀菌之后，进一步增加了巴氏杀菌工序，这种综合保鲜方法在不影响产品风味和品质的前提下，可使南京盐水鸭的货架期延长至3个月以上。酱卤产品有的带有卤汁，比较适宜微生物生长和繁殖，易腐败变质，从而导致产品的货架期短，不便销售和长途运输。因此要想使酱卤类产品发展壮大，必须优先解决产品的保鲜问题。

1. 低温冷藏技术

一般微生物生长繁殖温度范围是在5～25℃，较适宜温度是20～40℃。低温冷藏是将肉制品保存在略高于其冰点的温度，一般在2～4℃之间，大部分致病菌在这一范围内停止繁殖。孙卫青等发现在冷藏期间，羊肉火腿的pH值变化不明显，感官总体质量稳定，芽孢菌增长较慢。

2. 高温保鲜技术

肉制品中心温度达到120℃时，包括耐热性芽孢杆菌在内的所有微生物在数分钟即可被杀死。但是肉制品经高温杀菌处理后，产品风味被破坏且变得酥烂，有罐头味。

3. 高压保鲜技术

由于高压可使微生物及酶蛋白质凝固，从而使微生物失去活性，因而高压技术逐渐被应用于食品的防腐保藏中。靳烨等研究表明，经高压处理的牛肉，细菌数比对照组明显下降。

4. 真空包装技术

目前，真空包装技术已在食品保鲜中广泛应用。真空包装的作用主要有以下四个方面。

(1) 抑制微生物的生长，防止二次污染。

(2) 减缓肉中脂肪氧化的速度。

(3) 减少产品干耗。

(4) 防止肉香味的损失和不同产品之间的串味。李春保等研究发现真空包装可使冷却羊肉货架期达到25d，如果热缩处理，可进一步延长货架期。

5. 气调包装技术

气调包装是将肉类食品密封于一个用阻气性材料构建的特定的

气体环境中，从而抑制腐败微生物的生长、繁殖，达到延长货架期的目的。肉类气调包装常用的气体有以下3种。

(1) O_2 保持较高氧分压，有利于氧合肌红蛋白的形成，可以使肌肉色泽保持鲜艳，并抑制厌氧菌的生长。

(2) N_2 不影响肉的颜色，对氧化酸败、霉菌生长和虫害也有一定的抑制作用，但对细菌生长没有抑制。

(3) CO_2 可以改变肉制品的pH值，抑制微生物的活性，从而延迟腐败的发生。胡长利等用不同组分气调包装对牛肉进行冷藏保鲜。结果表明牛肉在保持一定的O_2、CO_2含量的情况下，能较好地抑制多种微生物的生长。低浓度CO_2利于对假单胞菌的抑制。含O_2气调包装的主要腐败菌群为乳酸菌。较低O_2浓度利于保持牛肉的色泽稳定。

6. 微波保鲜技术

近年来，微波杀菌保鲜作为一项新技术在国际上迅速发展起来的。其原理是当微波炉内磁控管产生高频率的微波辐射时，食品中各种微生物的极性基团、活性基团就会发生激烈的振动、旋转，分子间因剧烈摩擦而产生热量，从而引起蛋白质、核酸等发生不可逆变性而达到杀菌的目的。蒋宇飞等用处理白切鸡发现微波杀菌7min时的细菌总数极少，在储藏60d时仍符合国标，随着微波时间的延长，细菌总数越少。

7. 辐照保鲜技术

辐照处理是一种冷加工处理方法，肉制品内部不会升温，也不会引起食品的色、香、味方面的变化。同时它是物理加工过程，不会存在化学药物残留问题。胡金慧等将辐照用于低温西式肉制品的实验，结果表明，未经辐照的西式肉制品货架期只有3d，经辐照的西式肉制品货架期可达8～12d。

8. 防腐剂保鲜技术

由于肉类在生产、储运、包装、销售和消费等各个环节都易受微生物的污染，所以现在人们越来越重视肉类的腐败变质问题。在肉类中添加防腐剂，是延长食品保质期较为有效的方法。肉类中添加的防腐剂主要分为化学合成防腐剂和天然防腐剂。

（1）化学合成防腐剂　目前，在肉类中使用的化学合成防腐剂主要是各种有机酸及其盐类。如柠檬酸、乳酸及其钠盐，抗坏血酸、苯甲酸及其钠盐、山梨酸及其钾盐、磷酸盐等。这些酸或其盐类在防腐时可单独也可配合使用。宋华宾采用10％山梨酸钾＋10％醋酸钠＋1％柠檬酸钠＋5％氯化钠用于鲜牛肉的保鲜中，可降低细菌总数和大肠杆菌、金黄色葡萄球菌等微生物的数量，并可在21℃下保存将近70h。

（2）天然防腐剂　天然防腐剂以其安全性，越来越受到人们的青睐。它主要来源于微生物、动物和植物，包括乳酸链球菌素(Nisin)、溶菌酶、纳他霉素、鱼精蛋白、蜂胶、壳聚糖、茶多酚、香精油等。其中Nisin是目前研究最多、应用最广泛的。例如，张德权等以Nisin、溶菌酶和乳酸钠配制复合保鲜用于冷却羊肉的保鲜。

二、常见问题防治处理

1. 卤肉制品上色不均匀问题

烧鸡等卤制品在加工过程中需要油炸上色，不同的产品有不同的产品颜色要求，如柿红色、金黄色、红黄色等。通常油炸前在坯料外表均匀涂抹一层糖水或蜂蜜水，油炸时，糖水或蜂蜜水中的还原糖发生焦糖化及与肉中的氨基酸等发生美拉德反应产生色素物质，使肉表面形成所需要的颜色。一般涂抹糖水的坯料油炸后呈不同深浅的红色，涂抹蜂蜜呈不同深浅的黄色，两者混合则呈柿黄色，颜色的深浅取决于糖液或蜂蜜的浓度及两者的混合比例。

上色不均匀是初加工烧鸡者常遇到的问题，往往出现不能上色的斑点，这主要是涂抹糖液或蜂蜜时坯料表面没有晾干造成的。如果涂抹糖液或蜂蜜时坯料表面有水滴或明显的水层，则糖液或蜂蜜不能很好附着，油炸时会脱落而出现白斑。因此，通常在坯料涂抹糖液或蜂蜜前一般要求充分晾干表面水分，如果发现一些坯料表面有水渍，可以用洁净的干纱布擦干后再涂抹，这样一般可以避免上色不均匀现象。

2. 酱卤肉制品加工过程中的火候控制技术问题

火候控制是加工酱卤肉制品的重要环节。旺火煮制使外层肌肉快速强烈收缩，难以使配料逐步渗入产品内部，不能使肉酥润，产品干硬无味，内外咸淡不均，汤清淡而无肉味；文火煮制则肌肉内外物质和能量交换容易，产品里外酥烂透味，肉汤白浊而香味厚重，但往往需要较长的煮制时间，并且产品难以成形，出品率也低。因此，火候的控制应根据品种和产品体积大小确定加热的时间、火力，并根据情况随时进行调整。

火候的控制包括火力和加热时间的控制。除个别品种外，各种产品加热时的火力，一般都是先旺火后文火。通常旺火煮的时间比较短，文火煮的时间比较长。使用旺火的目的是使肌肉表层适当收缩，以保持产品的形状，以免后期长时间文火煮制造成产品不成形或无法出锅；文火煮制则是为了使配料逐步渗入产品内部，达到内外咸淡均匀的目的，并使肉酥烂、入味。加热的时间和方法随品种而异。产品体积大，块头大，其加热时间一般都比较长。反之，就可以短一些，但必须以产品煮熟为前提。

3. 卤牛肉肉质干硬或过烂不成形的问题

卤牛肉易出现肉质干硬、不烂或过于酥烂而不成形的现象，主要是煮肉的方法不正确或火候把握不好造成的。煮牛肉火过旺并不能使牛肉酥烂，反而嫩度更差；有时为了使牛肉的肉质绵软，采取延长文火煮制时间的办法，结果把肉块煮成糊状而无法出锅。为了既能保持形状，又能使肉质绵软，一定要先大火煮，后小火煮。必要时可以在卤制之前先将肉块放在开水锅中烫一下，这样可以更好地保持肉块的形状。煮制时要根据牛肉的不同部位，决定煮制时间的长短。老的牛肉煮久一点，嫩的牛肉则时间短一些。

4. 酱卤肉制品加工中酱油的选用问题

在酱卤肉制品中多用老抽，用于上色。生抽和老抽都是经过酿造发酵加工而成的酱油。生抽颜色较浅，酱味较浅，咸味较重，较鲜，多用于调味；老抽颜色较深，呈棕褐色，酱味浓郁，鲜味较低，故有加入草菇以提高其鲜味的草菇老抽等产品，一般用来给食品着色，比如做红烧制品等。

5. 酱卤肉制品保鲜问题

酱卤肉制品风味浓郁、颜色鲜艳，传统上适合于鲜销，存放过程中易变质，颜色变差，风味恶化，因此不宜长时间贮存。随着社会需求增多，一些产品开始进行工业化生产，产品运输、销售过程的保鲜问题十分突出。一般经过包装后进行灭菌处理，可以延长货架期，起到保鲜作用。但是，高温处理往往造成风味劣变，一些产品还会在高温杀菌后发生出油现象，产品的外观和风味都失去了传统特色。选用微波杀菌技术、高频电磁场杀菌技术等具有非热杀菌效应新技术，结合生物抑菌剂的应用及不改变产品风味的巴氏杀菌技术，可以在保持产品风味的前提下起到保鲜和延长货架期的目的。前面介绍的微波杀菌结合巴氏杀菌技术对南京板鸭处理保鲜技术就是很好的措施，具有借鉴作用。

此外，一些酱卤制品如卤猪头肉等，高温杀菌后易出油，不合适进行高温灭菌处理，可以使用抑制革兰阳性菌繁殖的乳酸链球菌素，结合巴氏杀菌技术，或改变包装材料，如用铝箔袋等进行包装，从而达到保鲜目的。

6. 老汤处理与保存问题

老汤是酱卤肉制品加工的重要原料，良好的老汤是使酱卤肉制品产生独特风味的重要条件。老汤中含有大量的蛋白质和脂肪的降解产物，并积累了丰富的风味物质，它们是使酱卤肉制品形成独特风味的重要原因。然而，在老汤存放过程中，这些物质易被微生物利用而使老汤变质；反复使用的老汤中含有大量的料渣和肉屑，也易使老汤变质，风味发生劣变。用含有杂质的老汤卤肉时，杂质会黏附在肉的表面而影响产品的质量和一致性。因此，老汤使用前须进行煮制，如果较长时间不用，须定期煮制并低温贮藏。一般煮制后需要贮藏的老汤，用50目的丝网过滤，并撇净浮沫和残余的料渣，入库0～4℃保存、备用。在工业化生产中，为保持产品质量的一致性，通常用机械过滤等措施统一过滤老汤，确保所有原料使用的老汤为统一标准。

7. 酱卤肉制品加工的原料质量问题

原料质量直接影响产品的质量和一致性，酱卤肉制品工业化生产中，标准化是重要环节，确保原料质量至关重要。对企业采购质量控制的最低限度要求是，企业在采购时应验证采购物品的合格证明材料，如检验报告，产品合格证明等。对实行市场准入制度管理的食品还要求查验供货方的食品生产许可证。食品企业在原料采购验证的同时，应当建立相应的记录。

8. 酱卤肉制品生产中的食品添加剂问题

在酱卤肉制品生产中，许多食品添加剂是不允许使用的，但许多允许使用的原料中常含有这些食品添加剂，并且这些不允许使用的食品添加剂可能会因为使用了允许使用的原料后而在产品中检出。如酱油中含有苯甲酸，在酱卤过程中使用了酱油，肉制品成品中就会含有不允许使用的苯甲酸。这种情况往往使生产者无所适从。事实上，不允许添加并不表示不得检出。管理部门会根据检出的量，结合企业使用原材料的情况来判定企业是不是使用添加了食品添加剂。因此，只要按照国家有关规定要求进行生产，一般不会出现问题。

9. 酱卤肉制品生产设备的材质问题

肉品易于生长微生物而发生腐败变质，因此，要求肉制品生产企业所用加工设备、设施及用具等，均需用易于清洗消毒和不易于微生物孳生的材料制成，如用不锈钢材料制成。然而，传统酱卤肉制品加工过程中通常使用一些木制工具进行生产加工，这在现代工业化生产中是不允许的。规模化工业生产时，微生物安全控制要比作坊式小规模生产时困难得多，如果控制不严，很容易发生严重的安全问题。因此，工业化生产中不能按传统作坊式加工的管理模式进行管理，必须对加工设备和工具的材质进行严格控制，不得使用木制工具。

10. 酱卤肉制品的煮制用水和包装后二次灭菌煮制用水卫生问题

酱卤肉制品的煮制用水和包装后二次灭菌煮制用水都是生产用水，均应使用符合“生活饮用水卫生标准”的水。一些人认为包装后二次灭菌煮制用水不直接接触产品，可以降低卫生标准，这种观念是错误的。肉类生产企业必须将卫生意识贯彻每一个生产环节中。

11. 酱卤肉制品生产中的卤汤制备问题

卤汤制备是酱卤肉制品生产的关键环节。卤汤是由老汤加水和调味料进行煮制而成。卤汤的质量受老汤与水的比例、食盐和调味料的用量、煮制方法及煮制过程中水分蒸发量等因素的影响。特别是老汤与水的比例及煮制过程中水分蒸发量，直接影响卤汤的浓度和咸度，对产品质量影响很大，必须进行严格控制和调整。酱卤肉制品制卤时如果水分蒸发太多，可以适量补充一些水，并可适当添加一些姜片、色素等香辛料，同时兼顾老汤的用量，补充用盐量。

12. 酱煮时酱卤肉制品粘锅或浮出水面控制问题

酱卤肉制品酱煮过程中，由于卤汤的沸腾作用，一些产品会浮出水面而煮不到，导致这些肉不入味或煮不熟，因此在开始煮制时通常用不锈钢网或箅子将产品压住，上面压以重物使其保持在水面以下，从而使产品都能入味，保证产品品质的一致性。此外，酱卤过程中，长时间接触锅的产品可能会发生粘锅现象，因此有时也在肉的下面垫上箅子或不锈钢网，将肉与锅隔开，从而避免产品粘锅。

13. 酱卤制肉品生产的卤汤澄清问题

卤汁中除了大部分的水分外，还含有许多种的香料浸出物，芳香物质，以及大部分的色素，这些物质在有热的环境中会发生更为复杂的物理化学变化，从而形成特有的卤制风味。但同时，这些物质也会使卤汤产生混浊现象，影响产品的加工品质。使用食品加工专用的澄清剂和吸附剂可以将卤汁中的部分杂质和色素清除，但会对卤汤的口味造成一定的减弱。生产过程中可以通过控制火力和调整配料进行控制，如使用小火及加大料中的白芷可以减轻混浊现象。卤汤使用后立即进行过滤，可以保持澄清状态。

14. 糖色熬制与温度控制问题

糖色在酱卤肉制品生产中经常用到，糖色的熬制质量对产品外观影响较大。糖色是在适应温度条件下熬制使糖液发生焦糖化而形成的，关键是温度控制。温度过低则不能发生焦糖化反应或焦糖化不足，熬制的糖色颜色浅；而温度过高则使焦糖炭化，熬制的糖色颜色深，发黑并有苦味。因此，温度过高或过低都不能熬制出好的糖色。在温度不足时，可以先在锅内添加少量的食用油，油加热后温度较高，可以确保糖液发生焦糖化，并避免粘锅现象。在熬制过程中要严格控制高温。避免火力过大导致糖色发黑、发苦现象。

15. 禽类宰杀问题

禽类制品在酱卤肉制品中占重要比重，在生产过程中都需要经过禽类的宰杀与处理环节。该环节对产品质量影响很大，在操作中需要注意下列问题。

（1）宰前禁食　宰前禁食使禽肠道粪便充分排净，可减少屠宰时造成的粪便污染，改善产品卫生质量；同时，宰前禁食过程保持充足饮水，有利于充分放血，对改善产品质量至关重要。家禽肠道较短，一般禁食18h即可达到清肠目的。因此，通常在宰前18～24h要对家禽禁食，但要保证充足饮水，宰前2h可以断水。

（2）放血与煺毛　家禽有多种宰杀方法，一些产品对宰杀方法有要求，但不论用哪一种宰杀方法，一定要确保宰杀致死，并要有充分的放血时间，否则会出现煺毛困难、肉的颜色发暗等问题。从开始放血到浸入热水中烫毛的时间应不短于5min，也不能超过15min。放血时间短于5min则可能放血不净，并且此时毛孔尚未张开，如果立即烫毛时难以拔毛，肉质也会受影响；相反，如果放血时间超过15min，则张开的毛孔会重新闭合，也会影响煺毛。因此，放血时间应控制在5～15min之间。

烫毛水温对煺毛质量影响很大，在这里讲的水温是指将放血后的家禽放入后的水温，当年鸡应控制在58～63℃之间，超过一年的鸡则控制在62～65℃之间为宜，而鸭和鹅煺毛水温应控制在63～68℃之间。水温过高则肉皮中胶原蛋白发生明胶化，膨胀使毛孔收缩，拔毛时会边皮带毛一起脱落，造成体表缺陷；而温度过低则难以去毛，特别是尾部和翅膀上的大羽毛。实际操作过程中，在放入家禽之前，水温的高低应根据水的多少和季节而定，水多时，家禽放入后对水温影响不大，可以将水调整至所需要的温度或稍高些即可，如工业化生产中即可采用此方法；而水少时，放入家禽后水温会迅速降低，因此水温应比目标温度高出很多，特别是冬季，在一个小容器内烫一只鸡时，水温需要超过80℃才能烫透。

（3）修整与拔血　家禽煺毛后要去除内脏并进行必要的整理。去除内脏有右翅下开口和腹部开口等方法，不论哪种方法，开口要尽量小，以免影响造型和产品外观。去除内脏时要防止弄破胃肠道及胆囊，特别是割除肛门和大肠时要特别小心，以免造成污染，并根据要求去净内脏。此外，修整过程中要去除喙和舌的硬壳、小腿和爪的硬皮，并割除尾尖上方的脂尾腺。

通常修整干净的白条要放在清水中浸泡一定时间以除去残余的血水，特别是在鸭和鹅产品加工中，这种拔血的过程对肉质细白、新鲜风味等产品特征的形成至关重要。拔血过程中，要注意水温和浸泡时间，夏季浸泡水温要在12℃以下，时间不要超过2h。

16. 头、蹄等原料的净毛与胃肠道等原料的除臭问题

在酱卤肉制品加工中，以头、蹄和胃肠道等副产品为原料的产品类型很多，为此，我国每年都要从国外进口大量副产品。由于头、蹄等原料表面凹凸不平，其中凹陷处生长的细绒毛难以去除；胃肠道等原料内表面覆盖一层黏液，含有大量微生物，往往有臭味，清洗和除臭是保证产品质量的关键工序，但往往较困难。因此，处理这些原料是许多生产者面临的难题。

民间一些加工者将头、蹄等原料放入熔化的沥青中，使其表面附着一层沥青后立即放入冷水中，待沥青凝固后，剥离沥青，这种方法可以将绒毛去除干净。但由于沥青对人体有害，这是绝对不允许的做法。过去我国曾允许使用松香脱除头、蹄等原料上绒毛，道理与沥青相似。由于松香易燃，并且有一定毒性，目前国家已经禁止使用，但允许使用一种毒性很小的松香衍生物，除毛效果与松香相同。在工业化生产中，火焰喷射是去除头、蹄等原料表面绒毛的有效措施，但需要掌握火焰大小、火焰与原料的距离以及处理时间等关键技术。火焰过大或与原料的距离太近，则会将表面肌肉烤熟，相反则不能去除毛根，必须准确控制。目前，我国酱卤头、蹄等产品生产量最大的山东喜旺集团已经拥有机械连续化火焰喷射除毛设备与技术，使用该技术能够在不影响原料表面品质的情况，将绒毛及毛根去除。

在胃肠道等原料的内表面黏液清洗和除臭方面，我国烹饪文化中有丰富的经验。将原料放在含有纯碱、醋或食盐的溶液中浸泡，或在内表面涂擦食盐进行反复揉搓，再用清水反复清洗即可除去黏液，并除去臭味。这些措施在相关产品的加工工艺中都有介绍。

参考文献

[1] 乔晓玲. 肉制品精深加工实用技术与质量管理. 北京：中国纺织出版社，2009.
[2] 赵改名. 酱卤肉制品加工. 北京：化学工业出版社，2010.
[3] 王卫. 现代肉制品加工实用技术手册. 北京：科学技术文献出版社，2002.
[4] 高海燕. 鹅类产品加工技术. 北京：中国轻工业出版社，2010.
[5] 靳烨. 畜禽食品工艺学. 北京：中国轻工业出版社，2004.
[6] 于新，赵春苏，刘丽. 酱腌腊肉制品加工技术. 北京：化学工业出版社，2012.
[7] 于新，李小华. 肉制品加工技术与配方. 北京：中国纺织出版社，2011.
[8] 王玉田，马兆瑞. 肉品加工技术. 北京：中国农业出版社，2008.
[9] 岳晓禹，李自刚. 酱卤腌腊肉加工技术. 北京：化学工业出版社，2010.
[10] 彭增起. 肉制品配方原理与技术. 北京：化学工业出版社，2007.
[11] 彭增起. 牛肉食品加工. 北京：化学工业出版社，2011.

本社食品类相关书籍

书号	书　名	定价
15228	肉类小食品生产	29元
15227	谷物小食品生产	29元
15122	烹饪化学	59元
14642	白酒生产实用技术	49元
14185	花色挂面生产技术	29元
12731	餐饮业食品安全控制	39元
12285	焙烤食品工艺(第二版)	48元
11285	烧烤食品生产工艺与配方	28元
11040	复合调味技术及配方	58元
10711	面包生产大全	58元
10579	煎炸食品生产工艺与配方	28元
10488	牛肉食品加工	28元
10089	五谷杂粮食品加工	29元
10041	豆类食品加工	28元
09723	酱腌菜生产技术	38元
09518	泡菜制作规范与技巧	28元
09390	食品添加剂安全使用指南	88元
09389	营养早点生产与配方	35元
09317	蒸煮食品生产工艺与配方	49元
08214	中式快餐制作	28元
07386	粮油加工厂开办指南	49元
07387	酱油生产技术	28元
06871	果酒生产技术	45元
05403	禽产品加工利用	29元

续表

书号	书　　名	定价
05200	酱类制品生产技术	32元
05128	西式调味品生产	30元
04497	粮油食品检验	45元
04109	鲜味剂生产技术	29元
03985	调味技术概论	35元
03904	实用蜂产品加工技术	22元
03344	烹饪调味应用手册	38元
03153	米制方便食品	28元
03345	西式糕点生产技术与配方精选	28元
03024	腌腊制品生产	28元
02958	玉米深加工	23元
02444	复合调味料生产	35元
02465	酱卤肉制品加工	25元
02397	香辛料生产技术	28元
02244	营养配餐师培训教程	28元
02156	食醋生产技术	30元
02090	食品馅料生产技术与配方	22元
02083	面包生产工艺与配方	22元
01783	焙烤食品新产品开发宝典	20元
01699	糕点生产工艺与配方	28元
01654	食品风味化学	35元
01416	饼干生产工艺与配方	25元
01315	面制方便食品	28元
01070	肉制品配方原理与技术	20元
15930	食品超声技术	49元

续表

书号	书　　名	定价
15932	海藻食品加工技术	36元
14864	粮食生物化学	48元
14556	食品添加剂使用标准应用手册	45元
14626	酒精工业分析	48元
13825	营养型低度发酵酒300例	45元
13872	馒头生产技术	19元
13773	蔬菜功效分析	48元
13872	腌菜加工技术	26元
13824	酱菜加工技术	28元
13645	葡萄酒生产技术(第二版)	49元
13619	泡菜加工技术	28元
13618	豆腐制品加工技术	29元
13540	全麦食品加工技术	28元
13284	素食包点加工技术	26元
13327	红枣食品加工技术	28元
12056	天然食用调味品加工与应用	36元
10597	粉丝生产新技术(第二版)	19元
10594	传统豆制品加工技术	28元
10327	蒸制面食生产技术(第二版)	25元
07645	啤酒生产技术(第二版)	48元
07468	酱油食醋生产新技术	28元
07834	天然食品配料生产及应用	49元
06911	啤酒生产有害微生物检验与控制	35元
06237	生鲜食品贮藏保鲜包装技术	45元
05365	果品质量安全分析技术	49元

续表

书号	书　　名	定价
05008	食品原材料质量控制与管理	32 元
04786	食品安全导论	36 元
04350	鲜切果蔬科学与技术	49 元
01721	白酒厂建厂指南	28 元
02019	功能性高倍甜味剂	32 元
01625	乳品分析与检验	28 元
01317	感官评定实践	49 元
01093	配制酒生产技术	35 元